森岡　一

# 生物遺伝資源のゆくえ

## 知的財産制度からみた生物多様性条約

Genetic Resources

三和書籍

# はしがき

生物多様性条約が一九九二年に成立し、ＷＴＯ／ＴＲＩＰＳが一九九三年に成立した。この二つの条約によって長年の懸案であった開発途上国発展問題が解決に向かったかといえば、二〇〇八年現在否定的な見解を持たざるをえない。むしろ、医薬品、生物遺伝資源等の健康、環境に関するいわゆる南北問題がますます先鋭化しているのが現状であろうと思われる。

このような状況にあり、日本が先進国としてグローバル化戦略のもとで海外進出に成長と繁栄を求めるためには、南北問題という長年の懸案を解決しなくては不可能であると考えられる。特に生物多様性条約を巡る「アクセスと利益配分」問題は開発途上国と互譲・互恵（win-win）の関係を築く方向で日本が解決に向けて進まなければ、世界における指導性を発揮できず日本の発展はありえない。

ライフサイエンス分野は医薬品、食品、健康食品、化粧品等と生物遺伝資源と関連性が高い事業分野であり、産業界は常に生物多様性条約関連の取り組みを余儀なくされ、解決の努力を続けている。このようなライフサイエンス分野の産業界の現実を明らかにすることが解決の糸口を探る上で最も重要なことであると考える。その現状を分析し、その課題を解決することにより、方針、政策が形成されると確信している。

このような予見のもと、日本の確固たる戦略を形成するためライフサイエンス分野の実態を収集、分析し、いくつかの提言を行うのが本書の趣旨である。今後は現状をふまえつつ国家として方針、政策が形成されるよう望みたい[1]。

森岡　一

# 目次

## 第2章 伝統的知識の知的財産としての保護の現状 20



## 第3章 医薬としての生物遺伝資源利用 42

## 第6章 エチオピア国のコーヒー原産地商標登録出願の生物多様性条約からの意味

## 第3部 伝統的知識と生物遺伝資源

# 第4部　伝統的知識と生物遺伝資源に対する資源国の取り組み

# 第6部 日本の利用企業の取り組むべき姿勢と課題

# 第1部　伝統的知識と生物遺伝資源の産業利用状況

# はじめに

生物遺伝資源は地球に残された貴重な資源のひとつであるが、持続的に保護しないと絶滅の危機に直面しているものもある。しかしながら、生物多様性条約の下で生物遺伝資源に資源国の主権的権利が認められ、資源国の裁量により持続可能な利用が行われている。生物遺伝資源の中でも多種多様の資源が存在するはずであるが、本条約のもとではその区別はあまり考慮されていない。そのため、絶滅の危機にある生物遺伝資源も農産物として商取引されているものも同じような取り扱いを受けている。再生可能な農産物はある程度の商取引でもその種が絶滅することは少ないが、絶滅の危機に瀕した生物遺伝資源を大量の商取引によって消費されると再生が不可能となり、地球上から絶滅することになる。絶滅した生物は生き返ることはない。

このような状況を防ぐために本条約の下、資源国も利用国も統一された認識のもとで生物の多様性保護について真剣に取り組むべき時期にきている。生物遺伝資源を利用する産業界の状況を製薬業界、健康食品業界、化粧品業界、農産物業界を中心に分析する。その後、知的財産を中心に生物遺伝資源を巡る紛争の詳細を明らかにし、これらの問題の所在を示す。また生物多様性条約で規定された伝統的知識の取り扱いについても言及する。近代社会においてどのように原住民の伝統的知識が先進国にもたらされ、利用され、特許・商標という形で権利になり私有化されているかについてもいくつかの事例を挙げて論述する。その後、問題の解決に向けた取り組みを紹介し、最後に問題解決への提言をまとめた。

# 第1章　生物遺伝資源と生物多様性条約

## ❖生物遺伝資源とは

生物遺伝資源とは、人間を除く遺伝子を持つすべての生物を表す言葉であるが、その意味、範囲は使う人の立場、見方や考え方によって異なる。例えば、地球環境保全の価値を推進する立場と農産物のように持続的な利用を考える立場では生物遺伝資源の意味合いは違うので、どの分野での議論であるかを見極める必要がある。

一般的に、動物、植物、微生物が主な対象となるが、ウイルスなども含むとする国も出てきた。これから論じる生物多様性条約では、「生物資源」、「遺伝素材」、「遺伝資源」について用語定義[2]がなされているが、その概念は明確に締約国間で一致し共有されてはいない。資源国における生物多様性関連法においても、その国の事情に合わせて生物遺伝資源の解釈・範囲を変えている場合も見受けられる。

## ❖生物遺伝資源の利用

産業利用という側面から生物遺伝資源を理解するには、その産業の生物遺伝資源の利用状況を把握することが必要である。現在、生物遺伝資源を利用する産業は、農産物や健康食品素材を利用する食品分野、天然動植物の抽出物を利用する化粧品分野、野生植物の園芸・鑑賞植物目的の利用、生薬と呼ばれる漢方薬素材を利用する漢方医薬分野、創薬を目的とする微生物あるいは天然動植物を探索する医薬品分野がある。産業ではないが、植物の新品種育種等の研究を行う大学や、植物園の野生植物収集活動も生物遺伝資源を利用する分野ということができる。

農産物特に穀物の国境移動は国際的な相場市場が形成されていて、日常的に大量の農産物が金銭で取引されている。こういう状況で、穀物大国が輸出する穀物に対して主権的権利や利益配分を主張することはない。一方、世界的な健康食品ブームによって、いままで限定的な地域で利用されていた食品がその伝統的知識と共に国境移動し、先進国で利用されることが盛んになった。しかし、その取引形態は取り扱う量に差があるが農産物と大きく変わるものではない。一部資源国で加工された製品を金銭取引で輸入する場合もあるが、多くの場合、加工していない素材そのものを金銭購入し、輸入した後に加工して販売する。利益配分について議論の対象に頻繁になる。

資源国において野生植物などから抽出し加工された植物エキス類を資源国の加工業者等を通じて比較的少量購入し、利用国で作られた化粧品素材に添加され製品化される。利用される生物遺伝資源は希少価値がある場合が多いので、資源国での収集、加工、抽出などの工程は専門化された収集・加工業者が行い、国境移動には多様な流通中間業者が介在する。このように多くの中間業者が介在する場合、最終製品を製造販売する者が資源国に直接利益配分を行うことには困難が伴う。

野生植物を園芸・鑑賞用に利用する際の国境移動は特殊である。多くの場合、植物園、研究機関などに保存されている植物を利用するので、すでに利用者は国境移動を考慮することはない。個人園芸家が保存している場合もある。最近では園芸会社が自ら資源国で採取することも行われている。園芸・鑑賞用に変換するには、入手した野生植物から育種する過程があり、その育種には長い期間が必要である。育種には多くの場所で採取された同属系統の植物を交配するので、新しく育成された品種は多種の遺伝子が交じり合っていて、特定の野生種がどの程度の割合で含まれるか解析するのは不可能である。この点が、利益配分について園芸産業を悩ましている。

長い伝統が続く漢方医学分野では、生薬の国境移動は確立された閉鎖的市場の中で行われている場合が多い。生薬になる植物は一般的に野生で希少価値のあるものが多いので、その収集、加工は特殊であり専門化されている。輸出入は医薬原料という点から規制があり、一般的な取引ではない。ごく少数の専門業者による金銭取引が一般的である。利益配分の考え方は浸透していないが、野生種の減少に伴う問題はますます厳しくなっており、資源国の輸出規制が強化されているのでアクセス問題は深刻である。

医薬品分野で生物遺伝資源を用いるのは創薬段階の探索研究である。多数であるが少量の土壌サンプルから微生物を単離し、微生物の代謝産物から有用な化合物を見出すのが探索研究である。その対象が微生物のみならず植物抽出物などに拡大されることもあるが、医薬品となったときの製造方法を考えると微生物が有利である。医薬品の探索研究では少量であるが多数のサンプルを必要とするが、環境保護の観点からすると、初期の探索研究が自然環境あるいは原住民の生活環境に影響を及ぼす可能性は少ない。それにもかかわらず、アクセスと利益配分の観点から最も先鋭的に紛争が起こる分野である。医薬品という性格上成功すればその利益は膨大であると考える人が多く、資源国はその利益配分を得ようとするためである。しかし、資源国の貢献、関与は長い医薬品開発プロセスの中で極めてわずかであるので、利用国企業からすれば資源国への利益配分をライセンス契約なみに支払うのは納得のいかないことである。

## ❖生物多様性条約成立までの議論

一九七〇年代前半から地球環境の悪化が認識されるようになり、自然環境保護と生物資源の持続的な利用について世界的な枠組みが求められた。一九七二年六月ストックホルムで開かれた「国連人間環境会議」で、宣言（人間環境宣言）や計画（環境国際行動計画）の採択のほかに、環境問題を専門に扱う機関として国際連合環境計画（United Nations Environment Program＝UNEP）を国連の枠組みの中に設立した。この国連機関が多くの環境関連条約の管理機関と位置づけられたので、以後の包括的環境問題の解決に取り組み、生物多様性条約の中心的役割を果たすことになる。

絶滅のおそれのある野生動植物の取引に関する国際ルールを規定した「ワシントン条約」や湿地を保護する「ラムサール条約」など個別の緊急課題に対する国際的な取り決めがなされてきた。しかし、緊急課題に対する個別対処だけでは地球環境の全体的課題を解決することができず、すべての生物遺伝資源を含んだ包括的な解決方法が求められた。

しかし、このような国際的な議論、取り組みの中でも、開発が起こす自然環境破壊問題を解決するのが先決であるとする先進国と、環境問題解決には資源国の貧困問題解決が必要で、貧困問題を解決するには資金が必要とする開発途上国の間の考え方の違いが徐々に明らかになり、この対立がその後の取り組み過程に大きな影響を及ぼすことになる。結果的に、地球環境保護と持続的利用の間の妥協が図られた。

## ❖生物多様性条約の成立

一九九二年ブラジルのリオデジャネイロで開かれた地球サミット（環境と開発に関する国際連合会議）にお

いて、生物多様性条約（Convention on Biological Diversity＝CBD）[3]が採択された。二〇〇八年七月現在、一九〇か国および欧州共同体が締結している。生物多様性条約は法的な強制力がないため、条約を実行するためには、それぞれの国で生物多様性条約関連国内法案を成立させなければならない。また国際間の問題解決には締約国間での話し合いが必要となり、締約国会議（Conference of the Parties to the CBD＝COP）を開催し懸案事項を協議するという仕組みを作った。COPは最初の頃は毎年開催されたが、最近では二年に一回開催されている。二〇一〇年の次回締約国会議は名古屋で開催されることが二〇〇八年のCOP9で決まっており、日本の議長国としての手腕が問われる。

生物多様性条約関連で重要な決定事項は、二〇〇〇年のバイオセイフティに関するカルタヘナ議定書の採択と、二〇〇二年のアクセスと利益配分に関するボン・ガイドラインの採択である。ただしボン・ガイドラインは単なるガイドラインであり、法的拘束力はない。現在、資源国を中心にアクセスと利益配分に対して法的拘束力のある体制（International regime）を作ろうという動きが活発である。

生物多様性条約の目的は、第一条に記載されている。すなわち、（1）生物の多様性を保全すること、（2）その構成要素の持続可能な利用をすること、（3）遺伝資源の利用から生ずる利益の公正かつ衡平な配分を実現することの三つであり、「保護」と「利用」という性質の異なった目的を持つという二面性を持っている。さらに、「利用」から生じる利益を分配することも目的になっている。これは「保護」と「利用」の微妙なバランスの上に成り立っているということができる。さらに資源国が開発途上国であることを考慮すれば、利益配分を期待する「利用」促進に傾きやすいことが予想され、「保護」の重要性が低下する可能性を常に秘めている。

一九九二年米国ブッシュ大統領は知的財産権保護と開発途上国への経済援助の両方に懸念があるとしてサインしなかった[4]。一九九三年クリントン大統領は、多様な生物を生息環境とともに保全し、生物資源を持続可能に利用し、遺伝資源から発生する利益を公正に配分するための生物多様性条約に署名した。クリントン大統領は米国議会上院に同意を求めたが、共和党が多数派の上院において批准は否決された。共和党の懸念のひとつに条約の言葉の定義があるとされている。例えば、"alien species"に米国の家畜が含まれると考え、それを国境間移動させることはできないと解釈した。家畜移動できなければ米国の農業産業が大打撃を受けると考え反対した。

共和党のもうひとつの懸念は、資源国が生物遺伝資源に対して知的財産権を強く主張し、米国が主導権をとれないことである。知的財産権で主導権がとれなければ米国のバイオ産業が大きく影響を受けるため、強い反発が産業界から起こったことを考慮した。

一方、条約に批准しなければ、米国は生物遺伝資源の利用に支障をきたすことは明らかであり、米国の産業界、特に生物遺伝資源を利用しているバイオ産業は、資源国にアクセス拒否されるのではないかとの懸念を示した。事実インド政府は米国が批准しないならインドから締め出すことを表明した。このことから、米国には条約批准に反対する勢力とともに賛成する勢力も根強く残っている。

## ❖生物多様性条約で使われる用語

生物多様性条約で用いられる用語は第二条で規定されている[2]。しかし、その定義はあいまいなものが多く、加盟国全体で共通に認識されているとはいいがたい。特に、状況によって資源国に有利な解釈がなされる場合があり、資源国と利用国企業のアクセスと利益配分契約交渉で紛糾する場合がある。生物遺伝資源を利用する立場からすれば、「起源（origin）」や「出所（source）」や「由来（provenance）」などの違いが明確に区別されていなければアクセスと利益配分の契約に困難が伴う。

さらに混乱を招く用語は「伝統的知識」である。生物多様性条約の第八条(j)項では「生物の多様性の保全および持続可能な利用に関連する伝統的な生活様式を有する原住民の社会および地域社会の知識、工夫および慣行」と定義されている。しかし、解釈によってはあらゆる生活活動様式および漠然とした文化まで含まれる。アクセスと利益配分の観点や知的財産権の観点からすると、その所有権について明確な判断がなされていない。一部には公共の所有物とする考え方が醸成されつつあるが、生物多様性条約のいう主権的権利の立場からすると、公共物とはその存在する国のものという限定的で、かつて考えられた人類共通の財産という考えとはかけ離れている。

## ❖バイオプロスペクティングとバイオパイレシー

生物多様性条約の用語には含まれないが、混乱を招く言葉がバイオプロスペクティングとバイオパイレシーである。生物遺伝資源を材料にした学術的な探索研究はバイオプロスペクティング（bioprospecting）と呼ばれている。一九九〇年代までは植物園等の博物学的な分類学上の調査研究が主流であったが、医薬品開発の初期段階で行われる新規化合物探索研究がバイオプロスペクティングとして注目を浴びている。医薬品開発の中で、いままで知られていない化合物を植物、微生物、昆虫等の生物遺伝資源の中から探索する研究活動である。このような探索研究で得られた新しい構造の化合物の中から有用なものが医薬品として治療に用いられる。重要な点は、これらのバイオプロスペクティングによって、はじめて生物多様性の全容が解明されることである。得られた情報をもとに生物多様性の保護のあり方、戦略を決めることができる。

バイオプロスペクティングは「自然界で有用な化合物を見出すための研究活動で、生物遺伝資源として植物、動物、微生物などを探索の材料として用いる」と考えるのが一般的である。伝統的知識を調査するという民族学的な探索研究も広義に含まれることがある。生物多様性条約関連の議論の中で頻繁に取り上げられるバイオプロスペクティングの考え方は多様であり、立場、目的によってその考え方は異なり、共通の意味として議論されることは少ない[5]。特に、次に述べるバイオパイレシー（biopiracy）との関連性から、利益が相反する利用国と資源国で異なった解釈がなされているのが現状である。バイオプロスペクティングは非営利目的の純粋科学研究が主流であるが、営利目的の有用産物探索も含まれており、利益追求という観点からすると、両方の目的を明確に線引きすることは困難である。

バイオプロスペクティングに対比して、バイオパイレシーは資源国のマスコミやNGOなどがアクセス活動に問題ある場合に批判的に用いることが多い。バイオパイレシーは、生物学を表す「バイオ」と海賊行為を表す「パイレシー」から成っている。「バイオ」は生物遺伝資源と関連するものを表している。「パイレシー」とは、本来は泥棒、強奪、乗っ取り行為を表すが、生物多様性条約関連の議論の中では、生物遺伝資源保持者や伝統的知識保持者の許可を得ない私有化、補償のない収集や流用、不正行為（misappropriation）と考えられている[6]。ただし、ここでいう不正行為の概念について明確なものはない[7]。伝統的知識を利用した特許出願において、所有者の許可を得ていない場合を言うことも多い。しばしば、文献等で検索した伝統的知識を利用した場合でも「バイオパイレシー」という場合がある。

このように考えると、バイオパイレシーとバイオプロスペクティングの差はわずかである。バイオパイレシーがバイオプロスペクティングと異なるのは、許可を得ない行為であることと、その行為自体が不正であるとみなされる点である。しかし、この二つの言葉の国際的な認識がなされておらず、使う人の立場によって意味が異なることがある。特に資源国が意図的に使う場合、バイオプロスペクティングといえどもかなりの部分がバイオパイレシーとみなされ非難される。

利用国における生物遺伝資源の使用が資源国のＮＧＯなどに最初に認識されるのは、主に出願特許の公開によることが多い。そのため、バイオパイレシー紛争は特許の取り消しを求める運動として認識されやすい。しかし、出願特許の特許性を審査する特許庁は法律上バイオパイレシーを審査することを求められておらず、またデータベースも不足しているため、生物遺伝資源や伝統的知識を特許性の要件として判断する能力も乏しい。そのため、特許審査機関でバイオパイレシーを判断することは困難であると思われる。ＷＩＰＯにおいてこの問題を検討中であるが、特許制度の根幹に関わる問題であるため、解決には時間がかかると思われる。

## ❖生物多様性条約におけるアクセスと利益配分

生物多様性条約が成立する前、生物遺伝資源は「人類共通の遺産」(common heritage of mankind)[8]という概念のもとで取り扱われてきた。人類共通の生物遺伝資源へのアクセスは「オープンアクセス」が一八世紀から続く原則で、だれでも制限なく生物遺伝資源を利用することができ、利益配分の考えはなかった。このことは、一八世紀の植物園などによる熱帯地方の植物収集の例に見るだけではなく、国際連合食糧農業機関（Food and Agriculture Oganization ＝ＦＡＯ）の主導の下成立した一九八三年の「植物遺伝資源に関する国際的申し合わせ」（International Undertaking on Plant Genetic Resources）[9]に明記されており、「植物の新品種の保護に関する国際条約（Union internationale pour la protection des obtentions végétales = UPOV）」[10]にも一部表現されている。UPOVは植物新品種を育成した権利者に育成者権を規定したものであるが、育成者権の例外や消尽によって、「オープンアクセス」の考え方を残している。利用国が資源国の生物遺伝資源を利用して新製品を作って販売利益を得たとしても、素材の原産地に対して利益配分することはなかった。

一九八〇年後半の生物多様性条約の草案を形成する交渉の中で、多くの考え方を持つグループが参加した。その中には持続可能な利用グループ、農民の権利グループ、バイオプロスペクティング運動グループなどが参加している。これらの異なる考え方の調整を図り、草案に盛り込む努力が国連環境計画（UNEP）の中でなされた[11]。生物多様性を保護するためには、それが存在する資源国の経済力を向上させることが必要であるという考え方が基本であった。これは資源国の人権保護問題と関連性を持っている。一九九〇年のUNEPに専門家会議が設置され、法律面と科学面での草案協議が行われ、生物多様性保護と持続可能な利用に関する法的手段について草案が作成された。

生物多様性条約の成立によって、「人類の共通遺産」の概念は終息した。生物多様性条約の第三条原則において「自国の資源を（中略）開発する主権的権利を有し、」と規定し、生物遺伝資源はそれが存在する国のものであるとされたからである。国際的な生物多様性条約といえども、生物遺伝資源はそれが存在する国の意思のもとにおかれ、他国は何の権利も行使することができない。資源国の主権が「開発」よりに傾けば当然「保護」がおろそかになることは明らかである。資源国内において、開発を担当する産業省などの意見と保護を担当する環境省などの意見が対立するのは典型的な例である。

さらに第十五条遺伝資源の取得の機会[12]において「天然資源に対して主権的権利を有する」とされている。したがって生物遺伝資源へのアクセスと利用については事前の情報に基づく資源提供国の同意が必要である。利益が得られる場合、資源提供国との公正で衡平な利益配分を行うことが求められる。これがいわゆる「アクセスと利益配分」である。

二〇〇二年に成立したボン・ガイドライン[13]によってアクセスと利益配分の考え方と具体的方法が示された。ただし、ボン・ガイドラインは前述したように法的拘束力はなく、当事者の自主的な努力を求めている。附属書の「金銭的および非金銭的利益」において利益配分の方法を示している。しかし、ボン・ガイドラインにおいても不透明さが残り、実際の交渉当事者である企業が実践するには不完全なものである。このような状態では資源国と生物遺伝資源の利用のためのアクセスと利益配分交渉を行うことはリスクが大きい。資源国の生物多様性条約関連国内法は完全に同じものではなく、相違点が存在する。そのような状況では、ボン・ガイドラインは交渉の手引きにはなるが、実際の交渉にどれだけ影響力を及ぼすのか不明である。

アクセスと利益配分を行う当事者はだれか？　利用国の政府が資源国とアクセスと利益配分について実際の交渉を行ってくれるわけではない。また、関係する国が集まって共に協議して決めるわけでもない。生物遺伝資源を利用しようと考える利用国の企業が自力で行うのが普通である。しかし、生物遺伝資源へのアクセスと利益配分を決定する権限を持ち、実際の交渉を行う資源国の担当者は大抵政府機関である。つまり、利用国の一企業と資源国の政府機関の交渉となる。資源国の政府機関は環境を取り扱う部署が多く、産業振興を取り扱う部署ではない。おのずと政府機関のアクセスに対する対応は環境保護に傾くのは当然である。このような状況でアクセスと利益配分を交渉する利用国企業は最初から困難に直面している。一企業が政府機関との交渉で衡平とはいいがたい状況にあるということができる。アクセスや利益配分の条件について相互に合意する条件で行うには、利用企業の忍耐と不断の努力が必要となる。

資源国に配分された利益は原住民に配分されているか？　資源国側の当事者は原住民ではなく政府機関である。配分された利益がどのような形で原住民に分配されるのか多くの疑問が出されている。特に実際の当事者である原住民は金銭的経済感覚が未熟なため、金銭的利益配分が公正に行われているとはいいがたい。資源国の当事者は、利用国との交渉のみならず、資源国内で公正な利益配分方法を確立しなければならないであろう。

## ❖生物多様性条約における伝統的知識の保護

生物多様性条約には、その前文において生物遺伝資源に緊密に依存する伝統的知識があり、その利用による利益を公正かつ衡平に配分することが望ましいとされている。さらに、第八条(j)項[14]において、伝統的知識を生物遺伝資源と同様の取り扱いを求めている。原住民の権利保護意識の向上と経済的援助の目的で第八条(j)項が導入されたが、利益配分を求めるひとつの手段として伝統的知識が使われるようになった。

伝統的知識のように複雑な主題に対処するためには新たな考え方が必要になっている。特に知的財産制度との関連性も主要な検討課題である。このように範囲が広く多くの課題の残る伝統的知識を生物多様性条約のフォーラム単独で検討することは困難であり、いくつかの関連する国連フォーラムで検討されている。原住民の参加による伝統的知識の保護促進やデータベース化の取り組みが進められている。

## ❖生物多様性条約の知的財産面と知的財産関連国際条約との関係

国連環境計画（UNEP）／生物多様性条約事務局（CBD）

国連機関において、総会の下部機関である国連環境計画（UNEP）／生物多様性条約事務局（SCBD）が生物多様性条約の事務局であるが、国連の専門機関である世界知的所有権機関（WIPO）、国連教育科学文化機関（UNESCO）国連食料農業機関（FAO）、世界保健機関（WHO）などで、伝統的知識等が専門的に検討されている。生物多様性条約の締約国会議（COP）等の会議体でも、しばしば専門的な問題を別のフォーラムに検討依頼することがある。また別フォーラムで検討、決定された結果が生物多様性条約でそのまま受け入れられることもあるが、各国の思惑の違いにより拒否されることもある。国連専門機関のそれぞれの成り立ち、目的が違うことに由来するからである。

生物多様性は国連機関のひとつであるUNEPのみが計画して実行する課題ではない。生物多様性条約には環境保護関連のみならず、人権関連、知的財産関連、農業食糧関連等の多くの問題も含まれるため、多くの国連機関、非国連機関とのマルチフォーラム[15]で議論される必要がある。しかし、マルチフォーラム間の連携が悪く、ひとつのフォーラムで決定されても、それに加盟していない国があると、世界で共通の認識のもとで実行することは困難になる。

UNEP／SCBDの下で運営されている生物多様性条約フォーラムでは社会、経済、法律課題と科学技術課題の両方について専門的に検討されている。伝統的知識に関する課題は七つの社会、経済、法律課題の中のひとつとして検討されている。原住民や地域社会のものであって持続的な生物遺伝資源の利用に関連する伝統的知識の尊重、維持、保護のあり方を検討している。また伝統的知識の利用拡大も計画している。生物多様性、環境、人間性の間の複雑な相互関係の解明に寄与することを究極的に目指している。

## 世界知的所有権機関（WIPO）

ＷＩＰＯは知的財産権の観点から伝統的知識についての法的機構の設立を目指して古くから精力的に検討している[16]。主要な課題は伝統的知識とフォークロアの不正使用からの法的保護の仕組みを作ることである。他のフォーラムと同様、生物遺伝資源へのアクセスと利益配分の法的制度についての議論が、一九九九年の出所表示とアクセス証明を特許明細書に記載することを義務化する議論をきっかけに激しくなった[17]。

二〇〇〇年に政府間委員会（Intergovernmental Committee on Intellectual Property and Genetic Resources, Traditional Knowledge and Folklore＝ＩＧＣ）が設立され、生物遺伝資源へのアクセスと利益配分、伝統的知識の保護、フォークロアの表現の保護の三つの知的財産権課題について議論が続いている。特別の制度（sui generis 制度）導入の必要性、伝統的知識の文書化支援などの課題についても検討されている。

日本は出所表示問題について米国とともに反対する意見を表明している。出所開示は現行の特許制度と相容れない考え方であるからである。特許性（新規性、進歩性、有用性）審査とは異なる出所開示の有無によって特許が判断されることは、特許制度の根本概念に対する挑戦であると主張している。

## 世界貿易機関（WTO／TRIPS）

非国連機関としてのＷＴＯは生物多様性条約関連で最も重要な機関である。それは、生物遺伝資源の国境移動に関する課題が多いためである。生物多様性条約の中でアクセスと利益配分問題のひとつとして知的財産問題があるが、ＷＴＯでは「知的財産権の貿易関連の側面に関する協定」（Trade Related Aspects of Intellectual Property Rights＝ＴＲＩＰＳ）という貿易に関する法的拘束力のある知的財産協定があり、多くの先進国はこれをもとに活動しているが、開発途上国の思惑と一致しないためである。

ＴＲＩＰＳ理事会において、生物多様性、伝統的知識、フォークロアについて活発な議論が繰り広げられている[18]。その中心課題は、生物遺伝資源等の出所や原産国、生物遺伝資源等の利用にかかる事前の同意、および公正かつ衡平な利益配分の証拠として特許出願中に出所開示を義務付ける改定をするかどうかである。

ＴＲＩＰＳ協定第二十七条の中の第三項[19]は特許対象の除外を規定している。資源国は、この第二十七条第三項(b)は生物多様性条約の第15条と抵触するとして、第二十七条第三項(b)に追加して、資源国の生物遺伝資源、伝統的知識、フォークロアの保護を行うのが生物多様性条約とＴＲＩＰＳ協定の相違を解消するために必要であると主張する。日本、米国等の先進国は、ＴＲＩＰＳ協定と生物多様性条約は抵触なく、生物多様性条約の目的を達成するに当たってＴＲＩＰＳ協定の改正は不要と主張する[20]。両者の意見の隔たりが大きく容易に解決の糸口を見出していない。

二〇〇一年のドーハ宣言[21]によって、ＴＲＩＰＳ協定第二十七条三項(b)と生物多様性条約との関係を考慮し、生物多様性、伝統的知識、フォークロアの保護方法を検討すべきであると決定された。現在、このドーハ宣言のもとで、ＴＲＩＰＳ協定と生物多様性条約の関係について激しい議論が続いている。その中でも、生物遺伝資源や伝統的知識を含む特許の中で出所、合法的アクセス方法を特許出願明細書で開示を義務付けるかどうかについての議論で資源国と利用国が鋭く対立している。日本は出所開示について反対の立場を堅持している。

重大な問題は、あらゆる条約に影響力のある米国が生物多様性条約に加盟していない点である。そのため、締約国会議でいろいろな決議がされても、その効果は米国には及ばないという不都合がある。そこで資源国は生物遺伝資源に関する各種問題を米国主導のＷＴＯに持ち込んでおり、このフォーラムで米国を巻き込んだ解決を探る方法を検討している。しかし、米国は独自の考えを持っており、容易にその考えを変えることはない。二〇〇八年のＷＴＯの閣僚会議においても合意が形成できなかったのもインドと米国の意見対立が埋まらなかったからであると言われている[22]。

### 国連教育科学文化機関（UNESCO）

ＵＮＥＳＣＯでは、文化の多様性を保護する活動を行っており、次の三つの重要な条約がある。「文化多様性に関する世界宣言」（UNESCO UNIVERSAL DECLARATION ON CULTURAL DIVERSITY）[23]、人類全体のための遺産として無形文化遺産を保護し、振興することを目的とする「無形文化遺産の保護に関する条約」（Convention for the safeguarding of the intangible cultural heritage）[24]、個人あるいは地域社会の無形伝統文化の重要性を認識し、地域や国レベルで振興することを目的とした「文化的表現の多様性の保護と促進に関する条約」（Convention on the Protection and Promotion of the Diversity of Cultural Expressions）[25]などを制定し、伝統的知識、文化、フォークロアなどの保護を目指している。

しかし、各条約に加盟している国はばらばらである上に、各国の政治的思惑により、ＵＮＥＳＣＯの文化保護の政策実行は困難なところが多い。特に影響力の大きい米国の動向が注目される。

## 国連食料農業機関（FAO）

FAOは前述したように一九八三年に「植物遺伝資源に関する国際的申し合わせ」（International Undertaking on Plant Genetic Resources）を採択したが、基本的概念として生物遺伝資源は「人類共通の財産」との考えであった。しかし、この概念は生物多様性条約の採択によって終わりとなった。FAOは、この事態を受けて、生物多様性条約との調和を図るべく「植物遺伝資源に関する国際的申し合わせ」の改定に着手し、二〇〇一年に「食料および農業のための植物遺伝資源条約」（International Treaty on Plant Genetic Resources for Food and Agriculture = ITPGR-FA）を採択した。二〇〇四年に発効したが、日本はITPGR-FAを批准していない。また米国、中国、ロシアなどの大国も未加盟である。本条約は食料農業植物遺伝資源の保全と持続可能な利用を目的としている。しかし、対象となる植物遺伝資源は三五種の作物と二九属の牧草類に限られており、野生植物は含まれていない。生物多様性の保護を目指すためには、その対象となる生物遺伝資源の種類の拡大を図らなければならないと考えられる。

ITPGR-FAでは、生物遺伝資源の利用は当事者間の契約によるのではなく、多国間システム（Mutilateral System）で解決することにした点が新しい。そのため簡便な標準物質移転契約（Standard Material Transfer Agreement = sMTA）[26]を別途定めた。商用利用で得た利益は開発途上国へ還元するのが原則である。その方法はsMTAに定められている。しかし、フリーアクセスの考え方も残されており、前文や第九条に「農民の権利」として記載されていることからもわかる。sMTAにおいて、成果物が研究、育種に制限なく利用できる場合は利益配分の義務は除外される。また生物遺伝資源を受領したものは「円滑な取得の機会を制限するいかなる知的財産権またはその他の権利を主張しない」（第十二条3ⓓ）ことを約束すると規定していることからも「フリーアクセス」の考え方を残している。

# 第2章　伝統的知識の知的財産としての保護の現状

## ❖伝統的知識の産業利用について

ＷＩＰＯでは、「創作者の知的才能・努力によって生み出された発明・発見・作品の所有権は、創作者本人にある」という創作行為を根拠とする知的財産の概念を中核としている。権利者が所有しているとする知的財産のいくつかについては、知的財産権なる概念が存在しなかった古い時代からの伝統的知識や知的財産権体制に参加していなかった発展途上国における伝統的知識をもとに改変を加えて創作したものがあるといわれている[27]。しかし伝統的知識そのものは創作者自体が不明であるので、知的財産として認められていない。

西洋社会において知識あるいは科学とは、実証的であり主に書物などの基盤の上に構築されたものである。したがって多くの場合、他人による反復、再現が可能である。それに対比して、伝統的知識は、長い歴史の中で保持され発展されてきた知識、ノウハウ、習慣、表現をいう。伝統的知識は複雑な文化の中で、言語として、習慣として、儀式として、精神としてあるいは宗教、世界観として比較的閉鎖的な小社会の中で形成、保持されている。伝統的知識は原住民の長い世代の間で文書化されず口頭で伝えられてきたものが多い。ある種の伝統的知識は物語として、伝統として、伝承として、儀式として、民謡としてあるいは掟として表現される。これらの表現型はしばしばコミュニティ毎に異なっており、区別できる。

伝統的知識が古くから民衆の間で知れ渡り、改良され、専門化されるにつれてそれを職業とするものが出てくる。やがてそれらの専門家によって文書化されて保存されるようになる。例えば伝統的医学知識はそれを専門に伝える治療者（シャーマン）が出現し、それらの伝承をもとに世界のいくつかの地域で伝統的医学知識が集大成され、系統だって文書として伝えられるようになった。これらの伝統的医学知識は近代医学知識とは異なり、現在でも世界の大部分の地域で民衆の間で利用され、地域社会の中で産業化されている。流通機構が発展するにしたがって、地域社会の産業であった伝統的医学知識は、地域を離れ一般的知識として流通すると同時に西洋近代科学と結びつくことにより、西洋近代社会で利用されるようになった。このような自然発生的発展により伝統的知識の拡大・拡散が進行し、伝統的知識の新たな展開が起こったと考えられる。しかし、伝統的知識が知的財産として認められていないため、伝統的知識の拡大が進行するといろいろな場面で紛争が起こるようになった。本稿では、問題点解決のための取り組みを概説し、知的財産の観点からよりよい管理方法を提案する。

## ❖伝統的知識の保護

伝統的知識の保護には二つの方法が考えられている。ひとつは伝統的知識に知的財産で確立した法律を適用することである。たとえば伝統的知識をデータベース化し先行知識とすることがある。データベース化は伝統的知識の所有権を明確にすることができるが、一方でデータベースは伝統的知識の一般化を促進することになる。この伝統的知識の一般化は、伝統的知識のひとつの特徴である地域社会での限定的保持という性質を壊すことになる。結果として、伝統的知識の経済的価値は公共化により低下することは避けられない。

もうひとつの方法は、伝統的知識そのものを法的な権利として制定することである。具体的には生物多様性条約対応国内法の整備による保護が考えられる。資源国では急速にこのような方向の法整備がなされていると考えられる。

### ❖伝統的知識保持者の考え方

原住民の間でも権利意識が高まった結果、伝統的知識のアクセスと権利について原住民独自のガイドラインを作る運動があり、伝統的知識へのアクセスを規制しようとしている。パナマに住む原住民Kunaの団体であるProyecto de Estudio para el Manejo de Areas Silvestres de Kuna Yala（PEMASKY）とAsociación de Empleados Kunas（AEK）はガイドラインを作成し、民俗学研究を規制した[28]。それによれば、Kunaの民俗学的研究を行うためには、研究計画と環境への影響等を記載した計画書をPEMASKYに提出しなければならない。生物遺伝資源の採取は厳しい審査が必要である。希少生物は採取禁止であるし、採取された生物遺伝資源は商用には使うことはできない。採取にはKunaの原住民の協力者、補助者、ガイドが参加していなければならない。採取されたサンプルはパナマ大学に保管され、写真などもコピーを残さなければならない。研究のレポートや発表論文を提出する必要がある。

一九九三年米国ニューヨーク植物園とエクアドル・カチのAwa族との間で学術研究に対する契約が取り交わされた。それによれば、研究者は実験計画書を作成し、計画についてAwa族会議から許可をもらわなければならなかった。その計画書で最も重要な点は、計画がAwa族にどのような貢献をもたらすかということである。またAwa族会議に対して金銭の支払いが必要となる。その額については明らかではないがあらかじめ定められている。原住民や民族博物学者の間で自主的に、このような法律的には拘束力はないが倫理面で研究者を拘束する規則を作ることはよいことである。なぜなら、これらの研究者が最初に原住民に影響を及ぼす人であるからである。

## ❖地域社会としての伝統的知識の権利保持

地域社会の持つ知的財産権[29]は、地域社会の権利を私有化したり侵害したりすることを防止するためにある。この権利は共有のものであり、お互いに貢献しあっている。地域社会の知的財産権を管理するために監視制度を設けている。ひとつは地域社会の長が理事となって、知的財産権を管理する制度を作っている。さらにその上に、政府による管理制度を設け実際の管理を行っている。

地域社会の知的財産権の規則では、権利者の宣言によってその知的財産が登録される。したがって、この制度は著作権に類似している。しかし、権利者が宣言しなくても権利がなくなるわけではない。権利の宣言、登録をしておけば、特許等を権利者と関係ない人が取得することは困難になる。

## ❖原住民を意識した特別な制度の必要性

伝統的知識を知的財産という形で保護することは、人間の平等精神に反する場合が出てきて、実務上も問題が生じる。すなわち、ある特定の伝統的知識に所有権を認め排他性を付与することにより、集団的に使ってきた伝統的知識を使えない保持者が出現する場合がある。また伝統的知識の衡平な共有化が損なわれることになる。

この問題を解決するためには、伝統的知識の保護について原住民と一緒になって考えることが必要である。

特に近代文明国の尺度では測れないことを認識しなければならい。原住民および地域社会の知識、工夫、慣行の保護のための特別な制度[30]（sui generis 制度）が必要であるという意見がある。しかし、特別な制度においても保護の対象範囲、権利の発生要件、権利の開始時期や存続期間などをどのように決めるのか多くの意見がありまとまっていない。また特別な制度にどのような価値をつけ、活用するのかコンセンサスが得られていない。

## ❖伝統的知識の自己防御的保護の実態

### 紛争の積極的報告による伝統的知識保護

ＮＧＯなどがバイオパイレシーと称して積極的に伝統的知識関連の紛争を公開しているのは、伝統的知識の自己防衛策のひとつと考えられる。例えば Action Group on Erosion, Technology and Concentration（ETC）[31]は各国の NGOs と提携し、伝統的知識に関する紛争ニュースを取り上げ報道している。紛争を公開することにより、企業の社会的責任あるいは企業の市場における評価に訴えることになる。その結果、企業の自主的な決断により、いくつかの出願特許が取り下げられる効果を生んでいる。紛争の積極的な報告、開示は伝統的知識の自己防衛手段としてデータベース化と表裏一体をなすものである。

### 伝統的知識のデータベース化による保護

伝統的知識のデータベース化は伝統的知識の保護にとって重要な取り組みである。パブリック・ドメイン化によって公知情報となり、伝統的知識の私有化を防ぐことが可能になる[32]。その取り組みを最初に行ったのが、伝統的知識を研究対象としている民俗学者、博物学者の集まりである学会である。学会には研究活動の倫理性を明確にする必要がある上に対象となる原住民との良好な関係を築く必要性があった。

それまでは民俗学者、冒険家などが探検などを行い、その結果を文書化したものが大部分であった。これらの情報は図書館、博物館等に保存されるが、広く世界中からアクセスすることは不便であった。またアクセスに費用が発生する場合は自由に使うこともできなかった。また、研究対象へのアクセスについて文書化されることも少なく、ノウハウ的に取り扱われてきた。したがって、研究者が一定のアクセス基準をガイドラインの形で定めることは、研究活動の円滑化、迅速化に有意義であると考えられる。

世界で伝統的知識をデジタル化し保存しようという試みがなされている。このようにして作られたデータベースは主に科学的研究者あるいは教育機関で利用され、伝統的知識の保存、振興に役立っている。原住民の利益になるような方向で伝統的知識のデータベース化を行うべきであると考える。そのためには、データベース保存機関の運営には原住民の参加が必要である。原住民の総意がなければ保存機関の存続、拡大は望めないし、保存機関の本来の目的である原住民の利益のために成果を活用することは困難になる。

米国科学協会（The American Association for the Advancement of Science = AAAS）は科学と人権プログラムを持っている[33]。このプログラムのもとで伝統的知識先行技術データベース（Traditional Knowledge Prior Art Database（T.E.K.*P.A.D.）を二〇〇二年に作成した。本データベースは約三万件の伝統的知識および植物種の公開情報データベースを検索可能なように改良したものである。T.E.K.*P.A.D.には植物分類データベース、伝統薬草データベース、伝統的知識研究論文データベース、特許情報も含まれる。本データベースの目的は、伝統的知識の先行技術化、公開技術化である。このような検索可能データベースによって伝統的知識に基づく特許出願の新規性を検索することができる。その中には「将来の植物（Plants For A Future＝PFAF）データベースも含まれる[34]。PFAFは食用植物あるいは薬用植物の資源データベースである。約七〇〇〇種の植物を調べることが可能である。

しかし、これらの伝統的知識を商用目的で利用することについて歯止めはない。なぜなら、商用目的で利用した場合、伝統的知識を保有しデータベースへ情報提供した原住民になんらかの利益配分をするような仕組みになっていないからである。今後は伝統的知識と知的財産のつながりを明確にし、なんらかの利益が還元される方向に議論を進めるべきである。利益の還元は単に金銭的なものではなく、非金銭的なものまで範囲を広げるべきであろう。例えば、持続的な伝統的知識の保存、保護を行う各種学術プログラムも奨励すべきではないかと考えられる。

原住民俗文化保護国際基金[35]は、一九九三年にフランスで設立され、その活動目的は、人類の伝統をできるだけ正確に保護することにある。そのため、個人、国家、その指導者に伝統的知識の保護の必要性を理解させることが必要である。最も重要な取り組みは伝統的知識を収集し、データベース化することである。データベースには二種類あり、ひとつは全く制限を設けないで公共に公開するもので、もうひとつはアクセスに制限を設けるもので、原住民から直接収集したものや研究者の個人収集情報、フィルム、音声情報など原則的に財団が借りているものが含まれる。制限付きのデータベースは許可を得た研究者などに公開される。

原住民の自主的な伝統的知識のデータベース化では、パナマの Proyecto de Estudio para el Manejo de Areas Sil vestres de Kuna Yala（PEMASKY）と Asociacion de Empleados Kunas（AEK）[36]が知られている。この場合の、自主的データベース化の目的は、自分たちが伝統的知識として用いる植物や動物に対する詳細な記述を残すことにある。伝統的知識に対する研究方法についても、受け入れ側から詳細な決まりを作り、その規則に従わない研究は正統な研究でないと宣言している。

パナマのＰＥＭＡＳＫＹとＡＥＫは伝統的知識の科学的な研究の監視と正統な共同研究促進のため情報マニュアルを作り出した。そこでは、森林管理、科学生物的と文化的な富の保存、研究者のための共同研究優先順位および指針が作成されている。西洋の研究者との共同研究においては植物およびその他の情報について目録が作成され、Kuna 伝統と文化の調査が録音される。

カナダヌナビックのイヌイット族（Inuit）の伝統的知識保護活動[37]も知られている。カナダの原住民イヌイット族は豊富な伝統的知識保有者であり、伝統的環境知識（Traditional Ecological Knowledge = ＴＥＫ）と呼んでいる。ＴＥＫは極寒の地で生き延びるための知識で、医学、工学、物理学、植物学、動物学などが含まれる。ＴＥＫの利用により、環境保護へのヒントとなることが示唆されている。すでに近代技術へのＴＥＫ取り込みにより多くの新しい発明が生まれている。

イヌイット族のＴＥＫはイヌイット語と英語などで出版され[38]、毎年年次報告書が作成されている。なおイヌイット族とカナダ政府の間ではパートナー契約が結ばれている[39]。イヌイット族の生活と習慣を守るためにカナダ政府はイヌイット族の権利と希望について理解を深めることとしている。カナダ政府はイヌイット族社会が自立し、健全で文化的に活性があり、安全なものにする義務があり、イヌイット族生活圏の環境と経済を維持発展させなければならない。

## ❖知的財産管理を目指した伝統的知識のデータベース化

学会あるいは原住民の間での伝統的知識のデータベース化運動が発展し、より知的財産的権利を求める方向になりつつある。さらにそれが発展して、国際的な共通性互換性のあるデータベースに変換されている。このデータベースは公開、共有化が目的であり、主にインターネット上でアクセスできる形式をとる。この運動の中心となっているのは世界知的所有権機関（ＷＩＰＯ）であり、二〇〇〇年に、知的財産と生物遺伝資源・伝統的知識・フォークロアについて知的財産権の側面から議論を行うため、ＷＩＰＯ内に「知的財産と生物遺伝資源・伝統的知識・フォークロアに関する政府間委員会」が設置され活動している。伝統的知識データベース構築のための目録作成や標準文書化およびその作業に際しての法的・技術的支援策についての検討が行われている。さらに、伝統的知識の保護制度のあり方や定義についても検討が行われている。ＷＩＰＯのデータベースである Health Heritage Test Database Structured Search[40] は無料のデータベースで、現在、テスト運用中である。また世界銀行のデータベース World Bank Indigenous Knowledge Database[41] も無料のデータベースである。

ＷＩＰＯで行われている伝統的知識の保護のための措置としてデータベース化と登録制度が検討されているが、一部の原住民側はこのような登録自体よりもこの情報管理が国家の統制のもとにあることについて明白な反対の意思表示をしている。この問題は、原住民地域社会の権利の性質、すなわちこの権利は国内法上の権利か国際法上の権利かということに関する議論や、伝統的知識の利用から生じる利益配分に関する議論とも関連してくるため、最終的な勧告案においても関連諸点ついては合意は得られていない。

インドは伝統的知識のデータベース化に熱心であり、National Institute for Science Communication and

Information Resourcesが中心となってインド伝統医学知識アユルヴェーダ等およびインド伝統的知識のデジタル化（Traditional Knowledge Digital Library ＝ＴＫＤＬ）を作成し、すでに英語や日本語などに翻訳されている[42]。ＴＫＤＬはまだ網羅的ではなくすべてをカバーしているとはいえず、現在、開発途上段階であるが、収録地域や収録数が増えれば、当該分野の先行技術を調査する上で、価値のあるデータベースになると思われる。ＴＫＤＬは約三〇〇〇万ページにおよび一一万の処方を含み、さらに、各個別処方に含まれる薬用植物について五〇〇〇種類に分類されている。ＴＫＤＬが公知文献として機能することによりインド伝統的知識に基づく特許が減るものと期待されている。

インドの主導により、二〇〇四年一二月に伝統的知識の知的財産化を守るため、南アジア七か国で構成されるデジタル図書館ネットワーク（traditional knowledge digital library ＝ＴＫＤＬ）計画を発表した[43]。ＴＫＤＬが、特許の出願・審査・異議申し立てすべての段階で各国の特許庁に参照されることを南アジア地域協力連合（South Asian Association for Regional Cooperation ＝ＳＡＡＲＣ）[44]は狙いとしている。ＳＡＡＲＣドキュメンテーション・センターが中心となり、伝統的知識の統一的な分類法、国際特許分類への連結などの枠組みを開発し、南アジア七か国のデジタル図書館を結ぶ計画である[45]。南アジア七か国は、古くから伝わる伝承医療知識の多言語での文書化、データベース化を二〇〇〇年頃から進めているインドをモデルに国内版のデジタル図書館を設置する計画である。ＷＩＰＯもこの構想を支援しており、他のアジア諸国やアフリカ各国も興味を示している。この共通ＴＫＤＬが完成すると、世界各国の特許庁に配布され、審査官が特許審査に使えるようにする計画である。さらにＴＫＤＬを発展させ、伝統的知識のみならずそれに関連する植物、動物、鉱物、方法、デザインなども含まれる統一されたデータベース（traditional knowledge resource classification ＝ TKRC）に拡大していく計画を持っている。

## ❖データベース化とクリアリングハウス構想の推進による防御的保護

### クリアリングハウス構想[46]

生物多様性条約におけるクリアリングハウス機構とはその第一七条の「情報の交換」と第一八条の「技術協力」に基づいた構想である[47]。大学、博物館、民間団体などの情報データベースを共有化・共通化し、インターネット上にだれでもアクセス可能な状態で公開する試みである。データベースには当然伝統的知識も含まれるので、データベースのグローバル化により伝統的知識がより広く理解され、共通の認識を持つ手助けになる。

しかし、クリアリングハウスの役割、運営は複雑で困難なものになることが予想される。特にクリアリングハウスに集まったデータベースについて知的財産権をどのように取り扱うか明確ではない。

また伝統的知識は生物遺伝資源と異なり、民俗学的あるいは社会学的なアプローチが要求される。このようなアプローチを国際的機関で行うためには生物遺伝資源および伝統的知識の提供国のお互いの協力が不可欠になる。

日本では環境省自然環境局自然環境計画課が条約事務局、同局生物多様性センター[48]が生物多様性条約のクリアリングハウス機構のセンターとなっている。

### データベース化の課題

伝統的知識データベースの知的財産データベースへのリンクと検索可能化の推進により伝統的知識が先行

文献としてより容易に検出可能になる。したがって先進国での伝統的知識を利用した発明の誤った特許付与が少なくなると予想される。

## ガイドラインによる保護

知的財産制度と調和する国際あるいは限定地域での伝統的知識に関するガイドラインは生物多様性条約のサイト内[49]で詳しくまとめられているので、ここでは概観にとどめる。その中では人道的な取り組みから実質的な行動のマニュアルまで幅広い。伝統的知識に関するガイドラインは、大別すると国際機関による合意に基づくもの、地域別あるいは国別の独自のガイドライン、民俗学会や植物園協会のような先進国の研究団体の間で取り決められたガイドライン、原住民あるいはＮＧＯによる自己防衛的な取り決めに分類できる。

### ❖国際機関の合意に基づくガイドライン

ＷＩＰＯとＵＮＥＳＣＯは民俗芸術保護のための国内法制定に向けてモデル条項を一九七八年から作成し、一九八三年に提案された。モデル条項の基本的考え方では、民俗芸術表現の乱用に対する保護と民俗芸術表現の自由、開発の奨励、民族芸術の普及の間で適切なバランスを維持することを目的としている。

ＵＮＥＳＣＯの社会変革管理プログラム（Management of Social Transformations Programme ＝ＭＯＳＴ）は民俗学的、社会学的研究成果やデータを関係者の政策決定のために役立てるプログラムである。伝統的知識に対するベストプラクティスのデータベースを一九九九年に作成した[50]。

「先住民族の権利に関する国際連合宣言」[51]は国連人権小委員会先住民作業部会で合意された宣言である。その第二九条では「現住民族は、彼（女）らの文化的および知的財産の完全な所有権、管理権および保護に対する承認を得る権利を有する。彼（女）らは、人間および他の遺伝学的資源、種子、医薬、動植物相の特性についての知識、口承伝統、文学、文様、並びに視覚芸術および演じる芸術を含め、彼（女）らの科学、技術および文化的表現を統制し、発展させ、そして保護するための特別措置に対する権利を有する。」とされている。原住民の伝統的知識と生物遺伝資源の権利を定めている。

世界銀行の実行指針は世界銀行のミッションである貧困の撲滅と持続的な開発に貢献するために作られた[52]。その中で生物遺伝資源や伝統的知識の商業開発に関わる場合について定めている。

本指針では、商業開発は伝統的知識保持者の尊厳と人権と経済と文化を最大限に尊重されるべきであるとしている。伝統的知識保持者との間で、自由で、事前になされた契約が必要である。契約の中身は、法令上あるいは通例上保持者に権利が存在すること、提案された商業開発の範囲と性質、伝統的知識保持者の関心と参加の意思、そのような商業開発が原住民の生活、環境などに与える影響を含まなければならない。また、計画の中に商業開発の結果派生する利益の衡平な配分も含まなければならない。伝統的知識保持者は適切な方法で、利益や補償を受け、監査を行う権利を有している。

伝統的知識プログラムの運営は世界銀行の主導で行われている[53]。このプログラムはグローバルな知識社会協力を目指したもので、具体的には原住民の伝統的知識を積極的に公開し、情報交換を行い、伝統的知識の保全と普及活動を行うことである。しかし、この目的に最適な方法や手段の開発が遅れている。そのため、伝統的知識の同定、アクセス、普及、保存のための方法や手段を開発するプログラム開発をまず先行させ、地域社会で伝統的知識や工夫を普及させる。伝統的知識をさらに高度なものに発展させる。このような活動の中で原住民とその周りの地域社会で親睦関係を作るようにすることになっている。

## 地域別あるいは国別のガイドライン

生物遺伝資源の供給国では生物多様性条約に基づく国内法の制定を進めている。国内法の傾向として、生物多様性条約の第八条(j)あるいは第一五条より詳細な規定になり、さらに利用国からみれば厳しくなり利用しにくくなっている。またアンデス共同体やアフリカ連合のように地域数カ国が共同で法律を制定する傾向も見られる。

オーストラリア政府はオーストラリアの原住民であるアボリジニー（Aboriginal）やトーレス海峡島民（Torres Strait Islander）の民俗学的研究を行うための倫理的なガイドラインを二〇〇〇年に定めた[54]。これによりオーストラリア原住民への尊敬と伝統的知識の尊重を持ち、それらの人々の研究への参加とその結果の共有が図られる。このガイドラインは単に研究者へのガイドラインにとどまらず、現実の原住民と共存するための人権保護のためのガイドラインになっている。ガイドラインは一一章の基本理念とそれを具体化した実践ガイドラインからなっている。基本理念の第1章は基本理念について記載されている。すなわち、原住民を研究する基本理念として原住民との相談、交渉、そして原住民の自由な同意が必要であるとしている。原住民からの自由な申し入れと支配を受け入れなければならないし、研究成果の還元は研究者の義務であるとしている。第2章では相談と交渉の継続性は、合意の正確で自由な実践のために必要なことである。第3章では、相談と交渉は研究目的の相互理解を確立するように行わなければならない。そのため、相談は研究の狙い、方法、成果について情報交換、相談が必要である。第4章では、原住民の伝統的知識伝承方法を尊重しなければならない。伝承方法は近代科学に基づいていないのでそれを無視してはならない。また原住民知識、概念、文化的表現や創造物について文化的所有権があることを認識しなければならない。第5章では、原住民の個性と多様性を認識することである。原住民の多様な言語、文化、歴史、考え方を受け入れる必要がある。また原住民社会の中にも多様性があることを知らなければならない。第6章では、原住民の知的財産権、文化的財産権を尊重し、保存しなければならない。知的財産権、文化的財産権は原住民の伝統の一部であり、生活の一部である。したがって、知的財産権、文化的財産権は固定された状態にあるわけではなく常に変化しバラエティに富んでいることを認識する必要がある。原住民から情報を得る場合、その情報源を同定することは非常に重要な研究要素である。第7章では、原住民の研究者、個人、コミュニティの研究参加が重要である。これは原住民の権利である。また原住民はいつでも理由なく研究から外れることができる。第8章では、原住民が研究成果の利用とアクセスを申し出たときはそれに同意しなければならない。原住民の研究に対する貢献を考慮すれば、研究成果へのアクセスや研究成果の権利を交渉したりして報いることが重要である。第9章では、研究対象となった原住民社会はその成果の恩恵を受けるべきで不利益となってはいけない。第10章では、研究成果には研究対象になった原住民社会の必要性に見合う結果を含まなければならない。第11章では、研究は原住民との公平で誠意ある自由な同意をもとにした正式合意文書のもとで行われなければならない。

カナダでは、民族学研究者とカナダイヌイット族の間で民俗学研究について基本理念[55]（Inuit research guidelines）が制定されている。カナダイヌイット族の民俗学研究を行うにはイヌイット族コミュニティおよび研究に参加する個人から同意を得なければならない。そのために研究者は少なくとも研究目的、主要研究者名、スポンサー名、研究の予想成果とリスク、研究方法、原住民との交流などを説明しなければならない。研究の途中であっても方法、発見、解釈について原住民と情報交換しなければならない。もし、イヌイット族が研究を受け入れない場合は研究途中であっても中止しなければならない。伝統的知識をできるだけ集めなければならない。研究には原住民の研究者を参加させ訓練しなければならない。原住民社会を混乱させてはならない。個人のプライバシーを保護し、文化や権利を尊重しなければならない。適切な言語で書かれた文書情報を提供する必要がある。原住民社会とは常に連絡し合い助言を求めなければならない。原住民は研究データ全体にアクセスすることができる。アクセスの度合いは契約の中に明快に記載し承認を得ておく必要がある。

## 国際的学術専門家組織の自主的ガイドライン

学者団体などの倫理規範に基づく自主的ガイドラインが制定されている。公立植物園団体作成ガイドライン[56]は世界の公立植物園の団体が作成したガイドラインで、生物多様性条約やワシントン条約に基づいて、生物遺伝資源と伝統的知識へのアクセスと利益配分について基本的考え方をまとめている。英国王立植物園や米国ニューヨーク植物園など二一の公立植物園が参加している。

多くの伝統的知識の研究団体が伝統的知識保護のために団結するよう宣言を出している。通常これらの宣言は法的拘束力がないが、参加している科学者などの間で合意した倫理規定となっており、参加する限り守るよう求められている。最初の宣言は一九八八年の「バーレン宣言」[57]といわれ国際民族博物学協会[58]が宣言した。民族博物学は人類学、植物学、動物学、考古学、薬学、地理学、社会学などの関連する研究者の集まりである。この宣言の中の第4項で、伝統的知識や生物遺伝資源を利用する際にその保持者である原住民に対して補償する方法を開発することを明確にしている[59]。これが伝統的知識や生物遺伝資源に知的財産権があることを認め

表１　科学者団体の行った生物多様性条約関連の自主的宣言

| Declaration | Institutions | Year |
|---|---|---|
| The Declaration of Belém | International Society for Ethnobiology | 1988 |
| Chiang Mai Declaration for Conservation of Medicinal Plants | WWＦ/IUCN/WＨＯ | 1988 |
| Code of Ethics for Foreign Collectors of Biological Samples | Botany2000 Herbarium Curation Workshop | 1990 |
| Code of Ethics on Obligations to Indigenous Peoples | World Archaeological Congress | 1990 |
| Professional Ethics in Economic Botany: A Preliminary Draft of Guidelines | Society of Economic Botany | 1991 |
| Conclusions of the Workshop on Drug Development, Biological Diversity and Economic Growth | NIH and NCI | 1992 |
| The 1992 Global Biodiversity Strategy | World Resources Institute/IUCN/ United Nations Environment Programme（ＵＮＥＰ） | 1992 |
| Williamsburg Declaration | American Society of Pharmacognosy | 1992 |
| Bukittinggi Declaration | Unesco Seminar on the Chemistry of Rainforest Plants | 1992 |
| Manila Declaration | Seventh Asian Symposium on Medicinal Plants, Spices and Other Natural Products | 1992 |
| Guidelines for Equitable Partnerships in New Natural Products Development | People and Plants Initiative of WWＦ, Unesco, and RBG | 1993 |

たものといわれている。

しかし非政府団体の宣言であるため、法的な強制力がないので、政府がその宣言を認めない場合実行力は少ない。多くの場合急進団体や逆に反対団体両方から批判を受けることになる。単に科学者の間に倫理を認識させる役割しかない。

世界野生生物基金（World Wildlife Fund ＝ＷＷＦ）は生物遺伝資源の保護と伝統的知識の保存活動を行っている世界的な民間団体である。一九九六年にＷＷＦは自身の活動の指針となる原住民の伝統的知識の保存について基本的考え方を発表した[60]。その中で原住民の権利とその近代社会的保護の関係について明らかにしている。ＷＷＦの基本的考え方は原住民の土地、支配区域、生物遺伝資源の持続性ある活用を図るために作成された。原住民とその保護を目指す団体はその目的のため共同して取り組まなければならない。両者の協力関係において重要なことは、原住民がこの取り組みの中心にあり保護者の役割を持っていることを認識することである。原住民の知識、社会、生活様式、文化はその地域の生態系に順応している。しかし現代ではそれらの生態系は人口等の変化により壊滅状態になっている。環境団体やその他の機関は原住民とその目的をひとつにしてこれらの生物遺伝資源破壊の原因となっている国内的、国際的、社会的な不均衡を是正する取り組みを行わなければならない。そのための戦略を設定し、実行する必要がある。原住民の権利を認識しなければ、原住民と保護団体の間に共通認識は生まれないと考えられる。

一般的に原住民は差別的に扱われており、社会から無視される場合が多いので、ＷＷＦはまず原住民の基本的人権、習慣、資源を尊重し、保護し、それに従うことに注力する。原住民が伝統的に所有し、使用している領地、あるいはその資源に対して権利を有していることを認める。さらにその権利はＩＬＯ の先住民・種族民条約

(Convention 169)にしたがって効果的に保護されねばならない。原住民の間で自身がベストと考える方法で土地、領地、資源を管理する権利を持つことを確認する。同時に国家的統治権も尊重し、国家の保護と開発政策に順応することも求められる。原住民が保持している文化や知的伝統に関して原住民の集団的権利を認め、尊重する必要がある。原住民が土地、領地、資源の使用、開発を自身で決定する権利を尊重する。原住民が生活を向上させる権利と領地内の生物遺伝資源の持続的使用から直接的、公平に得られる利益について権利があることを認識する。原住民に知的財産や伝統的知識から得られる経済的な利益について衡平に配分される権利があることも認識する。

## 原住民団体の作成したガイドライン

アラスカ原住民伝統知識ネットワーク(Alaska Native Knowledge Network＝ANKN)が設立されている。ANKNはアラスカ原住民の伝統知識を守り、普及するためにアラスカ原住民の間で設立された[61]。現在アラスカ原住民、政府関係者、民俗学者などを助けて伝統的知識へのアクセス、保存、普及の活動を行っている。アラスカ原住民を研究するための北極圏研究基本姿勢ガイドライン[62](Alaska Federation of Natives Guidelines for Research)は、米国政府間北極圏研究政策委員会の社会科学タスクフォースによって一九九三年にまとめられたものである。このガイドラインは北極圏に住む原住民団体に送付され協力を求めた経緯がある。その基本姿勢は、アラスカ原住民を対象とする研究を開始するにあたって原住民への研究計画情報の提供と研究への参加要請をすることである。事前申請と許可が必要であり、原住民の伝統的知識の権利を保護しなければならないとしている。また、研究結果について原住民に報告する義務がある。

ANKNは二〇〇〇年に伝統文化知識の尊重に関するガイドライン（Guidelines for Respecting Cultural Knowledge）を発表し、その中で伝統的知識を研究する場合、多くの関係者が尊重すべき事項をまとめている。また、原住民社会組織のガイドライン（Guidelines for Native Community Organizations）も制定している。その中で強調しているのは原住民の長老あるいは伝承者の役割であり、クリアリングハウスの設立である。伝統的知識の現在の状況を最も効果的に保存するために必要な処置であると思われる。また原住民のみならず行政や地域社会の役割も重要視しており、公共の知識と個人の知識の仲介の役割を担うよう求めている。

## ❖伝統的知識あるいは伝統芸術に対する米国の取り組み

伝統的知識保持者が持つ現代社会に対する問題意識を分析すると、伝統的知識が失われていくことが最も大きな問題である。次に、伝統的知識に対する敬意が欠如していることも精神的な問題として大きい。伝統的知識保持者が現代文明の中で伝統的知識を基本に生活することは極めて困難である。一方、伝統的知識の横領、特に利益配分なしの流用が経済的な問題である。さらに、伝統的知識の権利化による囲い込みが起こった場合、伝統的知識保持者自身がその伝統的知識を使えない事態も起こりえる。これらの問題点を解決しようという意識・意欲が地域社会あるいは政府に欠如しているのも問題である。

伝統的知識の知的財産的保護で最も重要なことは、伝統的知識を含む特許が成立しないことが重要である。伝統的知識の保持者は長年保持してきた伝統的知識が他人によって特許化され私有化されると、保持者による伝統的知識の活用が阻害されることになり精神的あるいは経済的に耐えがたいものとなる。そのため、伝統的知識を公開し、その情報を特許審査官の目にとどまるようにするか、全く逆に営業秘密として保持者間で秘密にするかの二つの方法をとることになる。伝統的知識を公開し出版物にすることにより、伝統的知識を含む出願特許の新規性が否定される。

米国は生物多様性条約に加盟していないにもかかわらず、国内において古くから先進的な取り組みを実行してきた。米国の発展の中で伝統的知識を破壊してきた反省に基づく取り組みである。米国内には独特の伝統的知識を保持している原住民としてアメリカインディアンがいるため、これらの種族の保持する伝統的知識の保護がその活動の中心である[63]。

米国政府は伝統的知識のデジタル化に精力的に取り組んでいる。インディアンの伝統的芸術や民芸などは一九三五年に法律化され[64]、インディアン芸術および民芸委員会によって管理されている。この法律は一九九〇年に改正されている[65]。インディアン種族の公式記章のデータベースは、原住種族の要求に応じて米国特許商標庁によって作成された。このデータベースにはインディアン種族の伝統的芸術や民芸が収められている。このデータベースを特許あるいは商標の審査官が用いることによって、これらの伝統的芸術が誤って権利化されることを防いでいる。またインディアン種族の名前、象徴、模様などを含んだ商標登録申請がなされた場合、米国伝統的知識の専門弁護士が審査を行うことになっており、間違いが起きないようにしている。

一九七六年に米国議会図書館にアメリカ民芸センターが設立され、民芸古文書貯蔵所やアメリカ民謡貯蔵所の保存品を集約した。現在約一〇〇万点の写真、書物、レコード、映画が収められている。また米国政府はスミソニアン民芸伝統文化センターを維持・運営している。そこには主に商用の写真、レコード、ビデオテープ、映画などが保存されている。二〇〇四年にはスミソニアンに国立アメリカインディアン博物館を公開した。

## ❖伝統的知識の利用と保護のあり方

先進国の産業とりわけ医薬品、化粧品、食品関連の産業分野で古くから伝統的知識を利用して産業を発展させてきた経緯があり、現在も伝統的知識を利用した特許出願が多くなされている。しかし特許出願を行う者が伝統的知識について一般の学術文献としての認識しか持たないため、それに知的財産的価値を認めることは少ない。特許化を目指す場合でも、その情報源である本来の伝統的知識を考慮に入れることなく特許化を行うことになる。

伝統的知識に基づく特許が成立し、その権利が先進国のみにとどまっている場合、伝統的知識保持者のいる発展途上国の地域社会に影響を及ぼすことはない。しかし、先進国の産業界の経済活動が伝統的知識の存在する地域社会に及ぶ場合、伝統的知識のある地域社会と先進国の特許権との間で紛争が発生することになる。そこで本来公共性が高かった伝統的知識が特許化によって特定の個人に所属させられるとき、明らかになんらかの権利制限を行う必要性が出てくることになる。伝統的知識を利用して権利化を図ったものは少なくとも本来の伝統的知識保有者に対する権利のあり方を検討しなければならない。

先進国の制度、考え方に対抗する手段、方法は伝統的知識の保持地域社会にはない。伝統的知識にはそもそも私有という概念はなく、その地域社会に通用すれば十分であるので大抵の場合文書として保存されることはない。したがって、先進国の特許制度と伝統的知識の間で論争が起こったとしても伝統的知識が有利になることは不可能である。伝統的知識を保有し実行している原住民は知的財産権あるいはその価値について知識があるわけではなく、伝統的知識を地域社会の中で保持し、利用していることに満足している場合が多い。地域社会の発展に寄与する場合もあるが、地域社会あるいはその地域を含む国家が伝統的知識の産業化を意図したとき、知的財産権に注目し利用することを考える。その結果、伝統的知識が知的財産権として個人の所有物に変換され、国の産業として拡大、発展していく。その結果、伝統的知識の産業化の発展によって国家財政収入の重要な部分を占めるようになると、伝統的知識はもはや地域社会の単なる知識では考えられなくなる。国家間の取り決めとしてWTO／TRIPSなどの知的財産制度が設立されたとしても、伝統的知識を持つ地域社会は今までと変わらず伝統的知識を医療、農業生産、社会・経済制度の運用に使用することができるし、それは人権あるいは倫理権として尊重されるべきである。

伝統的知識の問題を解決する方法として二つの考え方がある。ひとつは伝統的知識保持者間あるいは地域社会、それを含む国家の間で伝統的知識を保護する方策を考えることである。そのやり方として伝統的知識の文書化、データベース化を行い保存すると共にそれを特別な制度（sui generis）として保護する方向性である。一方先進国側では、先進国で発展した知的財産制度に伝統的知識を当てはめ、法的に保護しようとする方向性であり、植物園あるいは民俗学会などのガイドライン、国際人権組織あるいは世界銀行などの取り組みもある。産業界の自主的取り組みも散見される。しかし、主に伝統的知識を保持する発展途上国とそれを利用して産業を行う先進国の間での取り決めが未発達であるのは問題である。この問題が解決しない限り両者がwin-winの関係で共存していくことはできない。

# 第3章　医薬としての生物遺伝資源利用

WHOの調査によれば、世界の人口の八〇％は伝統医学[66]を病気の予防、治癒に使っており、伝統医薬の世界市場は六〇〇億ドルとみられている。伝統医学の市場の大部分は開発途上国であり、近代医療とは規模の異なる零細な商取引であると考えられる。しかし、その影響力は非常に大きく世界人口の八〇%に及ぶ。伝統的医学知識に基づく薬草産業は非常に盛んである。WWFの発表したデータ[67]によれば、一九九九年の薬草治療法の世界市場は一九四億ドルで、ヨーロッパが六七億ドル、アジアが五一億ドル、北アメリカが四〇億ドル、日本が二二億ドルとなっている。中国漢方薬の販売量は一九九五年データで五〇億ドルと推定されている。インドの薬草抽出物の輸出額は一九九四〜一九九五年のデータで五三億ドル、薬草抽出物は一三億ドルと報告されている。これらから薬草関連は世界で約三〇〇億ドルの市場を形成していることになる。

このような巨大な薬草市場が現実に形成されているにもかかわらず、先進国における薬草取引で問題となる点は、薬草の最終製品を製造する会社がその薬草の栽培先、入手先を知らない場合が多いことである。多くの製造業者は薬草原料を卸問屋から仕入れるが、複雑な流通経路を持つ薬草卸問屋はその入手先を明らかにしない場合が多い。その理由は、情報公開により製造業者が直接入手する危険があるからである。また製造業者も一定の品質で同じ値段の薬草が常に入手可能な卸問屋の方が都合がよいという面もある。日本の薬草関連の研究開発活動は活発であり、特許化も広く行われている。ツムラを初め多くの日本企業が薬草の特許出願ランクの上位を占めている[68]。しかし、これらの企業においても、出願特許で出所開示を自主的に行っているところは少ない。

最もよく近代文明社会で知られていて広く医薬産業で使われている伝統的知識は、薬用植物の病気の治療あるいは予防への使用である。伝統医学に用いられる薬用植物は三五〇〇〜七〇〇〇種になるといわれている[69]。現在の科学技術を用いて伝統的知識の分析科学的検証あるいはメカニズムの解明が行われ、伝統的知識に含まれる有効成分を見出す試みは続けられている。伝統医薬研究に関する国際的な学術雑誌も発行されている。例えばJournal of Ethnopharmacology[70]は伝統的知識に基づく植物、カビ、動物、鉱物などの薬理学的・生物学的効果を報告する雑誌である。情報交換を通じて伝統医薬からヒントを得て近代医薬に応用していくことを目的としている。本雑誌では、伝統医薬を守り、その知識を持った原住民の権利を守るために、伝統医薬の知識を文書化し、伝統医薬を現代科学で解明し、伝統医薬から新しい特異的な薬理学的原理を解明することを行っている。多くの有効成分が単離同定され、特許化され、医薬品として使われている。

原住民の間では、伝統的医薬に使われる薬草の保護、使用制限はタブー、掟、宗教的コントロールなどいくつかの伝統的仕組みによって行われている。例えば、月経中の女性がある種の薬草を採取すれば効力がなくなると言い伝えられている。このような伝統的知識に基づく使用制限により生物遺伝資源が保護されていると考えられる。伝統的療法を行う人やそのために薬草を採取する人は自身が必要とする量だけを採取し、それ以上の商用目的で採取することはない。原住民の中でシャーマンと呼ばれる祈祷師が伝統的知識に基づいて病気の治療を行うことが知られている。開発途上国の伝統的医薬を売ることを商売としている人たちも多い。南アフリカ共和国では民間療法を実施する人は「イニャンガ」(inyanga)と呼ばれる。イニャンガは長い年月をかけて自然のものから治療効果のあるものを伝承的に見出してきた。

表2には伝統的医学知識が個人的知識からより一般に広がり体系化され一般に認知されいわゆる伝統的医学となったものを示している。これらの伝統的医学知識はすでになんらかの形で書物として残っている場合が多いので、知的財産的にはこれらの事実は公知であると考えられている。

例えば、モンゴルの伝統医学はシャーマン教に基づくもので、ボーと呼ばれる男性シャーマンとイドガンと

表２　世界の主要な伝統的医学[71]

| 地域 | 伝統的医学知識 |
|---|---|
| 日本 | 漢方（針灸などを含む） |
| 韓国 | 韓医学 |
| 中国 | 中医学、チベット医学 |
| インドとその周辺 | アユルヴェーダ、アラビア医学、ヨーガ、ユナーニ医学、シッダ医学 |
| ミャンマー | ビルマ伝統医学 |
| タイ | ロンアヌサムソーントウム |
| インドネシア | ジャムゥー |
| アラブ諸国 | アラビア医学 |
| 欧州 | ホメオパシー、アロマテラピー、自然療法など |
| アメリカ | インディアン伝統医学 |

呼ばれる女性シャーマンたちが宗教的祭祀や法術を行うと同時に治療も行っていた[72]。その中で、栄養療法と呼ばれる伝統医学は『四部甘露』『蒙古医薬選編』に記載されており、食事による治癒を目指している場合が多い。伝統的食品として乳類と肉類があり、その伝統的な使い分けで病気の治療を行ってきた。漢方薬は中国で三〇〇〇年も前から発展した伝統医薬（中医学ともいう）に関する伝統的知識である。中国の伝統医薬の基礎は漢時代（B.C.202–A.D.220）に基礎が確立され、「黄帝内経」「神農本草経」「傷寒雑病論」の三つが編纂された。二〇〇一年の中国伝統医薬の売上高は四八億ドルに達している[73]。二〇〇五年九月現在中国で販売されている非処方薬は全体の二五％に相当する四四八八種あり、そのうち中国伝統医薬は三五一一種であると報告されている[74]。

しかし伝統医薬では当然近代医学で用いられている用語が使われておらず、疾患の概念が異なることが普通である。また西洋医学で発達した科学的実証を伴っておらず、あいまいな場合が多い。伝統医薬が現在の西洋医学で認められるには伝統医薬の記述を現代医学用語で正確に翻訳することが必要となる。また現代医学用語では表現しきれない場合も多く存在する。両方の知識を持つ研究者が少ないので、正確な翻訳はなされていないのが現状であり、多くの解釈が存在する。その場合、伝統医薬と現代医薬の架け橋はあいまいとなり、伝統医薬の知識を使ったとしても、正確にその証拠を示すことが困難になりやすい。

## ❖資源国における薬用植物の利用実態

伝統的知識が原始宗教のように神聖と考えられておりタブーとなっている場合は、伝統的知識のあらゆる利用を拒否することになる。神聖なものを公共の場で使われること自体が耐えられないので、金銭で解決できない問題となる。シャーマンの中にも外部社会と接触を持たないものも多い。しかし、熱帯林に豊富な薬用植物の知識は、原住民のシャーマンによって徒弟制度的に伝承されてきたが、現在では西洋文明の浸透とともに後継者が減りつつあり、貴重な知識が失われることになっている。

自然界から医薬品として利用可能な特質を備えた植物や動物を探す取り組みが注目され、西洋近代科学知識を持った医療関係者たちがこれらのシャーマンや民間医療者から伝統的知識を引き出そうとする活動が行われている。そのため生物遺伝資源国ではこれらの研究者とシャーマンの間で紛争が起こっていることも事実である。

## ❖資源国における原始的商用流通の発展と功罪

シャーマンなどの自己消費型の薬草採取者の中には薬草を生業として商売を行うものが出てくるのは自然である。地域の市場には採取された薬草が山積みされるようになる。それらは明らかにシャーマンなどの伝統的療法者の使う量よりはるかに多く、生物遺伝資源の浪費にほかならない。南アフリカのKwaZulu-Natal州では、一〇二〇種の植物と一五〇種の動物が伝統的医療に使われるが、商用に取り引きされている薬草は年間四五〇〇トンにのぼる[75]。ここに古典的な「コモンズの悲劇」が観察される。「コモンズの悲劇」により、社会的あるいは環境的に悲劇をもたらすことになることは明らかである。その結果、伝統的治療が衰退し、伝統的知識も消失していくという悪循環をたどることになる。その例をアロエで示す。キダチアロエは南アフリカ共和国、アロエベラは北アフリカからアラビア半島にかけて生育している共にユリ科アロエ属の多肉植物である。ユリ科アロエ属には約四〇〇種あるといわれている。日本では鎌倉時代に渡来したキダチアロエが一般的に自生している。アロエの伝統的知識に基づく効能は約三五〇〇年前に書かれた古代エジプトの医学書「エーベルス・パピルス」に書かれている。紀元前一世紀の「ギリシャ本草」には、便秘や胃もたれ、皮膚病、打撲などにアロエが効果あることが記載されている[76]。日本でも伝統医療の薬草として広く使われている。俗に「医者いらず」と呼ばれ、皮膚疾患や、消化器疾患などに有効であると伝承されている。

伝統的にはアロエの使われ方は必要なときにその葉を必要量だけとる方法であった。原住民の庭に豊富に生育していたので、自家消費によるアロエの減少はなかった。しかし、先進国の化粧品業界が火付け役となり、健康食品業界も巻き込んだアロエブームによって数年の間にアロエは絶滅の危機に瀕するようになった。その生態から植物体全体を採取し種を残すことをしなかったのが原因である。特に皮膚病に効くと伝統的知識のあった Aloe sinkatana という種類はすでにアフリカにおいて野生種は絶滅したといわれている。ケニアで生育するAloe secundiflora, Aloe turkenensis, Aloe scabrifoliaは地方では商品として価値があるため、野生種が絶滅の危機に瀕していると報告されている。

このような事態を受けて、アロエベラを除くアロエ属全種がワシントン条約（絶滅のおそれのある野生動植物の種の国際取引に関する条約）により保護されることになり、さらに一部は各国国内法により厳しく輸出入が制限されることになった。ワシントン条約の附属書Ⅱ[77]にアロエ属全種が記載されている。さらに二二種は附属書Ⅰにリストアップされている。日本ではワシントン条約の国内法「絶滅のおそれのある野生動植物の種の保存に関する法律（平成四年法律第七十五号）」[78]およびその施行令[79]の別表第二にアロエ属が記載されていて、輸出入は許可が必要になっている。

## ❖資源国での伝統医療の近代化の試みとその課題

ケニアでは伝統的治療法の近代化と効率化のため伝統的治療促進戦略を打ち出した[80]。エイズやマラリア撲滅のため伝統的知識と西洋医学を融合させる方法を検討しはじめた。この戦略がうまくいけば伝統的治療に用いられる生物遺伝資源の保存にも効果がもたらされると期待された。しかし、伝統的治療を規制し、伝統的治療を実行するものを登録させようとする試みは失敗し、伝統的治療者と西洋医学者との間で深刻な敵対関係を生み出し、伝統的治療の近代化は疑問であると結論された。西洋医学の基準では、伝統的治療の基本にある「精神性（Spirit）」が科学的合理的に理解できないからと考えられた[81]。つまり伝統的治療と西洋医学の世界はあまりにもギャップが大きすぎ、お互いの交流が困難であることが明らかになった。西洋科学を信ずるものは、原住民の持つ伝統的知識は進歩の遅れた劣った方法であり、単に西洋科学が発見するための資料提供の役割しかないと思い込んでいることが問題のひとつである。このような意識を改革しなければ、伝統的治療の近代化を行うのは困難である。また金銭による経済が未発達の地域では、医療費を金銭で払うという習慣がなく、その方式を持ち込んだ近代化施策は全く受け入れられることがなかったと思われる。

## ❖中国における漢方薬用植物事情

中国における漢方薬用の薬草生産には問題が多い。薬草生産は辺地で生産されている場合が多いので、非効率的であり、また地方政府所有の産業であるためモチベーションが低いといわれている。しかし、薬草の大市場である米国において漢方薬に対する基準が厳しくなってきたため、原材料供給から製品開発まで近代化が必要であるといわれている。そのため品質面あるいは製造面で漢方医薬品の標準化を行おうとする動きがある。中国外の企業とのＪＶによる知識、経験の導入を積極的に進めている。

富山大学和漢医薬総合研究所の発表によれば、中国は世界で三番目に植物種が豊富な国であるが、国土破壊により約三〇〇〇種が絶滅の危機に瀕している。薬用植物に限れば、現在一六八種の薬用植物、一六二種の薬用動物が絶滅危惧種の保護リストに挙げられている。このような自然破壊状況を改善するため、中国政府は森林伐採の禁止、自然保護地域の設定、生物遺伝資源の輸出規制などを行っており、最近では薬用植物である「麻黄」「甘草」の野生種の採取および輸出を規制している。一九九九年より中国政府は安全性問題とともに砂漠化防止策の一環として麻黄の輸出規制を行っている。多量の麻黄を原料としてエフェドリン粗抽出を行う企業に対して、自社栽培地の保有が義務付け／られている。そのため、麻黄の栽培自体には特別な技術等は必要ないことから、栽培化も進んでいると思われる。

甘草について現状では麻黄のような輸出禁止政策は中国政府から出されていないが、中国西北地域一帯での環境破壊が進行しており、その主原因のひとつとして甘草の乱獲が挙げられ、中国国内で甘草に関する様々な規制が行われている[82]。いままで実施していた甘草の輸出許可制度を活用した輸出総量規制、輸出港の限定による無許可輸出の防止、輸出許可取得料の値上げ、生産地に対する管理・規制強化などの方法で乱獲防止を進めている。甘草の場合、根が有効成分を含む部分なので、野生から採取する場合植物体全体が採取される。一旦採取されると再生しにくい。一部採取から栽培に切り替える動きもあるが、栽培の場合有効成分濃度が不足し、日本薬局方によって認められないことになっている[83]。中国以外にその供給源を求めたとしても、中国の供給業者の圧力により、供給先を中国以外に広げることは難しい。品質についても含量が生育場所、方法によって異なるため、急激な入手先の変更は困難を伴う。

これらの問題について日本漢方協会[84]は、「中国側の甘草と麻黄の輸出規制が持ち上がり、生薬の需給に問題が起きてきている。甘草はまだ輸出禁止にはなっていないが、中国西北部の環境破壊の原因として甘草の乱獲が取り上げられ、数々の規制の政策がとられてきている。」と発表している。中国がＷＴＯに加盟することにより、貿易に関して規制をかけることは難しくなってきているが、こと自然保護となればさらに、①輸出総量規制、②輸出港の限定により、無許可輸出の防止、③輸出許可料の値上げ、④生産地の管理と規制で乱獲防止等の規制がさらに厳しくかけられることが想像される。

解決策として、①自然破壊防止のために現地での栽培協力、②輸入からの脱皮として国内栽培の奨励、③一国に頼らない輸入等が考えられるが、どれも問題を含んでいる。現地栽培については、野生品と比べ品質が劣る可能性が高い。栽培品種の改良と栽培方法の確立のためにも、有効成分の基準の再検討が必要である。薬局方の再検討と標準化・ハーモニゼイションによる価格の安定と品質保証が将来必要となってくるであろう。なぜなら、栽培者・輸入業者が常に考えなければならない問題に、最終段階での成分含量検査に不合格になるというリスクがある。検査を栽培地で簡単にできる方法が実験室段階でキットとして開発されているので、近い将来改善されるであろう。

## 中国の漢方薬産業振興政策

中国では、漢方薬産業の振興を図っている[85]。国際社会の天然漢方薬に対する需要が伸び続けているとの認識のもと、中国の貿易振興のために科学技術を用いて漢方薬の生産を向上させる政策をとっている。漢方薬の科学的理論付けが必要とし、医学各分野の科学知識を用いて原料の科学成分、毒性と薬効に関する研究や作用メカニズムの実証研究を行っている。

中国の漢方薬産業が遅れている原因として、生産が非効率的であること、製品の品質にばらつきがあること、包装や営業販売に工夫が見られないことなどが挙げられる。したがって、これらの問題点を改良する努力が漢方薬産業振興に必須の要件となる。

中国の第一〇次五カ年計画（「十五」）のハイテク産業発展計画[86]にも漢方薬の産業化と技術進歩が重大項目として挙げられている。この計画に基づき「現代漢方薬産業化プロジェクト実施案」が国家発展計画委員会と国家中医薬管理局の主導により始められている。本計画には、（1）漢方薬の生産過程における一連のハイテク成果、（2）漢方薬原料の優れた栽培技術や先進的な抽出、分離、製剤および生産過程における制御技術の応用などが織り込まれている。特に製品の品質安定のために漢方薬の優良化・標準化が重要課題として取り上げられている。また漢方薬の近代化に伴う知的財産保護についても検討されている。二〇〇七年四月、中国国家民族事務委員会は「少数民族事業『十一五』企画」[87]を打ち出し、第十一次五カ年計画（二〇〇六〜二〇一〇年）の間に少数民族伝統医薬開発プロジェクトを実施する指針を示している。この「十一五」企画において、少数民族の伝統医薬データベースを作り、少数民族伝統医薬野生資源保護区、規則化薬草栽培基地、医薬研究開発基地と医薬普及訓練センターを建設する計画である。

中国地方政府においても少数民族の存在に応じて独自の政策を実施しているところもある。比較的多くの少数民族を抱える四川省では、一二六の漢方薬プロジェクトが実施されている[88]。一二六のプロジェクト（投資額五・八九億米ドル）の内訳は、科学技術関係六四（投資額二・八四億米ドル）、基地関係四六（投資額一・七一億米ドル）、産業関係一六（投資額一・七億米ドル）となっている。四川省には漢方薬の種類が四五〇〇種余りあり、全中国の漢方薬品種の七五％を占めるため、四川省では漢方薬は産業上重要な位置にある。栽培面積は三〇万ヘクタール、モデル基地が二〇カ所余り、生産高は八万トンである。地奥、恩威、康弘、迪康等といった有名企業を含め漢方薬製造企業は一二〇社あり、錠剤加工企業は九〇社以上ある。二〇〇一年の漢方薬生産額は五二・五億元に達した。さらに天然薬物工程技術センターを始め、大学、専門科研院所、企業技術開発センター等の研究面でも充実している。

漢方薬現代化発展綱要が二〇〇二年に発表されている。中国の漢方薬資源、市場や人材の優位性を生かして漢方薬の技術革新を促し、段階的な国家調整を通じて競争力のある漢方薬産業を形成していく方針が決められた[89]。この綱要は科学技術部、国家発展計画委員会、国家経済貿易委員会、衛生部、国家薬品監督管理局、国家中医薬管理局、国家知識産権局、国家科学院の共同作業で策定されたものである。二〇一〇年までに、一〇〇の新薬を開発し、二一〜三品目を国際医薬品市場の主要薬にしていくことを目指す。また二〇一〇年までに、年間販売額五〇億元以上の企業五社、三〇億元以上の大型企業グループ一〇社を育てることで、中国の国際シェアを高めていく計画も持っている。

漢方薬発展のための政策として二〇〇二年に「中薬材生産質量管理規範」（漢方薬材料の品質管理規範、GAP）を策定した[90]。本規範の制定により中国の漢方薬産業に統一規格が生まれ、科学的な方法で原材料の段階から品質を保証することが可能になると考えられる。そうなると中国産の漢方薬が国際市場で戦えることになる。

### ❖インドにおける薬用植物事情

インドとその周辺にはアユルヴェーダ[91]、アラビア医学、ヨーガ、ユナーニ医学、シッダ医学などと呼ばれる伝統的医学が広く知れ渡り、産業として成り立っている。アユルヴェーダの伝統的医学を行う者は二五万人登録されている。インド人口の約七〇%はアユルヴェーダに頼っていると考えられている。インドにはアユルヴェーダに基づく医薬品を製造している企業が約八四〇〇社ある[92]。そのうち二〇は大会社であり、一四〇は中小企業である[93]。それ以外の数千の家内工業といえる製造業者がいる。インドの薬草由来医薬品の生産高は約Rs.100 crores（約二七億円）である。これは処方薬生産高の八分の一である。しかし、薬草への要求が増えており、二〇一〇年には約Rs.4,000 crores（約一〇〇〇億円）になると予想されている。

インドには約四万五〇〇〇種の植物が知られており、多くの種類が見られる地域は東ヒマラヤ、ガーツ山地西部、アンダマン・ニコバル諸島である[94]。インドには一六五〇の薬草処方が知られていて、それに使われる主な薬草の種類は五四〇種ある。これらインドにある薬草の価値は約Rs 5,000 crores（約一三五〇億円）と見積もられている。インドの薬草輸出額はRs.550 crores（約一五〇億円）しかなく、世界の薬草市場六〇〇〇億ドル（約七・五兆円）からみれば、そのシェアは〇・二％にしかすぎない。

インドの薬草類の中でも絶滅の危機にあるものがあり、インド政府が厳しい制限を設けている場合がある。例えば白檀（サンダルウッド）の例がある。白檀の抽出物は香水、お香、化粧品などに、その木材は彫刻物に使われている。インドの白檀の現在の産出量はおよそ二〇〇〇トンで、この中の四分の三が、カルナタカ州で産出される[95]。利用されるのは心材といわれる部分であるが、心材が形成されるには二〇年以上が必要であり、香油をとるには五〇年以上かかるとされている。白檀は野生種なので、乱獲は環境破壊となる可能性がある。そのためインドでは国家機関である林野庁が白檀を直接管理[96]している。一本伐採したら一本植樹するよう法律で義務付けられている。また、インド政府は輸出にも厳しい制限を設けている。この厳しい伐採制限により白檀の原材料価格が世界的に高騰している。同様の規制は、もう一種の白檀の産地であるニューカレドニアにおいても実施されている。白檀を求めてオーストラリア産に切り替える企業もある。

このように、生産が自然にゆだねられたものは、今後厳しい生物多様性条約に基づく規制がかけられ、そのため価格が高騰すると考えられる。しかし、天然香料素材は一六〇億円／年程度の市場といわれており、香料産業全体からすると影響は少なく、より合成系素材に移行すると考えられる[97]。

## インドにおける薬用植物開発の取り組み

アユルヴェーダの科学的研究の大部分はインド政府厚生労働省の研究機関であるアユルヴェーダ・シッダ中

央研究委員会(Central Council for Research in Ayurveda and Siddha = CCRAS)[98]によって行われている。CCRASはアユルヴェーダの研究・開発とともに普及にも努めている。しかし、アユルヴェーダに基づく薬草について、西洋医学で通用するような臨床試験が実施されることは稀である。

インドで薬草産業が発展するためには、生産する薬草類あるいはその抽出物の品質を向上させることが必要であるといわれている。特に薬草類の薬理学的有効成分を同定し、その品質の標準化を行わなければならない。含量のばらばらな製品では価格を設定するのが難しく、その結果、低価格に押さえられがちである。そのため分析方法の確立と薬局方などの設定が求められる。また、生産量の向上を図るために、有効成分含量の向上が求められるが、そのためにも有効成分の同定は必要である。遺伝子組み換え技術等の近代技術を積極的に利用し、より生産性の高い薬草を創製する取り組みも求められる。

インド・ケララ州のアユルヴェーダ薬草を製造する企業団体であるAyurvedic Medicine Manufacturers' Organisation of India (AMMOI) が集まり、約一七億円の州政府の援助で品質保証と研究開発を行う研究所を設立し、薬草のGMP[99]生産を企画している[100]。将来は品質保証を行う機関になる予定である。ちなみに、ケララ州のアユルヴェーダ薬草製造業者は二〇〇五年には約七八〇あり、そのうち四〇%はすでにGMP認定を受けている。

## ❖利用国における薬用植物の応用による医薬品開発

### 薬用植物を原料とする医薬品研究開発の低下

Oxleyのレポート[101]によれば、コロンビア大学の研究として、いくつかの製薬会社では、自然界から新規な生理活性物質を見出すいわゆるバイオ探索研究の活動を低下させているという。Rouhi[102]によれば生物遺伝資源から有用化合物を探索する研究は活発ではなくなり、天然物を求める動きは減少傾向にあるとしている。その理由は、新薬創製において天然界から新規な薬用活性物質を見出すための研究開発費のコストが高くなったためであると解されている。コスト高の主な原因は、生物遺伝資源へのアクセスが困難になっていることが挙げられる。最近の探索研究法の発達、改良により、効率の悪い天然物探索よりも、もっと効率のよい方法（例えばコンビナトリアルケミストリー）にシフトしているようである。

しかし、新規な構造を持つ化合物は人間が思いつくものではなく、自然界が作り出すものであるという方針に基づき、Merck &Co. 等では感染症のような特殊な疾患領域では成功確率が高いため、現在も天然物探索研究を続けている。事実、最近 Merck &Co. はカンジタ菌感染症に有効な caspofungin という天然物誘導体を開発している。Wyeth Pharmaceuticals では微生物や海洋生物ライブラリの拡充に力を入れている。天然物から見出した Rapamycin 誘導体は現在臨床試験中である。

### ❖生物遺伝資源へのアクセスシステム改善要求の高まり[103]

資源利用国にある大製薬会社の多くが天然界から新規な生理活性物質を探索する活動を減少させているため、リスクとコストの高い天然物探索研究は比較的小さなベンチャーに移っている。大製薬会社はこれらのベンチャーで見出された有望な候補物質のライセンスを受けるという構図になっている。Eli Lilly では、その保有する天然物コレクションや化合物データベースを Albany Molecular Research に移転した。その結果、Albany Molecular Research では二〇万以上の天然物ライブラリと一六万のサンプルを保有することができた。GlaxoSmithKleinはシンガポールのMerlionを共同で設立している。Rocheは天然物探索研究部門をValencia Pharmaceuticalsとしてスピンオフしている。Bayerでは Intermed Discoveryに天然物探索研究部門を移転した。Schering-Ploughはその天然物探索研究部門を閉鎖した。このように、確かに大製薬会社では下火になったが、探索研究はベンチャーや中小の製薬企業で新規なリード化合物を見出すための努力は継続され、また、新しい骨格の化合物を求めて天然化合物を探索する機運がバイオ探索研究ベンチャーを中心に高まっている。その理由は、微生物が作る多様性に富んだ新規化合物に注目が集まってきたからである。新しい探索研究方法の発展に伴い、そのサンプル処理能力が向上した。その結果、ますます生物の多様性に対する要求が高まっている。生物の多様性から新規な化合物を見出し、有用な新規医薬品が創製される重要性が増している。

保有生物標本の多様性では、Albany Molecular Researchが世界最多の天然物コレクションを誇っている。PharmaMarは約四万の海洋生物遺伝資源のコレクションを持っているし、Mera Pharmaceuticalsは海草のコレクションで有名である。オーストラリアのCerylidは植物、海洋無脊椎動物、微生物を太平洋諸国から採取しコレクションとしている。またEntocosmはオーストラリアの昆虫や陸生の無脊椎動物のコレクションを持っている。これらの会社は、大製薬会社とパートナーになっている場合が多い。これらの会社が見出した新規物質がどのような生理活性を持つのか大製薬会社が調べるオプションを持っている。そして、生理活性が選択基準に合えばライセンスとなる。これらの会社ではコレクションの中から新しい有効物質を同定することができるが、微生物資源と異なり供給問題がある。せっかく新しい物質を見つけたとしても、それを含有する生物が希少なものであれば二度と入手できない場合が多い。あるいは合成で化合物を作ることもできるが、複雑な化合物は合成コストがかかる。

### ❖日本における薬用植物の利用状況

日本では、伝統的医療方法は二つのグループに分類される[104]。漢方医学と日本固有の伝統医療である。漢方薬は伝統的中国医薬を日本の風土、特性に応じて改良して発達した。近代に至り西洋医学が移入されるまで日本の主流を占めていた。しかし、西洋医学が普及すると衰退していったが、現在でも根強い利用が見られる。さらに最近では一般用医薬品、健康素材として漢方薬品の利用が盛んである。日本固有の伝統医療では、針治療、灸治療、按摩/指圧が残っている。一九九八年末、登録された施術者の数は、六万九一三六人の針療法師、六万七七四六人の鍼灸師、九万四六五五人のマッサージ師となっている。

一九九九年の統計によれば、生薬漢方製剤の生産額は約一一〇〇億円で、全医薬品生産に占める割合は一・八%しかなく、産業としては小規模である。漢方薬の用途として処方箋漢方薬が八三・二%、専売薬が一五・九%、家庭置き薬が〇・九%であった。しかし、伝統的な漢方を愛用する消費者も多く、根強い人気がある。一〇億円以上生産している品目は二一品目あり、これらで全体の生産額の七三・六%を占めている。

例えば、薬草「甘草」は漢方薬品として頻繁に利用されている。株式会社ミノファーゲン製薬[105]は、甘草から抽出したグリチルリチン酸の解毒作用、抗アレルギー作用に着目し、一九四八年一一月にグリチルリチン酸を主成分とする注射剤「強力ネオミノファーゲンシー」を上市し、それに続いて一九五七年七月にグリチルリチン酸を主成分とする内用剤「グリチロン錠二号」を開発・創製した。共に適応症は慢性肝炎疾患あるいはアレルギー性炎症疾患である。「強力ネオミノファーゲンシー」の売上げは二〇〇二年度で約八八億円であった

表3　1999年の医薬品製造とそれに占める漢方製剤の割合

| | 億円 | | 億円 | 割合(%) |
|---|---|---|---|---|
| 医薬品総生産額 | 62,900 | 生薬漢方製剤 | 1,124 | 1.79 |
| 医療用医薬品総額 | 54,382 | 医療用生薬漢方 | 878 | 1.61 |
| 一般医薬品総額 | 8,519 | 一般生薬漢方 | 246 | 2.89 |

＊生薬漢方製剤にはドリンク剤の生薬は含まれていない

が、徐々に減少し二〇〇四年度では七二億円になった。「グリチロン錠二号」の二〇〇四年度売上げは一八億円であった。同様に、グリチルリチン酸を含む医薬品として、鶴原製薬から「チスファーゲン注」が、東和薬品から「レミゲンM」、大正薬品工業から「ノイファーゲン注」、参天製薬から「ノイボルミチン」、日新製薬から「ニチファーゲン」などが販売されている。なお、グリチルリチン酸等を含有する医薬品の長期大量使用により、偽アルドステロン症が発現した症例が報告されたため、グルチルリチン等を含有する医薬品の一日最大配合量が決められた[106]。それによればグリチルリチン酸の一日最大配合量は二〇〇mgで、甘草では五gである。

## 日本の薬用植物輸入状況

一九九六年の薬用植物の総生産量は約六万五〇〇〇トンであった。そのうち日本国内での生産量は二〇〇〇トンしかなく、大部分が輸入に頼っていることがわかる[107]。二〇〇一年一〇月現在、日本の薬用植物の七五%は中国からの輸入品である。北海道の薬草栽培は明治時代から行われ、上川、網走、十勝地方を中心に川きゅう、当帰、芍薬等のほかに、一〇数種の生薬を生産している[108]。北海道の生産量は国内生産高の二〇%以上を占めている。

農林水産省の輸入統計[109]によれば、生薬の輸入量は一九九〇年の約四万九〇〇〇トンがピークでその後一九九二年には四万トンまで減少している。たとえば、甘草の場合、中国の甘草輸出総量は一九九九年に約五七〇〇トンで、その内約六〇%が日本に輸出されている。しかし、中国の甘草総輸出量はピーク時一九九四年の約一万四〇〇〇トンから比べると約四〇%に減少している。日本への総輸出量もピーク時一九九一年の八九〇〇トンの約二七%に減少している。「麻黄」は年間約五〇〇トン中国から輸入している。麻黄は一九九九年の全面輸出禁止で現状では正式輸入はできない。現在流通している麻黄は香港経由の未許可品で、今後規制が厳しくなると予想されている。麻黄由来のエフェドリンがアメリカのダイエット食品として使われていて、特に過激な運動とともに使われ多数の死者を出したためである。世界的にエフェドリンが問題となり、その原料生産国への風当たりに配慮して中国は輸出を禁止したといわれている。

## ❖薬用植物を巡る知的財産問題

### 伝統的知識と薬用植物の私有化

薬草関連の発明について特許化も広く行われている。世界の薬草関連特許出願者の一部をリスト化したのが表4である。ツムラを初め多くの日本の企業が上位を占めている[110]。ツムラが上位にあるのは知的財産に対する考えが広く浸透していることと、伝統医薬が漢方という名前で広く流通しているためであると考えられる。その他は花王、カネボウ、資生堂といった化粧品あるいはトイレタリー製品を製造販売する会社からの出願となっている。これは、医薬品というよりも健康・衛生に注力している企業であり、新しい効能を求めている会社が伝統医薬に注目した結果である。

## 薬草知識と特許請求項の関係

当然ではあるが、伝統医薬では近代医学で用いられている用語が用いられておらず、疾患の概念が異なることが普通である。また西洋医学で発達した科学的実証を伴っておらず、あいまいな場合が多い。したがって、伝統医薬が現在の西洋医学で認められるには伝統医薬の記述を現代医学用語で正確に翻訳することが必要となる。また現代医学用語では表現しきれない場合も多く存在する。したがって、大抵の場合、両方の知識を持つ研究者が少ないので、正確な翻訳はなされていないのが現状であり、多くの解釈が存在する。その場合、伝統医薬と現代医薬の架け橋があいまいとなり、伝統医薬の知識を使ったとしても、正確にその証拠を示すことが困難になりやすい。特許出願でも伝統医薬の解釈が異なる場合があり得る。その場合、どこまで伝統医薬の知識を特許の中に反映させているのか判断しにくい場面も出てくる。

イチョウの薬効と伝統的知識の関係について例示する。米国で最も売られている中国伝統医薬はイチョウの抽出物である。イチョウが初めて記載された中国の本草書は一一五九年刊の「紹興本草」である。一三二九年の「日用本草」にはイチョウの別名「白果」の名前が見え、一三七九年の「種樹書」では銀杏に毒性のあることが記載されている。一六世紀後半の李時珍による「本草綱目」では銀杏、白果、鴨脚子として紹介されている。イチョウ葉（銀杏葉）を薬用とするようになったのは清朝以降であり、「心を益し肺を斂める。湿を化し止瀉する。胸悶心痛、激しい動悸、痰喘咳嗽、水様下痢、白帯を治す」（本草品彙精要）効果があるとされている。この記載から推定すると、循環器系あるいは消化器系の症状緩和に効果があると類推できる。これらの中国における伝統的知識とは別に、ドイツで今世紀に入ってイチョウの葉のエキスには脳循環改善作用があることが発見され、EGb761という医薬品が一九六五年以来認められている。

表４　世界の薬草関連特許出願者

| ランク | 会社名 | 出願件数（件） |
|---|---|---|
| 1 | UNILEVER | 131 |
| 2 | COUNCIL SCI & IND RES INDIA | 53 |
| 3 | TSUMURA & CO | 52 |
| 4 | HINDUSTAN LEVER LTD | 34 |
| 5 | KAO CORP | 31 |
| 6 | PROCTER & GAMBLE CO | 30 |
| 7 | COUNCIL SCI & IND RES | 28 |
| 8 | INT FLAVORS & FRAGRANCES INC | 24 |
| 9 | NISSHIN FLOUR MILLING CO | 21 |
| 10 | KANEBO LTD | 20 |
| 11 | ELAN PHARMA INT LTD | 18 |
| 11 | SHISEIDO CO LTD | 18 |
| 13 | KOREA INST ORIENTAL MEDICINE | 17 |
| 13 | LION CORP | 17 |
| 15 | PONOMAREVA A G | 16 |
| 15 | SOC PROD NESTLE SA | 16 |
| 17 | DOOSAN DEV CO LTD | 15 |
| 17 | TAISHO PHARM CO LTD | 15 |
| 19 | FIRMENICH SA | 14 |
| 19 | HASEGAWA CO LTD | 14 |
| 19 | YANGCHUNTANG CHINESE MEDICINE CO LTD | 14 |
| 22 | CSIR COUNCIL SCI IND RES | 13 |

注：herb#, herbal#, herbal medicine, herbalism, traditional and（medicine or remedy）を含まれむ出願特許の出願者。全ヒット数は 15,303 件。2006 年 5 月 18 日現在。データベースは WPIDS。ただし個人名は除く。

これらの伝統的医学の情報をヒントにしたと考えられるイチョウのエキスを含む脳循環改善用途目的の日本出願特許は、二〇〇六年三月現在九件ある。例えば公開特許2003-95966は脳循環改善作用が発明の主題となっており、第一請求項はイチョウ葉エキスを有効成分として含む脳梗塞後遺症治療剤としている。この場合、脳循環改善用途は伝統的医薬の知識そのものなのか、それをもとに改良したものなのか、全く関係ないのか判断するのは困難であり、伝統的知識によって本出願の新規性を否定することは難しい。またイチョウ葉エキスを含む健康食品あるいはサプリメントは多数販売されている。あるインターネットサイトでは一〇四種類認められ、広く流通していることが明らかである。

## ❖生物多様性条約と出所開示

生物多様性条約におけるアクセスと利益配分問題から派生して、薬用植物の特許を出願する場合その植物の出所を出願特許の中に開示するという問題が提出されており、WIPOを中心にいくつかの国際フォーラムで検討されている。

この出所開示問題は、アクセスと利益配分の全体の枠組みの中で解決すべき問題であり、アクセスと利益配分の枠組みが中途半端でかつ実行が伴わないときに出所表示だけ突出して解決を図るべきではない。そもそも、特許における出所開示と特許性、特許の記載要件との関係について明確な関連性がないため、特許上で開示する意義が見出せない。出所開示の必要性はあくまでアクセスと利益配分問題の解決の手段のひとつとして提案されているものであり、特許性と相容れるものではない。もし出所開示を行うとすれば特許法の枠外で行うべきであると考える。

出所開示問題には特許実務上の課題も多数ある。まず、なにを出所開示するのかその範囲が明確でなく、締約国で解釈が異なる。どの範囲の生物遺伝資源まで含まれるのか？　コモディティとなっている穀物まで含むのかはっきりしない。ゴムやりんごといったどこの国でも入手可能な農作物であれば開示は必要ないと考えられる。生物多様性条約締結以前に採取された生物遺伝資源についての開示も明確でない。

特許実務上は生物遺伝資源の出願特許に関連した証拠の保全、証明ができるものの保管を厳重に行うのが現在取り得る対処方法である。

## ❖薬草問題解決のため行われている現在の取り組み

### 薬草の利用形態の保護

薬草の利用形態は二つの方向がある。ひとつは従来からある伝統的医薬として病気の予防・治療に用いられる方向である。これは西洋の近代医薬と同様の方向であるが、伝統的知識に基づく薬草の東洋医学的使い方は西洋の近代医学に基づく医薬品とは異なっているので、両者は共存できると考えられる。例えば、切れ味や組成物（複雑系と単純系）でそれぞれに特徴がある。今後は、薬草の東洋医学的、伝統的治療への利用から健康栄養への利用へと拡大する可能性も大きい。

そのため、薬草の定常的な利用のためにはその需要に見合った定常的な供給が必要となる。単に野生種の採取だけではいずれ資源が枯渇することが明らかであることから、薬草の人工栽培の確立が急務である。現在では、朝鮮人参の例のように人工栽培すると活性が低下することが多いし、人工栽培自体が困難な場合もある。人工栽培を成功させるにはこれらの課題を解決することが求められる。農産物となって大量生産ができ、活性がある場合が理想的であり、そうなった場合には生物多様性条約の枠組みから除外することも検討すべきである。

第二の方向は、西洋近代医学に基づく新規な構造を持った薬用活性物質の探索の手段として伝統的医薬品を使用する場合である。すでに述べたように、この方向性に基づく取り組みは減少している。しかし、人類の新規物質の創造はまだまだ自然の作り出す新規物質には及ばないし、自然界の合成力には無限の可能性がある。自然界から見つけた新規物質が合成不可能な場合、生物遺伝資源の利用が必要となる。したがって、新規構造化合物の探索には生物遺伝資源が必要であり、そのアクセスのルール作りを急ぐことが求められる。

## 知的財産として保護する薬草・伝統的知識の限定

薬草の商用取引を考える上では中国の規制動向は重要である。中国では伝統的医薬の保護政策は始まったばかりである。伝統的医薬あるいは薬草の保護として、特許出願、行政制度、あるいは絶対秘密化などを基本戦略として考えている[111]。しかし、積極的に特許出願することによって、せっかくの発明が外国企業に改良発明されすぐに効力がなくなるし、伝統的医薬保持者には高い出願料を払える能力はない。行政的制度として伝統的医薬の標準化を行い、そこに原産地の指定などを盛り込み、海外流出を阻止しようとする取り組みもある。しかし標準化を厳しく定めれば、その標準に合致する国内生産品が困難になり、守るべき伝統的医薬保持者そのものを弱体化してしまう危険があるだろう。絶対秘密化は非常に隔離された少数民族の伝統的医薬を保護するには有効かもしれないが、国際流通した伝統的医薬には内容表示などの国際的商習慣があり、秘密保持をすることは困難である。コア知識・技術のノウハウが漏出し、国際市場で流通すれば、秘密保持は有名無実となる。

したがって、伝統的医薬産業を保護し、振興させるには総合的な取り組みが必要であろう。まず最初に伝統的医薬に関する研究を行い、その成果を公表し、データベースを拡充することが求められる。次に、データベース上の伝統的医薬品の現状把握を行うことが必要となる。状況に応じて保護対策を考案すべきであろう。伝統的医薬の知的財産面からの研究を進め、政策に反映していくことも必要である。

中国では、特許法改正とは別に生物多様性条約に関する取り組みを強化している。二〇〇五年末に中国政府は"Enhancing Environmental Protection by Carrying our Scientific Development View"を公布し、環境保護に取り組む姿勢を示した。その結果、いくつかのプロジェクトが生物遺伝資源について組織された。その中で知的財産と関係があるのが、"National Strategy for IPR of Biological Resources"と"National Strategy for IPR of Traditional Chinese Medicine"である。後者は特に漢方（薬草）に注力した取り組みである。

中国の伝統的医薬品に対する保護姿勢が強化されたことを受けて、中国専利法の第三次改正[112]に関し、生物遺伝資源の出所開示が盛り込まれた。平成一八年九月に特許庁国際課から出された「中国専利法改正案（出所開示関連）について」説明文の仮訳[113]が記載されている。今回の専利法改正では専利制度と生物遺伝資源保護制度の整合と連結が目的であり、違法な生物遺伝資源の取得および利用に依存して完成した発明創造には専利権を付与しない（改正案第六条）としている。この改正案においては関連法規の規定がされていないが、今後の動向が注目される。

中国専利法改正案（平成一八年版）第二七条は、「発明創造が遺伝資源の取得と利用に依存し完成される場合、専利の明細書にその遺伝資源の直接的なソースと原始ソース又は当該伝統知識のソースを明記しなければならない」といういわゆる出所開示の義務を課したものである。これは生物遺伝資源保有国の活動と同様である。この条項の実際の運用は専利法実施細則と「審査指南」で規定されることになっている。

## ❖薬草問題に関する考察と今後の展望

### アクセスと利益配分のバランス

「アクセスがなければビジネスの機会はなく、ビジネスの機会なければ利益を得られない。利益がなければ利益配分はない。」という基本概念が関係者の間で完全に理解されているとはいいがたい。もし生物遺伝資源から利益を得ようとすると、生物遺伝資源へのアクセスを管理された状態で増加することが最重要課題である。単にアクセスを増大してもそこから得られる製品が果たして利益を生むかどうかは未知であり、大抵の場合利益を得るまでに至らないというリスクがある。したがって、基本的にはアクセスの増大こそが利益を得るチャンスを増やす最良の方法である。

確かに、生物遺伝資源の保護は重要な課題であるのは間違いない。アクセスを無制限にした場合絶滅に至る例は過去に経験してきた。そこで考え出された基本的考え方が「持続性のある利用」であり、資源国も利用国も一致して取り組むべき課題であろうし、両者で合意を得た合理的な状況が持続性につながるものと考えられる。適切なアクセスと利益配分のバランスを確立することが望まれる。資源国が一方的に生物遺伝資源アクセスを制限するのではなく、アクセスを拡大する取り組みが求められるし、利用国は生物遺伝資源から利益を生む製品の開発の効率化が求められる。

## コモディティとしての薬草と消尽の確立

薬草は穀物のように生命の維持に使われるものではないが、穀物なみに定常的に流通しており、日中間の貿易量も相当量ある。商品として取引されているのでコモディティという見方も成り立つ。したがって、栽培が可能で通常の商品ルートで取引される薬草についてはコモディティとして取り扱うことが必要と考えられる。一方、絶滅状態にある生物遺伝資源や希少価値のある遺伝資源に対してはその利用に対して通常のコモディティとは異なった取り扱いをすべきであろう。

インドの生物多様性法には三つのカテゴリーにある薬草について例外規定を設けている[114]。例外とされるのは通常取引されているコモディティ（normally traded commodities）がある[115]。通常取引されているコモディティについてのリストは現在作成中である。また、インド中央政府の承認と援助によって行われる共同研究も例外とされ、現在そのガイドラインを作成中である。付加価値のある製品（value added products）については生物多様性法の例外であると明確にされている。現在ガイドラインは議論されているが確定はしていない。付加価値のある製品（value added products）とは植物や動物の一部や抽出物から原型をとどめない程度に加工され、分離不可能になったもので、例えばChyawanprashのようなトニックがその例である。

さらに、コモディティに対しては国際消尽[116]の考え方を導入すべきである。そのひとつの考え方として、欧州の共同体植物品種権規則2100/94号がある。欧州の共同体植物品種権規則には育成者権に対する制限がある。規則第一六条に育成者の権利の消尽[117]を規定していて、「共同体植物品種権は、保護される品種もしくは「保護される品種と区別されない品種および保護される品種に本質的に由来する品種」の素材であって、権利者によりもしくはその同意を得て他の者への譲渡がなされたものまたは当該素材から得られる素材に関する行為には及ばない。」とされており、譲渡されたものが新たに増殖を意図しなければ育成者の権利は及ばない。薬草の場合、輸出が最終的な消費を目的としたものであるので、もし薬草について欧州で植物品種権を持っていた場合でも一般的な国際消尽が認められる。

しかしながら、一般的に国際消尽の解釈については議論があり、国際法上完全に認められているわけではない。薬草を購入し輸入する場合、その本来の輸入目的については消尽しているが、本来の目的以外にその薬草を利用する場合、消尽はないという説もあるので、慎重な見極めが必要であろう。

## 希少薬草と商用薬草へのアクセス差別

世界で広く商用で利用されている薬草およびそれに関連した伝統的知識は公開しアクセスは自由として、品質標準化による商用取引を活発化することが最もよい手段である。利益配分は商取引の中で自由に決定される。伝統的知識が付随しているならプレミアムとなるであろう。いずれにしてもコモディティ化され流通、消費されることにより、薬草生産国にも利益が還元される。

アクセスを高めるための政策的取り組みとして、生物遺伝資源を取り扱う国境管理団体の創設が考えられる。省庁間の利害を超えて、産業界の意見を通しやすい団体を作る。そのための要件について議論するプロジェクトを立ち上げる。目的は、日本の生物遺伝資源利用産業（医薬、食品、化粧品、農産物など）の保護と情報発信である。この団体の具体的な活動として、次のものがある。

1　日本における生物遺伝資源のデータベース統一化（日本固有、生物多様性条約以前に帰化、輸入、生物

多様性条約以後に帰化、植物園、生物遺伝バンク）

2　新規生物遺伝資源（海外野生品の改良植物）の申請登録業務、認証関連業務（日本の生物遺伝資源認証（上記固有・帰化植物など）、日本企業が海外で認証を受けたものの登録など）

3　生物遺伝資源のコモディティ認定・登録業務（国内、海外共）

4　生物遺伝資源利用実態の経済的把握研究と情報発信

5　生物遺伝資源政策への意見具申、シンクタンク

6　生物遺伝資源関連情報発信

商用取引に乗って流通している薬草類の最も重要な課題は品質と安定供給の保証である。現在流通している薬草類の品質のばらつきは大きく、そのため価格の維持が困難であり、農産物なみの低価格に抑えられることが多い。そこで、品質基準の確立を行い、常に一定水準以上の薬草を供給できるようになれば価格も安定するはずである。また天候変化等により薬草類の安定供給が難しいことが課題である。これを回避するためには、栽培方法について研究開発が一層求められる。特に遺伝子工学などを使った新しい品種の作成も考えられる。さらにリスク回避のために栽培地の増加、分散化などの取り組みも必要であろう。

アフリカの薬草データベースの作成を企画しているアフリカ薬草標準協会[118]（The Association for African Medicinal Plants Standards = AAMPS）は一四のアフリカ諸国の集まりで、アフリカにある薬草の標準データベース作成を企画し、Pharmacopoeia を目指している。二〇〇五年現在抗リュウマチ効果のあるデビルスクロウを含む二三種[119]についてまとめており、さらに三〇種[120]を追加する。データベースに記載される項目は

薬草の性質、薬理学的性質、同定するのに用いられる化学的組成が含まれる。データベースの作成と標準化により、薬草の品質が高まるので取り扱いが安易になり、国際的な取引も上昇するものと考えられる。標準化が進めば、世界で受け入れてもらえる。アフリカの薬草産業は世界の薬草市場においてさらに重要性を増すものと考えられる。

一方、希少薬草とそれに関連する伝統的知識は厳しい管理が必要である。資源国であっても、将来薬草類の流通・利用が盛んになり国内産業となる可能性が高い。その場合、資源国であっても利用国の一面を持つことになる。現在の中国は、薬草類の保護という資源国の面と利用産業の振興との両面を推進することが必要になっている。特に少数民族を多く抱える国では、少数民族保護のためその伝統的知識の保護を強力に進めなければならない。その場合、伝統的知識とともに保有する希少薬草類の保護も同時になされなければならない。一方、希少薬草とそれにまつわる伝統的知識は、知的財産制度を活用した保護、あるいは希少薬草へのアクセスを制度的に制限する方法などによって絶滅を回避する方法を早急に検討しなければならない。あるいは、独特の新しい方法の考案というオプションも考えられる。しかし、どの方法においても伝統的知識保有者の意向を尊重することを基本としなければならない。

中国貴州省は隔離された少数民族が多いため伝統的知識や希少薬草が多く残っているといわれている。貴州省では二〇〇五年一一月一日から「貴州省発展中医薬条例」[121]が施行された。その中に漢方薬の知的財産権に関する条文が盛り込まれた。その条例の第一九条で、「県レベル以上の政府は地方の知的財産権部門を管理し、漢方薬に関する知的財産権の管理および保護を強化しなければならない」と規定されている。また、漢方薬の製造プロセス技術の特許出願も奨励されており、それが困難な技術については、技術秘密として保護すべきだとしている。さらに、漢方薬に関する知的財産権および漢方薬の調合技術の移転・譲渡は認められるが、「特許保持者の許可なく特許事項を記載する書籍を出版してはならない」としている。この条例は、中国でも未開の地が多い貴州省に残っている伝統的な漢方薬を保護し、奨励しようという試みと理解される。しかし、本条例の具体的な運用が不明であるので、今後の管理・運用を注視しなければならない。ただし、本条例は、漢方薬の知的財産権の保護について通常よりかなり厳しいものとなっている点が新しい傾向である。

生物多様性条約に連動する国内法の整備・立法を目指しているマレーシアやインドネシアでは、国民感情に深く絡む民族伝承薬等の希少生物遺伝資源（例えば、インドネシアの伝統医薬であるジャムーなど）を規制することを意図した国内法を成立させようとしている。

希少薬草類は所有権が設定されていない共有地で自生している場合が多い。共有地で自然に生育した野生の薬草を採取しそれを市場に供給している。このような共有地は所有権によって制限されていないので、薬草類の採取は採取者間の慣習が崩れると乱獲状態に陥りかねない。いわゆる「コモンズの悲劇」[122]現象が出現する。共有地を保護するためには、そこに長らく生活している原住民の慣習を基礎に、現代の知識を加えた新しい規範（Norm）に基づくコントロールの仕組みが必要である。特に、共有地の私有化への変換は厳しく制限する必要がある。私有化によって個人の意思に生物遺伝資源をゆだねてしまっては、その保護、発展は望めないからである。コントロールには当然原住民の義務も必要であるが、その義務に報いる報酬の仕組みも組み込まなければならない。

社会経済の変化に伴い、農林業等に関わる人間活動が縮小・撤退することによってもたらされる二次林や二次草原等における環境の質の変化、種の減少、生息・生育状況の変化が起こるのは必然である。したがって、状況の変化をよりよい方向に導く政策が急務である。現在の社会経済状況のもとで、対象地域の特性に応じて人為的な管理・利用を行い、人工栽培による繁殖促進の取り組みを促進するのが生物多様性条約の基本精神であると理解される。

# 第4章　機能性食品素材としての生物遺伝資源の利用

## ❖伝統的知識を利用した新規機能性素材の発見

機能性食品素材などの研究には古い伝統的知識をきっかけとするものがある。ここでは日本で主に研究され、甘味制御物質を見出すきっかけとなった伝統的知識について論述する。日本では、栗原良枝らの精力的な研究により甘味制御物質が多く自然界から発見された[123]。その発見の経緯を見ると伝統的知識に基づくものが多い。つまり、伝統的知識が新規な甘味制御物質発見のきっかけとなっていることになり、伝統的知識が探索研究に貢献しているよい例である。ステビオシドは、ブラジルおよびパラグアイの原住民が単に甘味料として用いるだけでなく、医療用として、心臓病、高血圧、胸焼け、尿酸値を低くするなどの目的で使用してきた[124]。パラグアイの先住民は古くからマテ茶の甘味づけに使用してきたことが知られている。

ミラクリンは西アフリカで自生するミラクルフルーツ（アカテツ科フルクリコ属リカデッラ・ドゥルフィカ）の実に含まれている[125]。原産地域ではすっぱいものを食べる際にこのミラクルフルーツを食べると甘くなることが伝承的知識としてあった[126]。栗原らがミラクルフルーツの甘みの解明を行い、「ミラクリン」という蛋白質がその原因物質であることを発見した。この研究過程において、栗原らはミラクルフルーツの種を入手し、

表５　栗原らが出願したミラクリン関連製法特許

| 公開番号 | 発明の名称 |
|---|---|
| 特許公開平 06-172388 | 甘味誘導物質ミラクリンの製造方法 |
| 特許公開平 06-054659 | 甘味誘導物質ミラクリンの製造方法 |
| 特許公開平 05-056793 | ミラクリンの製造方法 |

日本で栽培を試み成功した。そのため、日本で増殖しているミラクルフルーツの木は大部分がこの栗原らが広めたものであるといわれている。

栗原らが出願したミラクリンに関する日本特許は三件ある。いずれも製法特許であり、最初の特許は一九九一年に遺伝子組み換えによる製法特許として出願されている。残りの特許はミラクリンの精製方法特許である。特許公開平 5-56793 の出願内容によれば、従来技術の項に「ミラクリンは西アフリカ原産の植物 Richadella dulcifica（アカテツ科）の実、通称ミラクルフルーツに含まれる、すっぱい味を甘く感じさせる作用を有する糖タンパク質である。栗原らは、ミラクルフルーツの果肉よりミラクリンを単離・精製し、その一次構造を決定した[127]。さらにシステイン残基の三つのジスルフィド結合の位置および糖鎖構造を決定した。」[128]とミラクリンの由来を詳細に記載し出所開示を行っている[129]。しかし、表現は一般的なものであり、特定の生育場所を示しているものではない。また、学術雑誌の発行年から推定するに、ミラクルフルーツを入手したのはおそらく一九八八年以前で生物多様性条約が成立する以前であると考えられる。

ミラクリン研究で示したように、伝統的知識が新しい物質発見のきっかけになる場合が多く、その発見が味覚分野の学問の進歩に大きく貢献したことが明らかである。アクセス制限を撤廃し伝統的知識の利用を促進することにより、科学の発展進歩に貢献する。これが生物多様性条約の本来の趣旨ではないかと考える。

## ❖機能性食品素材としての生物遺伝資源の利用

機能性食品素材は伝統的知識、可食経験に由来する素材である場合が多い。一般的に食品とは可食性が重要な条件であり、日本人にとって食経験がなくても、世界で食経験が伝統的知識として残っている場合、食品素材となりえる。したがって、日本人に新しい機能性素材を見出すためにも伝統的知識の検索が必須の条件となる。伝統的知識のある素材を利用することは、一般的な研究の初期段階で頻繁に行われており、また新しい素材を見つけるために効率的な方法でもある。

ポリフェノールの健康への影響を最初に提唱したのはフランスの科学者であり、ワインを飲むフランス人は心臓病患者が少ないという「フレンチパラドックス」に由来する。このフランス産赤ワインに含まれる抗酸化効果成分がポリフェノールであったため、多くの国でポリフェノールと健康の関係が調べられ、自然界にあるポリフェノールが探索された。ただし、ポリフェノールの効果は完全に証明されておらず、反対の意見を持つ科学者も多い。イソフラボンのように安全性で疑問を呈されているものもある。

赤ワインのポリフェノール以降、多くのポリフェノールが発見され、ポリフェノールを含む多くの機能性健康素材が産業化されている。その著名なポリフェノールの例には表6のものがある。

## ❖健康食品用原料の調達とコモディティ問題

健康食品の原料として生物遺伝資源を使う場合、原料の安定供給が大きな課題となる。野生の植物では原料に限界があり、さらに気候、土地開発等により供給が不安定化する。そのため、多くの健康食品会社は、（1）

表6　ポリフェノールを含む機能性素材とそれを利用した特定保健用食品を含む健康食品例と出願特許数

| 機能性素材名 | 市販されている特定保健用食品＋健康食品 | 出願特許数* |
|---|---|---|
| カテキン | 花王「ヘルシア緑茶」、「ヘルシアウオーター」、伊藤園「緑茶習慣」、「カテキン緑茶」 | 90 |
| アントシアニン | ネイチャーケアジャパン「ブルーベリールテインプラス」 | 90 |
| タンニン | 駿河台ビジネスネットワーク「ロータスエンザイム」 | 155 |
| 重合ポリフェノール | サントリー株式会社「黒烏龍茶 OTPP」 | |
| ルチン | 伊那食品「韃靼そば茶」 | 118 |
| イソフラボン | エスエス製薬「こつこつ健骨改善生活」、キリンウェルフーズ株式会社「カラダうれしい大豆イソフラボン」、フジッコ株式会社「黒豆茶」、株式会社丸和「かいこつ美人」 | 191 |
| グァバ葉ポリフェノール | 株式会社ヤクルト本社「ヤクルト蕃爽麗茶」 | 17 |
| クロロゲン酸 | 株式会社バイオセーフ BC「クロロゲン酸生コーヒー豆 Diet」 | 77 |
| エラグ酸 | 株式会社エフトゥーワン「特濃ポイセンベリー」 | 24 |
| リグナン | トレードピア「亜麻種皮リグナン　リグライフ」 | 36 |
| クルクミン | うこん通販「春うこん」 | 50 |
| クマリン | タカラバイオ「明日葉」 | 61 |

＊検索式＝各化合物名＊食品

大量に安定して入手可能な原料に特化する（カテキンなど）、（2）栽培化を現地で行う、（3）品種改良により高生産化するなどの戦略のもとでそれぞれのビジネスと商品規模に応じた方法をとっている。ただし、（1）の場合を除き栽培化、品種改良は時間がかかり、多くのリスクがあるため、食品企業の中にはうまくいかない場合が多く見られる。（1）の大量入手が可能な場合、多くの企業がその原料に集中する傾向があり、原料の供給不足、高騰化を招く結果になる。

健康食品の原料・素材として使用されている主な生物遺伝資源を分類的に示せば以下のようになる[130]。特定の伝統食品を加工して製品化したもの、食品中の特定成分を抽出して製品化したもの、ハーブに分類されている各植物を製品化したものなどあらゆる原料・素材を用いたものが健康食品として市販されている。大抵の場合、資源国で伝統的知識に基づいて食用、医療用として用いてきた素材が多い。

その中でも長い歴史と伝統を持つ薬草エキスが、健康食品あるいは健康栄養サプリメントとして取引されその数量も年々増大している。WTOの二〇〇三年のデータによれば米国の健康栄養食品取扱店における薬草エキス類の販売量は約三億ドルとなっている[131]。その内訳をみれば、にんにく、いちょう、大豆、のこぎりやし、朝鮮人参などの伝統的な機能性素材が上位を占めている。しかし、原材料の供給不足によりその取扱量が減少しているのが最近の傾向である。これらの伝統的に用いられてきた流通量の多い薬草類からマイナーな薬草類へと販売傾向が変化している。例えばショウマ（Black cohosh rhizome）、ヨヒンベバーク（Yohimbe Bark）などが前年より三割程度の伸びを記録している。より珍しい薬草を開拓する努力の結果であろうと考えられるが、流通量が増大すれば品薄となり、価格上昇が起こる。さらに生物多様性条約の影響により、さらに厳しい供給不足の状況になるのではないかと危惧される。

表 7　2004 年度香辛料の製品生産および販売[132]

| 品目 | 生産量 | 対前年比 | 金額 | 対前年比 |
|---|---|---|---|---|
| こしょう | 6,329.1 | 97.8 | 8,208.7 | 96.3 |
| シナモン | 387.7 | 111.6 | 563.8 | 112.9 |
| ジンジャー | 4,726.9 | 129.2 | 4,801.2 | 133.0 |
| オニオン・ガーリック | 9,438.8 | 108.5 | 5,659.9 | 97.0 |
| とうがらし | 3,335.0 | 109.6 | 5,700.5 | 103.7 |
| ターメリック（うこん） | 639.1 | 109.6 | 296.4 | 99.5 |
| クミン | 352.4 | 106.4 | 184.6 | 123.6 |
| 粉わさび | 2,430.4 | 76.6 | 2,726.4 | 96.8 |
| その他 | 5,408.3 | 95.8 | 10,786.2 | 92.1 |
| 合計 | 33,047.8 | 103.2 | 38,927.8 | 100.0 |

（単位：トン，百万円，％）

生物遺伝資源の中で普遍的に用いられているのは香辛料である。二〇〇四年度日本で製造販売された香辛料は表7のようになっており、生産金額は約三九〇億円である。最も多い生産量を示すのがオニオン・ガーリックで、約九五〇〇トンある。しかし金額的には、こしょうが八二億円とオニオン・ガーリックを抜いて最高額を示している。ジンジャーとクミンの生産金額が二五～三〇％増加しているが、全体的に生産量と生産金額に大きな伸びはない。

ターメリック（学名：Curcuma domestica VAL、和名：うこん）は熱帯アジア原産のショウガ科の多年草で、特にインド、東南アジアで広く分布している。インドにおけるターメリックの生産量は年間一〇万トンで、うち五〇〇〇～一万トンを輸出している。

日本の二〇〇四年のターメリック輸入量は四八三九トンで前年比一五・七％の増加であった。輸入金額は六億五八〇〇万円で、前年比一九・七％の増加であった[133]。輸入元はインドが約七割で、中国は約二五％と両国で九五％以上となっている。今後は健康食品ブームに乗って輸入量は増大すると考えられている。

### ❖健康食品分野での生物遺伝資源の利用実例

健康食品分野でも多くの植物あるいは果実の利用について伝統的知識が関与している場合が多い。医薬品のように効能効果と安全性について厳格な科学的証明を必要としないため、伝統的知識そのものを健康のクレームとして訴求できる。ここでは、いくつかの健康食品素材についてどのように伝統的知識が活用されているか明らかにする。まず、南アフリカで伝統的知識となっているホーディア（Hoodia）の利用について報告する。ホーディアは、ガガイモ科の多肉植物であるがサボテンの仲間ではない。ホーディアの一種ホーディアゴルドニー（Hoodia Gordonii）は、原住民 San ブッシュマンの間では砂漠を旅する際の飢えや痛みを凌ぐために古くから用いられてきた伝統的知識に基づく生物遺伝資源である[134]。

South African Council for Scientific and Industrial Research（ＣＳＩＲ）は南アフリカ共和国の Scientific Research Council Act によって設立された研究機関で、産業振興により科学的発展を促進し、それによって南アフリカ共和国の人々の生活の質の改善に関与することを目的としている[135]。ＣＳＩＲはカラハリ砂漠に生息するホーディアゴルドニーという種類のサボテンの抽出物について米国特許 6,376,657 と 7,166,611 を取得した[136]。その中の化合物のひとつは食欲抑制に効果があるとされた。ＣＳＩＲはホーディア特許の専用実施権を英国の Phytopharm という会社にライセンスしている。p57 と名づけられた化合物は Phytopharm から Pfizer にサブライセンスされた。二〇〇三年にこの化合物の開発が報道されると、Phytopharm は原住民Sanブッシュマンから非難を受けた。その結果、CSIRはPhytopharmから受け取ったロイヤリティの一部をSanブッシュマンに分配することを決めた[137]。しかしSanブッシュマンが受け取るロイヤリティは売上げの〇・〇〇三%であると報告されており、ほとんど利益配分がないといわざるを得ない。その後Pfizerはp57の臨床開発を中止し、サブライセンス権をPhytopharmに返却した。二〇〇四年になりPhytopharmは再び英国のUnileverにサブライセンスしている。Unileverはp57を機能性食品として開発する予定であると報じられている。PhytopharmはUnileverからライセンスの一時金として一二五〇万ドルを受け取っており、開発にしたがってさらに二七五〇万ドル受け取ることになっているし、Unileverが開発に成功し製品が売れるとロイヤリティをもらうことになっている。

Phytopharmは独自でホーディアに関する特許をいくつか出願している。ホーディアゴルドニー抽出物は米国で食欲抑制サプリメントとして九〇錠が約四〇ドル前後で販売されているので、他の米国企業も特許出願している。ホーディアゴルドニーに関する米国特許類は表8のものが出願および登録されている。

CSIRが出願したホーディアゴルドニー抽出物p57が注目を浴びる理由は、p57がメラノコルチンの阻害剤だからである。製薬会社の興味はメラノコルチンのリセプターにあり、それの阻害剤を創製しようとしている。メラノコルチンリセプターは単に食欲調節のみならず、性的障害、ホルモン分泌に関与している。したがってSanブッシュマン民族の伝統的知識は新しい化合物の創製について多くの有用な情報を世界にもたらしたことになる。この科学の発展に寄与するかもしれない伝統的知識の保持者であるSanブッシュマン民族あるいは南アフリカ共和国が利益を得ることは少ない。

# 第5章　化粧品やその他の素材としての生物遺伝資源

## ❖化粧品としての生物遺伝資源利用の事例

生物遺伝資源の化粧品素材としての利用も、健康食品と同様の扱いを受ける。化粧品の場合、人工合成された化合物より自然界から得られた香料あるいは素材が消費者に好まれる傾向があることも、伝統的知識を用いる要因となっている。また伝統的知識がセールスに利用される場合も多い。原住民が伝統的知識として持っていた生物遺伝資源を商用に大量に利用する場合、供給が追いつかず原住民の使用が制限され問題となる場合がある。その例としてタイのプエラリア・ミリフィカ（Pueraria mirifica）[138]の例がある。

## ❖プエラリア・ミリフィカの化粧品素材としての商用利用

プエラリア・ミリフィカはタイ北部を中心とする山岳地方に自生する多年草マメ科クズ属（Pueraria）の仲間で、Mirifcaという種の蔓性植物である。タイ北部チェンマイ地方に住むモン族の女性の間では「美と健康」の食品あるいは不老長寿の民間伝承薬として、壮年あるいは熟年女性から男女高齢者にまで幅広く愛用されている。モン族の人々は古くから生芋を乾燥させ石臼で挽いて粉末にする製法で「純粋な粉末」を作り、そのまま水などで食べるか、蜂蜜、水牛の乳などで調理して食べると古文書にも記述されている[139]。ビルマ旧都市Pagan（現在名Bagan）の古い寺院からニッパヤシの葉に書かれた古文書が一九二〇年に発見された。それによるとプエラリア・ミリフィカは「美と健康は体の内から」という思想の民間伝承食品として知られてい

表 8　Phytopharm 社の Hoodia 関連米国出願および登録特許

| USP NUMBER | DATE | OWNER/INVENTOR | TITLE /WHAT IS CLAIMED |
|---|---|---|---|
| 20050276869 | 15 Dec 2005 | Century Systems (Atlanta, GA, US) | Appetite-Suppressing,Lipase-Inhibiting Herbal Composition Hoodia gordonii with Cassia nomame, a Japanese plant. |
| 20050276839 | 15 Dec 2005 | Bronner, James S. (Atlanta, GA, US) | Appetite satiation and hydration beverage Hoodia gordonii and other plant extracts in a beverage |
| 20050079233 | 14 Apr 2005 | Phytopharm, plc (Godmanchester, UK) | Gastric acid secretion Reducing Gastric acid secretions with Hoodia |
| 20040265398 | 30 Dec 2004 | Fleischner, Albert M.; (Westwood, NJ, US) , head of Goen Tech.Inc. | Herbal composition for weight control Hoodia, with or without other plant extracts, before meals to reduce appetite |
| 20040234634 | 25 Nov 2004 | CSIR (Pretoria, South Africa) | Pharmaceutical compositions having appetite suppressant activity Pharmaceutical formulations of Hoodia extracts and their use |
| 6,376,657 | April 23, 2002 | CSIR (Pretoria, ZA) | Pharmaceutical compositions having appetite suppressant activity |

る。タイでは一般に広く「美と健康の作物（食品）」として高く評価されていることから、タイ仏教界では重要な伝統的知識となっていることが推測される[140]。

白鳥製薬はマウス由来のB16メラノーマ培養細胞を用いてプエラリア・ミリフィカの抽出液がメラニン生成を抑制することを発見した。またプエラリア・ミリフィカ抽出エキスには線維芽細胞NBIRGBに対して高い細胞活性を維持する活性があることを明らかにした。以上の発見をもとに、白鳥製薬は皮膚外用剤として一九九九年に特許公開2001-181170をコーセーと共に出願している。同じ内容の米国特許USP6,352,685ではプエラリア・ミリフィカの抽出液から美白作用、抗酸化作用、抗炎症作用、紫外線防止効果、細胞活性効果を特許請求範囲としている。その後、同様に老化防止用皮膚外用剤として二〇〇一年に特開2001-220340を出願した。特許公開2001-181170にはプエラリア・ミリフィカの出所について「東南アジアに生育する植物」との記述があるだけである。ましてプエラリア・ミリフィカについてのタイの伝統的知識については触れられていない。二〇〇六年一月現在、プエラリア・ミリフィカに関して日本で公開された出願特許は、コーセー・白鳥製薬特許を含めて一六件ある。そのうちタイ人を含む外国人による出願特許も四件ある。いくつかの日本人出願特許にはタイの伝統的知識をヒントにプエラリア・ミリフィカの持つエストロジェン様活性をヒントに発明し、製造販売を計画していると考えられる。しかし、現在プエラリア・ミリフィカはタイからの輸出が禁止されているので、原材料の入手はタイ以外から得なければならない。

### ❖農産物、園芸品での生物遺伝資源利用の実例

伝統的知識は、医薬品素材あるいは化粧品素材などの素材発見のヒントを提供してきただけでなく、穀物の

品種改良などの知識を現代に伝えている。現在利用可能な穀物品種は、農民の伝統的知識に基づいてよりおいしくより高品質のものに改良されてきたものと考えられる。家畜の改良も同様である。また伝統的知識は、農業生産方法についても利用される。例えば、焼畑農業の原理、農業気候あるいは環境、害虫駆除、土壌改良、作物植え付けの時期などが挙げられる。インドにおけるニームの利用とそれに関する伝統的知識を概観する。

ニームと総称される植物は、一般にアザデラクチン・インデカと呼ばれ、学名は Melia Azadirachta（メリア・アザディラクタ）である。中国では扇子に使われるのが有名である。日本ではセンダン（梅檀）科の植物でインドセンダンと呼ばれている。日本の伝統的知識では梅檀の樹皮は古来より香料として、蒸留して薬用油や灯油として使われている。厚生労働省告示第四百九十八号では、食品衛生法第十一条第三項の規定により人の健康を損なうおそれのないことが明らかであるとして、ニームオイルとその成分であるアザジラクチンが挙げられている[141]。

ニームに関する伝統的知識はアジア各地に存在するが、特にインドの伝統的知識は有名である。古典サンスクリット医学書アユルヴェーダにも「村の薬局」、「医者いらずの樹」と記述されている[142]。伝統的知識で伝えられる効果・効能は幅広く、樹液、樹皮では害虫忌避作用や歯みがき、葉、種子では美肌、入浴剤、皮膚病治療、虫よけハーブ、防腐剤、強壮剤としての効果、その他痛みや熱、伝染病などが認められている。欧米の研究者がニームの効果・効能に注目し、西洋科学に基づいてニームを研究した。その結果、苦味の成分はアザディラクチンという物質であることがわかった。昆虫のホルモン体系を崩して食欲を減退させ、あるいは生殖能力を衰えさせるので防虫に使えることが明らかになった。現在では生物農薬としてアメリカ、ドイツ、オランダなどで使用されている。日本でもニームの利用法について研究開発中であり、特許出願も多数されてい

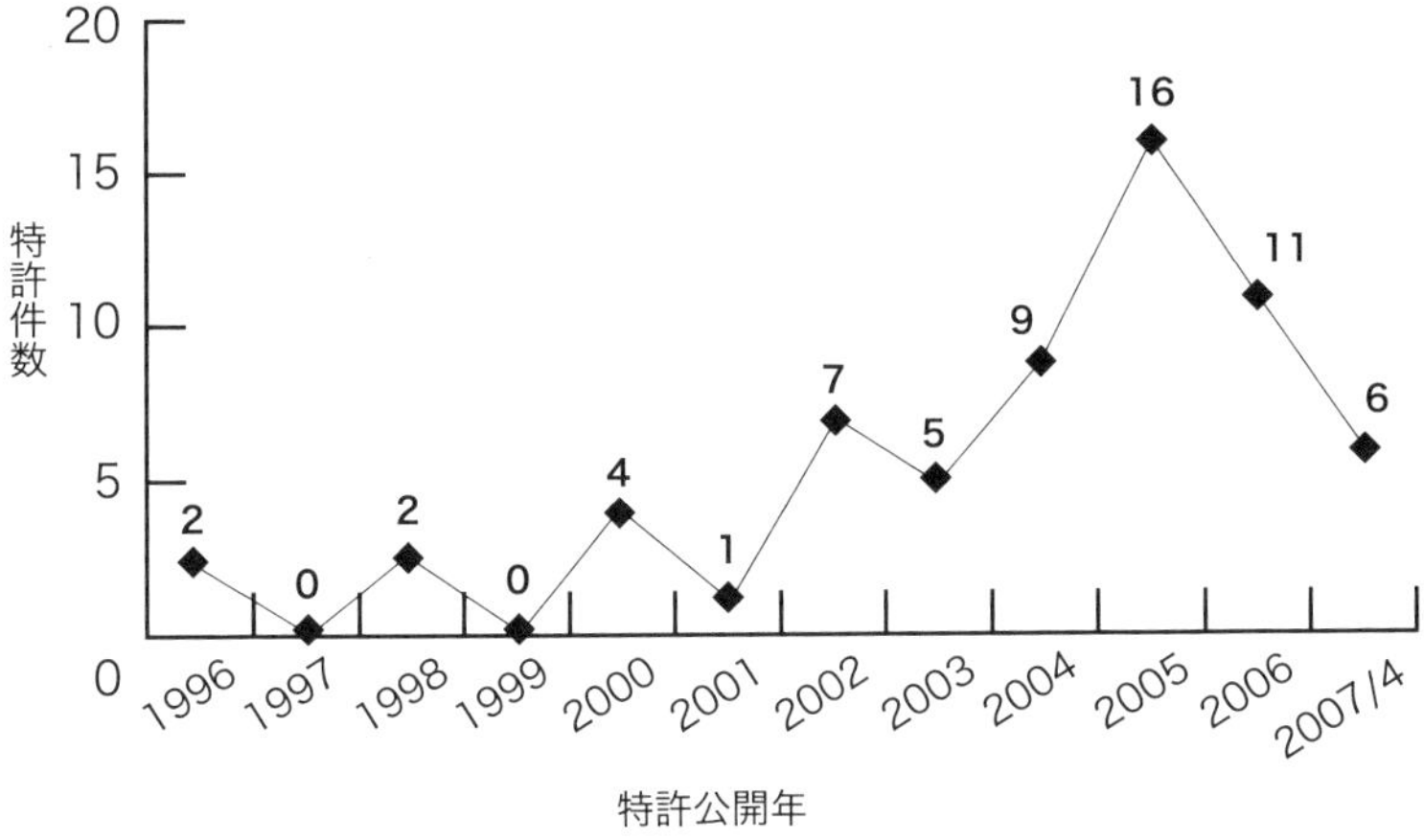


図１　ニームに関する日本特許出願数[143]

る。二〇〇七年四月現在、ニームというキーワードを持つ出願特許は八九件ある。そのうち、比較的最近（二〇〇五～二〇〇六年）に公開された出願特許が二七件あることから、ニームの利用研究が二一世紀に入って日本で盛んであることが推定できる（図１）。

特許公開2005-348899では先端にニームチップを取り付けた歯ブラシを発明として出願されたものであるが、インドではニームの小枝を歯ブラシとして日常で使用していることが知られているので、新規性に疑問がある。もし、本出願が認められた場合、日本でニームの小枝を歯ブラシとして使用してはいけないのか疑問でもある。また本特許により利益を得た場合、利益配分をする必要があるのか明確でない。

ヤーコンは中南米アンデス高地原産のキク科の根菜で、塊根（イモ）に多量のフラクトオリゴ糖を含んでいる。インカ帝国の昔から果物のような野菜として使用され、アンデス地方の長寿の秘訣のひとつとして伝えられている。ヤーコンのイモはフラクトオリゴ糖含有食品として知られる。フラクトオリゴ糖の生理的機能として、便通改善があげられるので、ヤーコンの便秘改善作用は科学的根拠があるといえる[144]。

ヤーコンはニュージランドから一九八五年に日本に導入されて以来、日本国内各地で栽培が行われるようになった。ニュージランドへはペルー以外の国から四〇年前に移植されていたという記録がある。ニュージランドから日本以外にブラジル、チェコスロバキア、韓国にもヤーコンが送られている。日本では旧四国農業試験場が品種改良を行ったが、このとき、ペルー伝来の種をペルーA群とし、他のヤーコン種にも名称をつけた。旧四国農業試験場では品種改良の目的でペルーやボリビア等から何品種か導入している。これ以外のルートで日本に持ってきた品種もあるようである。旧四国農業試験場では品種改良の結果、サラダオトメ（親：SY12（在来導入種ペルーA）＋SY102（ボリビア）、日本種苗登録番号第12579号）、アンデスの雪（親：SY4（在来導入種ペルーA）＋CA5073（国際ポテトセンターより入手）、日本種苗登録番号第13537号）、サラダオカメ（親：SY23（在来導入種ペルーA）＋CA5074（国際ポテトセンターより入手）、日本種苗登録番号第13538号）の三品種を品種登録している[145]。

ヤーコンの日本での普及活動は盛んである。南米産のアンデスヤーコンを原料にした健康飲料を開発したヤーコン協同組合[146]が一九九五年五月から事業を本格展開した。中心となったのは三井ヘルプで、一社では難しい初期段階の研究開発を、通産省と山口県から研究助成金を受け会員の機械設備を借りて行った。

ヤーコンを含む日本出願特許は六七件あり、そのうち特許登録されているのは八件である。ヤーコンの出所を中南米あるいは南米アマゾンと特許内で記載しているのが四五件である。最終製品として医薬品を記載しているのが二件、化粧品が二件、食品が五八件、その他が二件であり食品用途が圧倒的多数を占める。三井ヘルプは八件のヤーコンに関する日本特許を出願しており、二件が登録になっている。

### ❖日本独自の生物遺伝資源

富山大学和漢医薬学総合研究所附属民族薬物研究センター民族薬物資料館[147]に保存・展示されている日本漢方、中国医学、インド医学等の世界各国の伝統医学で用いられている生薬約二万八〇〇〇点について、生薬本体と原種植物の画像データ、生薬名、原植物名、原植物科名、薬用部位、産地情報、入手先情報等の文字データを収録したもので、漢字かなまじりの日本語または英文によるデータベースがある[148]。さらに生薬の学術情報として、成分・薬理作用に関する同大学和漢薬研究所の研究結果、臨床応用、伝統医学上の薬効、方剤等の文字データおよび成分構造式、古文献の記載等の画像データも収録する。

日本にも独自の生物遺伝資源があり、古くから健康栄養素材として利用されているものがある。栽培可能な明日葉（あしたば）などは大規模に栽培されているようであるが、メシマコブのように天然のものは入手困難になっている。栽培可能な機能性素材は、生産コストを下げるために海外特に東アジアに栽培地を移転しているものもある。

メシマコブは日本原産の薬用キノコである。長崎県の男女群島にある「女島（メシマ）」に野生する桑の幹に寄生する「コブ」状のキノコであることから、その名がついたと伝承されている。日本では桑の栽培が衰退したために天然のメシマコブの入手は困難になっているが、中国から輸入することにより供給されている。ツムラグループが、日本生薬（株）とともに研究開発した真正メシマコブを製造販売している[149]。（株）アイ・ビー・アイは、メシマコブの菌体をタンク培養しており、年間生産量を約七〇トンとしている[150]。韓国東国大学微生物研究室と（株）Japan Korea商事が共同でメシマコブの菌糸栽培を行っており、月産生産量は生の菌糸体で一〇〇kgと報告している[151]。

伝統的知識との関係では、メシマコブの中国名である「桑黄」はいくつかの中国・日本の古い医学書に記載されているようであるが、現在の漢方の中に含まれていることはない。メシマコブの薬効成分の研究はツムラグループで研究されている。メシマコブはキノコ類であるので、他のキノコと同様一般的に免疫増強作用が謳われている。その有効成分はベータグリカンという多糖類であることが知られている。

わさび（山葵、学名はWasabia japonicaもしくはEutrema japonica）は、アブラナ科ワサビ属の植物で、日本が原産国であるが、現在では中国等でも栽培されている。刺激のある香味は、伝統的にさしみなどの薬味として使用されてきた独特の歴史がある[152]。わさびの辛味成分はアリルイソチオシアネートという化合物であることがわかっている。わさびの効能として、食欲増進と防かび効果と殺菌効果が大きい。さらに最近の研究から血小板の凝集を抑え、血液の凝固を防ぐ抗血小板作用があることが報告された[153]。

明日葉は、房総半島、三浦半島、八丈島や大島など伊豆七島といった温暖な地方の海岸に自生するセリ科の多年性植物である。栄養価が高いことから伝統的に食用に用いられてきた。最近の研究によって、明日葉にはカルコンやクマリンという有効成分が含まれることが明らかになった。カルコンは胃酸の分泌を抑える作用や強い抗菌作用、血栓ができるのを抑える作用があることが知られている。最近のタカラバイオの研究によって、明日葉には抗ウイルス物質ディフェンシンが含まれていることがわかった。タカラバイオの年間明日葉生産量は約四〇〇トンになる[154]。

## ❖コモディティ化による品質、価格の安定

健康食品の場合、原材料である機能性素材を一定の品質で安定的に入手することは困難を伴う。その解決方法として、大企業では現地で栽培化を試みる場合が多いが、かならずしも成功するとは限らない。規模が大きくなればなるほど多くの課題があり、直ちにビジネスに結びつくわけではない。機能性素材の入手が困難な場合、その製品の生産規模を小さくすることが必要になる。

機能性素材の入手が健康食品ビジネスを制限するため、当然原材料の安定供給が製品化において重要な課題となり努力が払われる。多くの場合、供給先を求めて資源国内を探すことになる。そこで問題になるのが、その原材料がコモディティとして資源国で流通しているかどうかである。流通している場合はある程度価格と品質が安定しているので、安定入手は可能である。しかし、大量の買い付けによる価格上昇を引き起こす可能性もあり、その場合資源国内の消費を圧迫するので、批判が起こる。コモディティ流通が発達していない野生の原材料の場合、その流通を活発化させる努力が必要になり、栽培農家の育成、流通経路の構築努力が求められる。

コモディティ化で常に問題となるのは、ビジネスの終了に伴う原材料供給の停止である。資源国でコモディティビジネスとして発達した素材が、流通が止まりその行き場を失うわけで、資源国内での産業問題として発展する。したがって、コモディティ化した機能性素材の場合、ビジネスの停止は資源国に大きな経済的影響を与えるので、ビジネスを開始する前から慎重に機能性素材供給を考慮しておく必要があるだろう。

# 第6章　生物遺伝資源取り扱い仲介業者の実態と役割

前述したように、資源国で原材料の安定供給のために植物遺伝資源を栽培することには多くの課題がある。そのような課題を解決するために、いわゆる仲介業者を使って原材料の安定供給を図るのが一般的である。一般的な生物遺伝資源の流通形態を図2に示した。ここでいう仲介業者とは商社、輸入業者から資源国での製造販売業者、素材調達会社まで多様な形態を持つ。仲介業者には日本にある輸入会社があるが、さらに資源国にある物流・輸出会社もある。特に研究初期では、投資を少なくするために素材調達会社等にサンプル調達を頼む場合が多い。公的機関にも生物遺伝資源に関するサンプルとそれにまつわる情報が保存されているので、生物遺伝資源の入手先として貴重な存在である。

中国で設立されている薬草類輸出業者の中には年間一〇〇億円以上の売上げを誇る会社もあるが、年間一〇〇〇万円以下で従業員が数人のところも多い[155]。大企業では薬草の栽培から製造、販売まで行っている。中国で最大の薬草素材の生産販売会社は中国薬材集団公司であるが、中国薬材集団公司は中国医薬集団総公司の合併子会社である。中国医薬集団総公司は中国で上位の医薬品売上げを誇る会社で、二〇〇四年の売上げは一〇億元に達した。中国薬材集団公司は、八〇種類以上の生薬を生産しており、生薬・刻み生薬・エキス粉末および天然植物製品を販売している。GAP標準[156]に合致する生薬栽培基地を保有している。

株式会社ラティーナ[157]はペルーおよびブラジルの生物遺伝資源を日本の利用者に供給する会社のひとつである。主に機能性栄養補助食品およびその原料、一般加工食品の輸出入を行っている。ラティーナが、キャッ

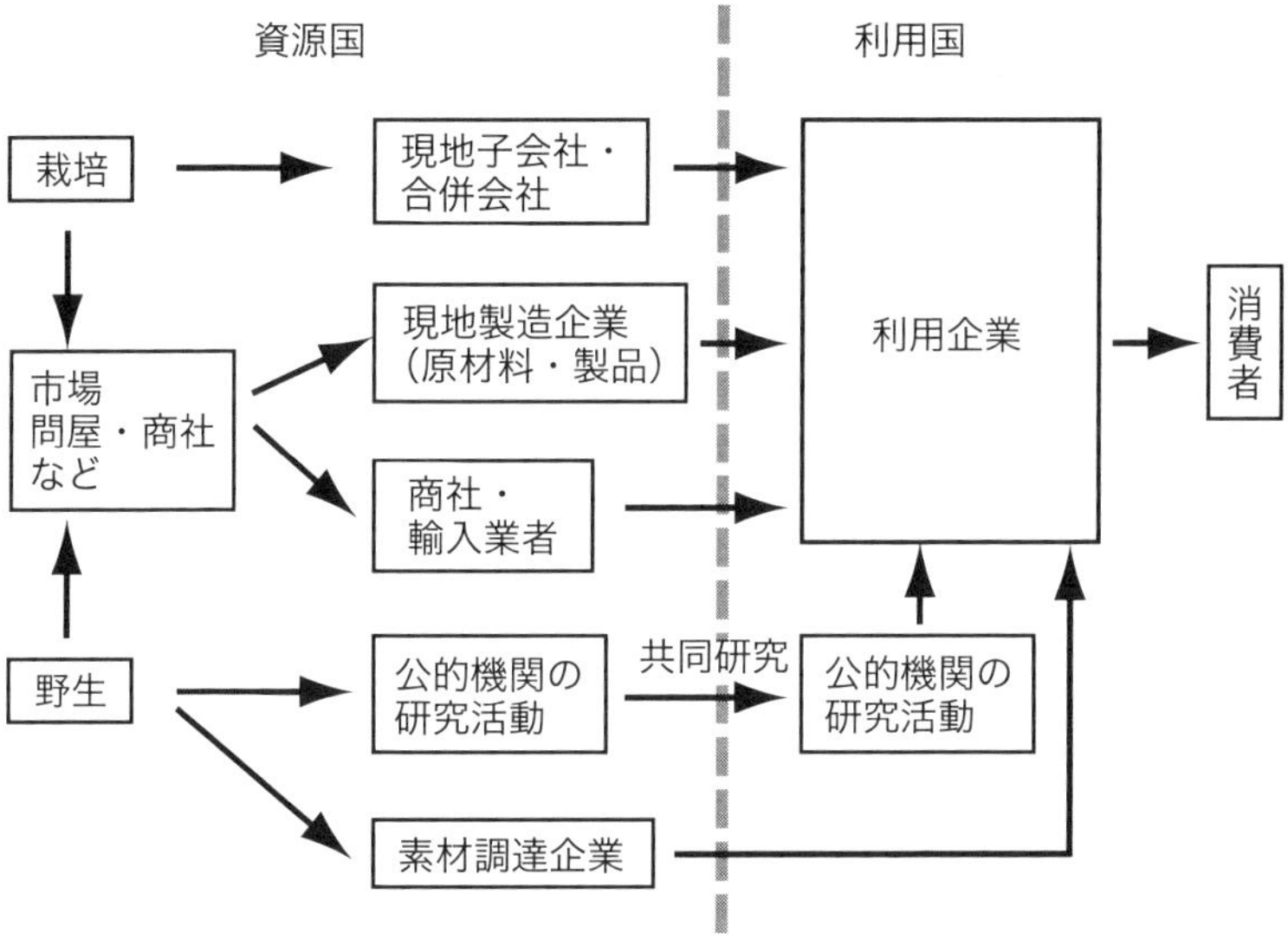


図2　生物遺伝資源の入手経路の実態

ツクロー原末・エキスパウダー、マカ原末・エキスパウダー、カイグア、ブロッコリ、とうがらし等の野菜の乾燥原末をペルーのDTST社から輸入していることが公表されている。

## ❖生物遺伝資源のアクセスと利益配分における仲介業者の役割について

資源の利用者と資源国の間に仲介業者が入るため、利用者と資源国の直接的な接触が希薄になる。企業上の秘密から仲介業者が情報開示を拒むことも起こりうる。そうなると、利用者は生物遺伝資源の情報、特に事前の情報に基づく同意を交わすことができなくなる。こうなると生物多様性条約の精神からすると不適切な状態といえる。また利益配分における仲介業者の役割が不明確である。

仲介業者の信頼性確保を図るための方策として、自主組織の設立による自主管理を行うのがよいと思われる。自主組織の目的は、生物多様性条約の遵守状況の把握、条約遵守のモラルアップ、教育・普及活動による信頼性獲得、情報共有などである。さらに合意が得られればステップアップし、仲介業者の認証制度を作り、その運営組織として機能することも考えられる。例えば、輸出入における事前の情報に基づく認証を行うことである。さらに発展すれば、事前の情報に基づく同意交渉の代役や利益のプール管理、資源国への配分交渉を代行することも可能である。

# 第7章　微生物利用医薬品産業と生物多様性条約の関係

## ❖微生物利用医薬品産業の歴史と構造

一九二八年にフレミングがペニシリンを微生物から発見して以来、多くの研究者、特に日本の医薬品関連研究者が微生物から有用な医学的産物を発見しようと努力を続けてきた。その結果、ストレプトマイシン、セファロスポリンC、エリスロマイシンなどの多くの抗生物質や制癌剤が発見された。これらの化合物そのものあるいはその誘導体は現在でも広く医療に使われている。一九六〇年代頃から、微生物から有用な医薬化合物を見出す取り組みが日本で盛んに行われ、日本の製薬産業発展の原動力となってきた。その成果のひとつとして、一九七六年の HMG-CoA reductase 阻害剤である mevastatin の *Penicillium citrium* から分離されたことが報告された[158]。その後 mevastatin はメバロチンとして高脂血症治療薬として広く世界で用いられている。このように多くの有用な化合物が日本の研究者によって見出され、微生物の代謝産物から有用な医薬品を見出す技術は日本の製薬業界が世界に誇れる優れた技術であった。しかし、一九九〇年以降もこうした取り組みが続いていたが、新規な有用物質を発見する頻度が低下したり、合成化合物ライブラリからスクリーニングする技術が発達したりしたため、現在では微生物から有用物質を探索する研究活動が低下・停滞している。Butlerの報告[159]によれば、二〇〇二年全世界で販売されている三五の医薬品のうち天然あるいは天然由来医薬品の割合は約二五%に低下した。

## 微生物が医薬品産業で利用されるまでのプロセス

土壌から発見された微生物が医薬品産業で利用され利益を生むまでの期間は、一般的に一五年程度かかるといわれている。その過程の概略を図示した（図3）。土壌からある有用産物を生産する微生物を分離したとしても、その有用産物が実際の医薬品になって利益を生む確率は極めて低いことが知られている。したがって、医薬品を市場に出すまでには多くの失敗を積み重ねており、その投資額は膨大なものになるのは当然である。医薬品の価格が高いのは、これらの失敗の投資を回収しさらに将来の研究開発に対する投資を確保するためである。

資源国で採取された多様な微生物を含む土壌などは、実験室において微生物分離操作にかけられる。一サンプル数グラムの土壌を一〇サンプルくらい用いると、多くの場合数千くらいの異なった微生物が分離される。どのような微生物を分離するかは各企業の経験と勘に頼る場合が多く、多くの企業ではノウハウとして秘密保持している。特殊環境下（高温下、高pH下など）で生育することが可能な微生物や希少な微生物などを特異的に分離する方法などが多く報告されている。この過程で資源国がサンプル提供という形で全体のプロジェクトに貢献する場合があるが、微生物分離まで関与するのは資源国と微生物分離を行う利用国の共同研究という

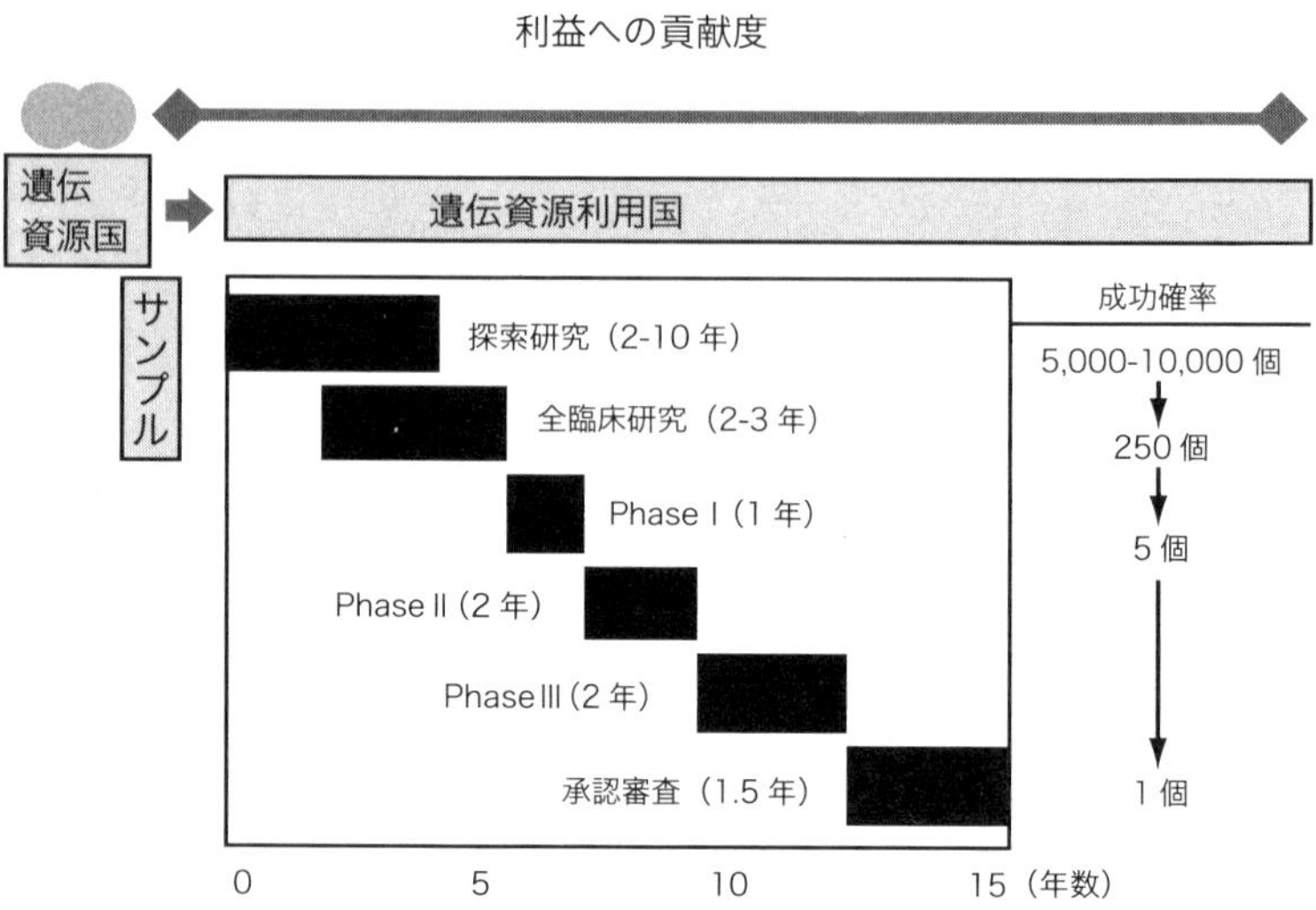


図 3　採取された土壌サンプルから医薬品誕生までのプロセス

開発形態をとったときだけである。サンプルの採取自体に努力を要することは少なく、一般的に利用国の研究者が行うことが多い。

サンプルから分離された数万から数十万の微生物のコレクションができると、その微生物コレクションから目的に合った有用微生物を発見する過程がある。微生物コレクション作成過程と同時にスクリーニングを行う場合も多い。この過程は、多くの研究者と膨大な費用と長い時間がかかる。コレクションから有用な微生物を選択するための方法を開発しなければならないが、その方法は大量のサンプルを処理できるよう簡便な方法でなければならない。例えば検出する方法が複雑で時間がかかるものであれば、選択過程に長い時間がかかることになり、現実的ではない。一サンプルの検出時間が一〇分であったとしても、通常のサンプル数である一万サンプルを処理するのに一〇万分（約七〇日）要することになる。このような場合は、検出法を変えて時間短縮を行うのが現実的である。

分離された微生物から未知の有用活性産物の構造を決定することが、次のステップである。通常、微生物の生産する有用産物の量は極めて少ないので、構造決定するのに必要な量を得るためには、微生物の大量培養によって量を確保しなければならない。多くの場合、大量培養すると微生物が目的の活性物質を作らなくなるなど多くの困難が付きまとう。日本の製薬企業では、あらゆる創意工夫によって未知の微生物の大量培養技術を発展させてきた。分離同定された有用産物が新規物質である確率も極めて低く、通常数万の有用産物に一個くらいしかないといわれている。努力を重ねて培養液生産・単離精製・構造決定を行ったとしても、新規物質でなければ医薬品として開発にステップアップすることはない。それまでの努力と投資が水の泡となるのである。探索研究で有用な新規物質を幸運にも発見した場合、後の開発は通常の化学合成医薬品開発と同じ過程を通ることになる。一般的に一五年程度の開発期間、日本では二〇〇億円、米国では九〇〇億円の開発費、成功確率は約一万分の一程度というのが医薬品開発の平均となっている(図3)。開発中効果がなかったり毒性があったりして開発中止になった場合でも、化学的修飾するなどの創意工夫を行っている。

## 微生物産物特許における出所表示

有用物質を生産する微生物が同定されると、その微生物は探索研究部門においてデータベース化されるのが普通である。その中でもその微生物を分離した出所に関するデータ保持は重要である。したがって、微生物データベースには出所等に関するデータが含まれることになる。しかし、その微生物データベースは各社固有のものであり、入力するデータも各社まちまちであるので、データベース間で比較することは困難である。また、証拠を保存する仕組みを組み込んだものになっていることは稀であると考えられる。

微生物データベースは探索研究部門で管理・運営されている場合が多く、これに知的財産部が関与することは少ない。特許出願する際、特許出願担当者は研究者からの情報しか知りえないし、それを確認することも不可能である。微生物データベースは企業のノウハウに属する場合が多いので、特許において採取場所等の情報を開示しないのが一般的であるが、特許出願の際に出所を開示することを自主的に行っている場合が特許公開公報に散見される。例えば、日本出願の場合、「○○県○○郡○○町の土壌から得られた」、「○○県○○島の土壌から得られた」、「○○領○○島の土壌から得られた」等の出所情報が開示されるのが見られる。しかし、開示されたといってもその開示情報に対して確固たる証拠がある場合は少なく、あくまで採取者である研究者の証言に基づいたものである。

## ❖産官の微生物有用産物探索研究開発の現状

独立行政法人製品評価技術基盤機構（ＮＩＴＥ）は独立行政法人新エネルギー・産業技術開発機構（ＮＥＤＯ）の資金援助により、「ゲノム情報に基づいた未知微生物遺伝資源ライブラリの構築」プロジェクトを運営している。本プロジェクトの中で「未知微生物の収集、培養および保存するための技術の開発」がテーマとして取り上げられており、未知微生物遺伝資源として東南アジアの国の資源にアクセスする事業を行っている。現在、インドネシア、ベトナム、ミャンマー、モンゴルと共同事業が行われている。タイあるいは中国との共同計画もある。インドネシア、ベトナム、ミャンマーとの共同事業において放線菌、カビを中心に四〇〇〇株程度の微生物を収集したと報告されている。

ＮＩＴＥは現在のアクセス事業を行うためインドネシア、ベトナムおよびミャンマーと生物遺伝資源の保全と持続的な利用に関する研究開発を相互の信頼に基づいた包括的覚書「微生物遺伝資源の保全と持続的利用に関する覚書」（ＭＯＵ）および共同研究契約書（ＰＡ）を締結している。インドネシアとのＭＯＵが公開されている[160]。それによれば、生物遺伝資源の移転、第三者への分譲については物質移転協定（Material Transfer Agreement＝ＭＴＡ）が規定されており、さらに知的財産権は両者共有であり、配分は寄与率で決定される。利益配分については明確な定めは決められていないが、内容的には非金銭的な利益配分を重視する考え方が伺える。

以上のようにＮＩＴＥの活動は、東南アジアの資源国と日本の間で生物遺伝資源の産業利用促進の橋渡し的役割を果たしている。このような取り組みは資源国および利用国の双方に利益をもたらす可能性があり、生物多様性条約の精神からすると有効な試みであるといえる。課題があるとすれば、現在は始まったばかりで利益を生むような研究成果があがっていないが、将来研究成果が出たらどのように資源国と利用国が利益配分を行うのか明確にされていない。近い将来、研究成果である特許が出願される時点で再度両者の契約がまず必要となるであろう。

また、ＮＩＴＥは微生物遺伝資源の保存と持続可能な利用を目的に、アジア・コンソーシアムを二〇〇四年に組織し、毎年各国でシンポジウムを開催している。多くの関係団体がアジア・コンソーシアムに参加している[161]。

アステラス製薬はマレーシアの現地法人を通じて生物遺伝資源アクセスを行っている。マレーシアの「Tropbio」[162]と共同で二〇〇〇年一二月から微生物による新薬開発に取り組んでいる。アステラス製薬の探索研究所では、招聘したマレーシア人研究員と腐葉土の解析など共同研究を進めている[163]。Tropbio と契約を結んだことについて同社では「ゲノム解析で、日本は欧米から大きな後れをとった。生物遺伝資源利用ではアジアの諸国と手を結ぶことで欧米よりも先行したい。」としている。またアステラス製薬[164]と三共[165]はシンガポールのベンチャーMerLion Pharmaceuticals[166]と天然物由来の医薬品探索研究の共同開発を行っている。

ＮＩＴＥ、アステラス製薬、中外製薬の三者は、二〇〇五年一一月にベトナムにおける微生物共同探索産官共同事業計画を発表した[167]。これはベトナムの微生物を現地において共同で探索、収集、分離するプロジェクトである。ベトナム政府との仲介を、ＮＩＴＥがこれまでの経験を生かして行うことになる。ＮＩＴＥはすでにベトナム政府と生物遺伝資源の保全と持続的利用に関する協定を結んでおり、二〇〇四年からベトナム国立大学ハノイ校と共同研究を継続している。私企業単独では生物遺伝資源探索研究を行わなかったが、産官学の共同で実現した。具体的には、ＮＩＴＥ、アステラス製薬および中外製薬の研究員がベトナム中部を中心として微生物を分離するための試料収集を行う。集められた試料はベトナム国立大学ハノイ校で管理され、そこで微生物を分離し、その微生物は三者合意の上アステラス製薬および中外製薬両社へそれぞれ提供される。利益配分についても合意しており、有用微生物が同定され特許登録や商品化に至った場合は、ベトナム側にも利益配分がなされることになっている。

### ❖微生物アクセス事業を行う民間企業

微生物あるいはその産物を供給することをビジネスとする企業がある。ワイン会社であるメルシャンは、長い間自然界から微生物を分離し、有用産物を探索する研究活動を続けてきた。その成果として一九七五年にアクラルビシン（aclarubicin）（アクラシノマイシンＡ）を発見し、抗悪性腫瘍抗生物質として開発し[168]、一九八一年に日本で販売を開始している。メルシャンは微生物探索研究を発展させて、インドネシアで採取されたサンプルから分離した微生物の代謝産物を日本の製薬企業に供給する事業を展開している。インドネシア科学技術評価応用庁（BPPT）と協力して微生物遺伝資源に関する共同事業で、インドネシアで採取された微生物の培養抽出物を、新規な薬理活性物質を探索する製薬企業に供給する橋渡しビジネスを行う[169]。この事業では、インドネシアの生物多様性条約関連のアクセス課題についてインドネシア政府とメルシャンの間で取り決めを行っているため、メルシャンがサンプルを提供して実際の試験を行う日本製薬企業は、インドネシア政府と直接アクセス交渉をする必要はない。ただし、メルシャンと日本の製薬企業はMTAを結ぶことになり、ロイヤリティ支払い義務が生じる。

ニムラ・ジェネティック・ソリューション（NGS）[170]は、二〇〇〇年に設立された天然物由来のリード化合物探索と関連製品の販売を事業内容とするバイオベンチャーである。二〇〇〇年一二月、マレーシア・クアラルンプールに連結子会社 Nimura Genetic Solutions (M) Sdn. Bhd. を設立している。NGSは、国立マレーシア森林研究所（Forest Research Institute Malaysia＝FRIM）との共同研究契約に基づき生物遺伝資源探索研究所（Biological Resources Exploratory Laboratory＝BREL）をFRIM敷地内に設立した。

NGSは生物多様性条約の精神に則り、生物遺伝資源由来の新規化合物の発見を通じて資源国と利用国の双方が公平かつ合法的な利益配分を行うことにより、社会に貢献することを目指している。東南アジアの生物遺伝資源から新規有用物質を発見し、大手製薬企業に供給し仲介利益を得るビジネスモデルを実行している。NGSは、FRIMとの共同研究契約を通してマレーシアの土壌微生物に対するアクセス権を獲得した。マレーシア国内の多様な微生物を分離し、有用な化合物質を探索するとともに、生物遺伝資源コレクションを構築している。二〇〇四年にはマレーシア・サラワク州（ボルネオ島）の生物遺伝資源アクセスコントロール機関であるサラワク生物多様性センター（ＳＢＣ）との間でサラワク州に生息する微生物における共同研究契約を締結し、はじめてサラワク州で商業目的のアクセス権を得ることに成功した。また、ＮＧＳはＳＢＣが設立する微生物研究所を支援している。本アクセス権には自身の研究のみならず、第三者への販売やライセンスを主体的にコントロールできる権利も含まれている。

このようにＮＧＳは、自身の持つ有用微生物単離技術とノウハウを武器にマレーシア政府機関にアプローチし、共同研究契約を締結するに至り、マレーシアの生物遺伝資源へのアクセス権およびそれを第三者に供与する権利を得た。現在、日本では第一三共と大正製薬がＮＧＳと契約し、その収集サンプルにアクセスする権利を得ているようである。ＮＧＳの取り組みに対する課題は、アクセスの制限であろう。ＮＧＳと契約していない日本の企業は、商用目的でＳＢＣにアクセスできないことになるようである。これはＮＧＳの独占性確保のためには必要であるかもしれないし、マレーシアには他の研究センターも存在するので、今のところは大きな問題となっていないが、公共の組織が一定の企業と独占的に商用アクセス契約を結びその他の会社の参入を阻止することは、生物多様性条約の趣旨からすると問題であると思われる。

## ❖微生物資源利用産業のアクセスと利益配分の考え方

いくつか生物遺伝資源へのアクセス事業の事例を取り上げたが、実際アクセスするにはまだまだ課題が山積している。特に事前の情報に基づく同意を取得した上で契約を結ばなければならないが、実務上いくつかの問題がある。例えば、各国でアクセスに関する法律が異なり、また法律が流動的で、政権が変わると法律、運用が頻繁に改正される。各国のアクセス窓口が異なったり、多数の窓口があったりする場合もある。このような場合、制度が不安定な上に権威ある決定者が不明なため、どのような基準で契約交渉を行うのか判断が困難となる。交渉の過程の中で、同様のビジネスを行う資源国内の企業を優先したり、ベンチャー優遇措置としてベンチャーに独占権を与えたりして、アクセスを制限するような傾向が見られる。交渉がまとまらない場合には、アクセス許可を取得できなかったり取得に長時間かかったりしてビジネスチャンスを失う場合もあり得るし、研究者が意欲を失う場合もある。資源国の仲介業者にも問題が多い。資源国内で直接活動するのは言葉上の問題等で困難な場合、現地の仲介業者（農作物収集業者、農産物輸出業者など）を雇う場合があるが、その場合信頼性あるいは継続性に問題がある。仲介業者を通じて生物遺伝資源を収集すると、実際に生物遺伝資源利用企業と生物遺伝資源提供国側の担当者とが直接コンタクトしていないため、提供国での交渉過程がよく見えない場合が多い。具体的には仲介業者に、事前の情報に基づく同意の証拠を求めても、それは企業秘密であるとして提出しない場合がある。生物遺伝資源提供国に利用企業の意図あるいは計画が伝わっているか不明である。やはり生物遺伝資源提供国と利用企業が直接交渉した方が成功確率を高める効果があると考えられる。特にアクセス交渉の場合は特に有用であろう。生物遺伝資源提供国の中に共同研究する機関を見つける方が成功確立が高いと思われる。

直接交渉する場合、ＭＯＵとＭＴＡを締結することが一般的に行われていて、これらのフォームを用いて契約を行うわけであるが、その場合でも基本的には協力関係を形成し、相互理解と信頼を醸成することが基本的取り組みとなる。やはり利用国としては、資源は資源国に属するもので我々は利用するという立場を持たなければ、なかなかうまく協力を得ることはできない。また、生物遺伝資源提供側がすぐに金銭的な利益配分を求める場合もあるが、技術援助、インフラ整備、環境保護援助などの非金銭的な利益配分を行うのが望ましいであろう。また、ＭＴＡで利益配分を規定される場合が多いが、資源国が得る最も有益な利益の形は金銭的なものだけでなくいろいろあると考えられるので、それを交渉の中で理解し合い共通の認識を持つことが必要である。

非金銭的な利益配分について、いくつか具体的に試みられているものを分析する。ひとつは、成果データベースである微生物コレクションへ資源国の関係者が自由にアクセスできる制度を確立することである。土壌から微生物分離の場合、分離から分離・同定した菌株については共有財産とし、かつ複製して両者で保存すればいつでも両者が利用できるようになる。微生物代謝物のスクリーニング結果の情報あるいはそのデータベースについても両者で共有し、生物遺伝資源提供国の関係者へのアクセスを可能にすべきであろう。ＭＯＵ／ＭＴＡなどの契約の中で、合理的な規定を作成し、適切な運用を図ることが求められる。その中で、新規な活性物質は原則発見した企業側の所有にし、それに関する特許も単独で出願するが、生物遺伝資源提供国の関係機関はなんらかの実施権を得ることができるようにすべきである。微生物の代謝産物が既知活性物質であった場合は学会等で公開し、論文で出所開示を行い、フリーアクセスを確保するなどの公共利益を重視した取り組みが必要である。

微生物を土壌サンプルから分離・同定するのはノウハウと技術が介在する。単に土壌を培養して微生物を分離しても有用な新規微生物を分離できる確率は極めて低い。高温、高アルカリ条件で生育する微生物など、目的に応じた分離方法の工夫が必要である場合が多い。また分離した微生物の生産物をスクリーニングするには膨大な費用と時間を消費しなければならない。これらのリスクをかけた投資を行うのは先進国の場合が多い。

表９　製品価値に対する遺伝資源の貢献度

| 製品形態 | 利益率 | 生物資源の利益への直接貢献度 |
|---|---|---|
| 一次加工品（そのものの利用)、乾燥などの一次加工 | 小 | 大 |
| 新規素材、抽出品などもとの形が見えないもの、あるいは加工品の混合品例：漢方薬、香粧品 | 中 | 中 |
| 新規素材発見の端緒となる場合（生物資源から新規物質、新規微生物等を発見する）例：医薬品、香粧品、酵素 | 大 | 小 |

もし土壌微生物から有用な産物を見出す事業を資源国が行う場合、膨大な費用と時間がかかるリスクの高い事業であることをはじめに認識しなければならない。次に微生物の遺伝資源利用の場合、工業的生産は大抵先進国の発酵技術と設備を使って行われるため、工業化過程において資源国の関与は全くない。また、資源国から原料の供給を受けることもないので資源国の環境破壊もほとんど考えられない。

以上のことから、微生物が遺伝資源である場合、ほとんどが微生物同定者あるいは工業化を行った企業の貢献度が非常に高く、資源国の貢献度は低いと考えるのが合理的である（表９参照)。微生物遺伝資源を利用して工業生産している製品について資源国側が利益配分を過度に要求するのは、過剰であり非合理的であると思われる。合理的な利益配分は当事者の貢献度に応じて行われるのが最適である。植物資源を利用して産業化を行う場合、微生物と同様に薬草などの有用植物から有効成分を分離・同定する場合もあるが、植物体そのものあるいはその抽出物を食品・香料あるいは化粧品原料として用いる場合が多い。食品関連では天然指向が強いため、合成品を嫌う傾向が消費者にあるためである。したがって、植物資源の場合、工業化が成功したとしても資源国からの原料植物の供給を受けなければならない。Taxolのように医薬品であっても合成が困難な植物抽出物は、植物原料の供給なくして産業は成り立たない。したがって、植物資源の場合工業化が行われている限り資源国の貢献度は大きな部分を占める場合が多いといわざるを得ない。また、原料の植物体を工業的に供給するのは困難が予想される。Taxolの場合でも、一時供給が追いつかず森林資源が破壊されたことがあった。したがって、原料植物が栽培可能なら問題ないが不可能ならば自然界から採取しなければならず、数十トンの供給が必要ならば自然破壊は避けられない事態となるであろう。

以上を考察すれば、植物を遺伝資源とする場合資源国の貢献度は比較的高く、かつ資源国に継続的な供給努力と自然保護の義務が求められるであろう。製品販売者は、このような資源国の努力に対して敬意を表し利益配分について考慮する必要があると考えられる。

微生物利用医薬品の利益配分は、研究段階と開発段階で区別する考え方が合理的である。すなわち研究段階では将来の利益が全く仮想のものであり、その前提のやり方によって大きく変わる。したがって仮想の利益について配分するのは困難である。研究段階で利益配分を考える場合、非金銭的利益配分を重視すべきである。金銭的利益が確定していない状態で利益配分を金銭的な側面から行うのは合理的ではないが、売上げが出た段階で金銭的利益配分もありえる。図3で示したように、医薬品開発の過程では、最初の微生物材料を入手して製品が出るまで一五年程度の年月と膨大な開発資金がかかり、かつ成功確率も低い。医薬品の場合、生物遺伝資源の貢献度はごく一部で、利用企業側の努力がほとんどである。そうはいっても、この長さに比べて、資源国が求める利益配分は一律に決められている場合が多く、利用国の産業セクターの貢献度をあまり考慮しないで、あくまで医薬品の利益が大きいことだけを見て利益配分を要求する場合が多い。貢献度を考慮した場合、医薬品のようにいろんなプロセスを経て、一五年もかかって何百億という投資をした企業の交渉担当者が、提供国の貢献度は小さいと考えるのが合理的であるという認識を広め、理解を求めることが最も緊急性のある課題であろう。やはりwin-winの関係を築くためには相互理解に基づく衡平な利益配分が必要であり、貢献度の低いものは利益配分も低いというのが原則であるというコンセンサスを得ることが求められる。また微生物と植物とは違うという認識も広めなければならない。もちろん、生物遺伝資源提供国側は土壌とは石油と同じでその国のものという主張は理解できるが、医薬品企業が医薬品を世の中に出す企業努力は大きなものがあることを理解してもらわなければ交渉は成立しない。

微生物を利用する医薬品開発は成功確率が極端に低く、リスクが大きいので、遺伝資源提供国が早急な利益配分を求めたとしても利益を得るチャンスは非常に低いと容易に考えられる。したがって、生物遺伝資源提供国が開発初期段階から利益を求める場合、非金銭的なものとすることが現実的であると考えられる。日本の製薬会社が行っている現在の取り組みから考察すると、生物遺伝資源提供国との共同研究をベースとして行う場合が多いので、共同研究の取り組みとして遺伝資源提供国の研究開発支援が合理的な非金銭的利益配分であると考えられる。特に研究設備などの研究インフラの整備は、生物遺伝資源提供国にとって重要である。さらに微生物分離技術、同定技術などの技術、ノウハウなどの技術移転も利益配分の形態としては有効である。インフラが整備され技術蓄積が高まれば、生物遺伝資源提供国において自前の研究開発が行うことができるようになると考えられる。微生物利用医薬品が開発に成功し市場で利益を得るようになれば、遺伝資源提供によ る一時金、ロイヤリティなどの金銭的利益を得ることは合理的である。もちろんその場合には、利益配分は貢献度に応じて行うのが最も相応しいと考えられる。

以上のことから資源国の土壌から分離された微生物が利益を生むような場合、微生物を分離・同定・研究・開発・工業化を行った製薬企業の貢献度が高く、土壌を提供した資源国の貢献度は低いと考えるのが合理的である。さらに、同定された有用微生物が資源国の土壌にしかいないということは考えられない。これらを総合すると、資源国の貢献度はますます低いものと思われる。微生物遺伝資源を利用して工業生産している製品について、資源国側が過大な利益配分を要求するのは不合理であると思われる。生物遺伝資源を持続的に有効活用することが基本であり、それには生物遺伝資源の提供国と利用国がお互いに理解しあう、あるいは、win-winの関係を持つのが基本的な考え方ではないかと思われる。このような考え方をもとに、お互いの協力関係を築くためにいろいろな取り組みを行っていくのが、最も理想的な生物多様性条約の実行であると考える。

# 第8章　産業界アンケート結果が示す生物遺伝資源に対する産業界の考え方

二〇〇五年にバイオインダストリー協会が生物多様性条約について産業界の意識調査を実施した[171]。調査した産業界はバイオインダストリー協会、日本製薬工業協会、日本化粧品工業協会に所属する企業であり、そのうち二五一社から回答を得ている。有効回収サンプルの内訳は表10のとおりである。化粧品・トイレタリー業界からの回答が多く、全体の三分の二を占めるのが特徴である。

海外の遺伝資源の利用経験のある会社五九社の内訳として植物、および植物派生素材四三社（約七三％）が多く、次に微生物そのものあるいは微生物生産物の利用者二八社（約四八％）が続く。両方の遺伝資源を用いている会社も少なからずある。食品・健康食品事業分野で利用経験があると回答した会社は一四社あるが、そのうち一三社が植物、八社が微生物の利用経験者で、食品・健康食品では素材を多方面に求めていることがわかる。化粧品・トイレタリー事業では、当然ながら植物素材利用者が多い。

海外の生物遺伝資源の利用経験のある五九社に生物遺伝資源の入手地域を聞いたところ、ヨーロッパにある二五社、東南アジアにある一三社、北米にある一二社、東アジアにある一四社からの入手であった。複数回答であるので入手地は複数持っている場合があるということを示している。東南アジア、東アジアは資源国なので、そこから入手しているのは理解できるが、ヨーロッパあるいは北米から入手しているのは、直接資源国にアプローチするのではなく仲介業者を経由していることを示していると考えられる。化粧品・トイレタリー事業分野では、中南米から入手している会社が一〇社（三一社中）ある点が特徴的で、ペルーあるいはブラジルを中心とする南米から香料などの入手を図っていることが推定できる。

入手方法は、遺伝資源仲介業者を経由する場合が圧倒的に多い。特に化粧品・トイレタリー事業分野では三一社すべてが仲介業者を経由しており、その他の方法は少ない。その他では、

表10　有効回収サンプルの内訳

| 事業分野 | 回答数 | 回答割合（%） |
|---|---|---|
| 医薬・ヘルスケア | 38 | 17.7 |
| 化粧品・トイレタリー | 147 | 68.4 |
| 食品・健康食品 | 41 | 19.1 |
| 園芸・花卉 | 4 | 1.9 |
| その他 | 38 | 17.7 |
| 合計 | 251 | |

回答者の中に重複回答があるため合計は実際より多い

政府機関やカルチャーコレクションからの分譲もある。海外遺伝資源保有者との直接契約により入手する場合が一三社／五九社（医薬六社、化粧品二社、食品四社）あるが、どのようなやり方を行っているか興味あるところである。この一三社の大部分は生物多様性条約やボン・ガイドラインをある程度理解しているようなので、問題は少なそうである。

生物遺伝資源提供国の許認可については、仲介業者任せである場合が約半数近くある。しかし、仲介業者が提供国の許認可を得ているかどうか確認していないようである。特に化粧品・トイレタリー事業分野ではその数が半数を超える。また、制度がわからないという回答をするものも半数いることが特徴的である。このことから、化粧品・トイレタリー事業分野では、原材料である生物遺伝資源について通常の原料購買と変わらないという認識があるため、生物遺伝資源の権利に対する認識が少なく、対応は仲介業者任せになっているものと思われる。食品・健康食品事業分野も同様の傾向が見られるが、許認可の必要性についての認知度は化粧品・トイレタリーよりは高いと思われる。

生物遺伝資源の入手を仲介業者経由にする場合が多いため、利益配分を経験した企業は全体の約二九％しかなく、経験がないあるいはわからないが約六〇％を超える。しかし、事業分野別にみれば、医薬と食品では比較的意識度が高く約五〇％がロイヤリティ支払いを約束している直接取引であり、それが関係しているのかもしれない。化粧品・トイレタリー事業では、生物遺伝資源へのアクセスが仲介業者経由にするケースが多くなるため、コモディティとの認識が高く利益配分を考慮しない会社が八〇％を超えるという結果になると考えられる。

以上の生物遺伝資源利用産業のアンケート結果から考察すると、日本のライフサイエンス産業では、生物多様性条約やそのボン・ガイドラインに対する認識が低い。主な原因はその入手形態にあり、仲介業者を介するため直接資源国関係者と対峙することがないためであると思われる。利用者としては、わずらわしい交渉がなく利益配分も考えなくてよいのでメリットがあるかもしれない。一方、仲介業者が資源国とどのような交渉をしているのかわからない場合が多いため、利用者として生物多様性条約の遵守を考えてもどうしようもないというのも現実である。仲介業者も資源国ではなくヨーロッパあるいは米国にある場合が多いので、生物遺伝資源も相当程度加工されている可能性が高く、生物遺伝資源というよりはコモディティとして認識されていることも意識が低い原因のひとつであろうと思われる。

また仲介業者を介する生物遺伝資源の入手に対して、利益をどのような形でだれに支払うか明確な国際ルールが存在しないことも原因のひとつである。仲介業者を飛び越えて資源国に直接利益配分をすることは寄付行為であるため困難である。

仲介業者が生物多様性条約に対してどのような認識を持っているか不明なため解決方法を見出すことは難しい。そのため仲介業者の実態調査を行うことが早急に求められる。その結果にもよるが、仲介業者の意識改革が必要であろう。生物多様性条約遵守の認識を明確に持ってもらわなければ、仲介業者のみならずその利用者にまで被害が及ぶ可能性が高い。あるいは仲介業者で団体を形成し、その中で相互に研鑽しあうのも方法として有効であろう。さらにこの団体が認証制度の代行を行うことができればさらに効果的と考えられる。

［注］

1　本論文は筆者の個人的見解を表明したものであり、一切所属する組織とは関係ありません。したがって本見解に対する責任は一切筆者が負います。

2　生物多様性条約第二条（抜粋）

「生物の多様性」とは、すべての生物（陸上生態系、海洋その他の水界生態系、これらが複合した生態系その他生息又は生育の場のいかんを問わない。）の間の変異性をいうものとし、種内の多様性、種間の多様性及び生態系の多様性を含む。

「生物資源」には、現に利用され若しくは将来利用されることがある又は人類にとって現実の若しくは潜在的な価値を有する遺伝資源、生物又はその部分、個体群その他生態系の生物的な構成要素を含む。

「遺伝資源の原産国」とは、生息域内状況において遺伝資源を有する国をいう。

「遺伝資源の提供国」とは、生息域内の供給源（野生種の個体群であるか飼育種又は栽培種の個体群であるかを問わない。）から採取された遺伝資源又は生息域外の供給源から取り出された遺伝資源（自国が原産国であるかないかを問わない。）を提供する国をいう。

「遺伝素材」とは、遺伝の機能的な単位を有する植物、動物、微生物その他に由来する素材をいう。

「遺伝資源」とは、現実の又は潜在的な価値を有する遺伝素材をいう。

「持続可能な利用」とは、生物の多様性の長期的な減少をもたらさない方法及び速度で生物の多様性の構成要素を利用し、もって、現在及び将来の世代の必要及び願望を満たすように生物の多様性の可能性を維持することをいう。

3　外務省　生物の多様性に関する条約：Convention on Biological Diversity (CBD), http://www.mofa.go.jp/mofaj/gaiko/kankyo/jyoyaku/bio.html.

4　Susan R. Fletcher“CRS Report for Congress Biological Diversity: Issues Related to the Convention on Biodiversity”, 95-598 ENR, May 15, 1995, http://www.cnie.org/nle/crsreports/biodiversity/biodv-2.cfm.

5　主な定義は以下の通り。(http://www.oha.org/pdf/bioprospecting/20071130/definition.doc)

米国 National Park Service：Scientific research that looks for a useful application, process, or product in nature is called biodiversity prospecting, or bioprospecting. (http://www.nature.nps.gov/benefitssharing/whatis.cfm).

米国 Montana State University: Bioprospecting is the search for useful organic compounds in nature, commonly involving the collection and examination of biological samples (plants, animals, microorganisms) for sources of genetic or biochemical resources. (http://serc.carleton.edu/microbelife/topics/bioprospecting)

6 Graham Dutfield "What is Biopiracy? An extended discussion of the definition of biopiracy", International Expert Workshop on Access to Genetic Resources and Benefit Sharing, 2004, http://www.canmexworkshop.com/documents/papers/I.3.pdf

7 田上麻衣子『国際的制度に関する新しい論点：「不正使用(misappropriation)の概念について』、平成一九年度環境対応技術開発等（生物多様性条約に基づく遺伝資源へのアクセス促進事業）委託事業報告 二三一—二三七頁、平成一九年三月。

8 カマル プリ『生物多様性条約下における日本企業の遺伝資源へのアクセスについて——オーストラリアの対応を中心として——』、知財研紀要二〇〇七、一頁、二〇〇七年、http://www.iip.or.jp/summary/pdf/detail06j/18_14.pdf.

9 国連食糧農業機関（FAO）"International Undertaking on Plant Genetic Resources",23 November 1983, ftp://ftp.fao.org/ag/cgrfa/iu/iutextE.pdf.

10 国連食糧農業機関（FAO）植物の新品種の保護に関する国際条約（UPOV条約一九九一年法）http://www.jpo.go.jp/shiryou/s_sonota/fips/pdf/treaty/upov/new_varieties_of_plants.pdf.

11 UNEP／SCBD "CBD 10th Anniversary, The Convention of Biological Diversity, From Conception to Implementation", CBD News Special Edition, http://www.cbd.int/convention/history.shtml.

12 第十五条　遺伝資源の取得の機会

1　各国は、自国の天然資源に対して主権的権利を有するものと認められ、遺伝資源の取得の機会につき定める権限は、当該遺伝資源が存する国の政府に属し、その国の国内法令に従う。

2　締約国は、他の締約国が遺伝資源を環境上適正に利用するために取得することを容易にするような条件を整えるよう努力し、また、この条約の目的に反するような制限を課さないよう努力する。

3　この条約の適用上、締約国が提供する遺伝資源でこの条、次条及び第十九条に規定するものは、当該遺伝資源の原産国である締約国又はこの条約の規定に従って当該遺伝資源を獲得した締約国が提供するものに限る。

4　取得の機会を提供する場合には、相互に合意する条件で、かつ、この条の規定に従ってこれを提供する。

5　遺伝資源の取得の機会が与えられるためには、当該遺伝資源の提供国である締約国が別段の決定を行う場合を除くほか、事前の情報に基づく当該締約国の同意を必要とする。

6　締約国は、他の締約国が提供する遺伝資源を基礎とする科学的研究について、当該他の締約国の十分な参加を得て及び可能な場合には当該他の締約国において、これを準備し及び実施するよう努力する。

7　締約国は、遺伝資源の研究及び開発の成果並びに商業的利用その他の利用から生ずる利益を当該遺伝資源の提供国である締約国と公正かつ衡平に配分するため、次条及び第十九条の規定に従い、必要な場合には第二十条及び第二十一条の規定に基づいて設ける資金供与の制度を通じ、適宜、立法上、行政上又は政策上の措置をとる。その配分は、相互に合意する条件で行う。

13　Bonn Guidelines on Access to Genetic Resources and Fair and Equitable Sharing of the Benefits Arising out of their Utilization: www.biodic.go.jp/cbd/pdf/6_resolution/guideline.pdf.

14　第八条(j)　自国の国内法令に従い、生物の多様性の保全及び持続可能な利用に関連する伝統的な生活様式を有する原住民の社会及び地域社会の知識、工夫及び慣行を尊重し、保存し及び維持すること、そのような知識、工夫及び慣行を有する者の承認及び参加を得てそれらの一層広い適用を促進すること並びにそれらの利用がもたらす利益の衡平な配分を奨励すること。

15　植村昭三『知的財産保護規範作りの国際潮流』、2005.12.21/20.2.232.190.90/jp/singi/titeki2/tyousakai/cycle/dai3/3siryou7.pdf.

16　World Intellectual Property Organization "*program activities*", http://www.wipo.int/tk/en/.

17　大澤麻衣子『遺伝資源及び伝統的知識に係る知的財産権をめぐる議論の動向』、本事業タスクフォース委員によるＡＢＳ特定テーマに関する調査報告、財団法人バイオインダストリー協会、平成一五年度環境対応技術開発等（生物多様性条約に基づく遺伝資源へのアクセス促進事業）委託事業報告書、三三九—三六一頁、平成一六年三月、http://www.mabs.jp/information/houkokusho/h15pdf/s04.pdf.

18　World Trade Organization "TRIPS issue: Article 27.3b, traditional knowledge, biodiversity", http://www.wto.org/english/tratop_e/TRIPs_e/art27_3b_e.htm.

19　第二十七条　特許の対象(3)　加盟国は、また、次のものを特許の対象から除外することができる。
(a)人又は動物の治療のための診断方法、治療方法及び外科的方法
(b)微生物以外の動植物並びに非生物学的方法及び微生物学的方法以外の動植物の生産のための本質的に生物学的な方法。ただし、加盟国は、特

許若しくは効果的な特別の制度又はこれらの組合せによって植物の品種の保護を定める。この(b)の規定は、世界貿易機関協定の効力発生の日から四年後に検討されるものとする。

20 外務省経済局国際機関第一課、『WTO新ラウンド交渉メールマガジン　第55号』、2003/6/27, http://www.wtojapan.mofa.go.jp/mailmagazine/backnumber/melmaga55.html.

21 World Trade Organization "DOHA WTO MINISTERIAL 2001: MINISTERIAL DECLARATION", WT/MIN(01)/DEC/1, 20 November 2001, http://www.wto.org/english/thewto_e/minist_e/min01_e/mindecl_e.htm.

22 外務省『福田総理大臣コメント　WTO閣僚会合に関する総理コメント』、平成二〇年七月三〇日、http://www.mofa.go.jp/mofaj/press/danwa/20/dfy_0730.html.

23 UNESCO "UNESCO UNIVERSAL DECLARATION ON CULTURAL DIVERSITY, Adopted by the 31st Session of UNESCO's General Conference Paris", 2 November 2001, http://www.unesco.jp/meguro/koen/dec-cul.divs.htm.

24 外務省『無形文化遺産条約の概要』、平成一八年四月、http://www.mofa.go.jp/mofaj/gaiko/culture/kyoryoku/mukei/jyoyaku_gaiyo.html.

25 UNESCO "Convention for the Safeguarding of the Intangible Cultural Heritage: Second Session of the General Assembly", 17 October 2003, http://portal.unesco.org/en/ev.php-URL_ID=17716&URL_DO=DO_TOPIC&URL_SECTION=201.html

26 農業生物資源ジーンバンク『食料農業植物遺伝資源に関する条約（仮訳）未定稿（第五校）』http://www.gene.affrc.go.jp/pdf/misc/situation-ITPGR_article.pdf.

27 http://hotwired.goo.ne.jp/original/shirata/051213/textonly.html.

28 Kerry ten "Kate; Biodiversity Prospecting Partnerships: The role of providers, collectors and users", Biotechnology and Development Monitor, No. 25, p.16-21December 1995, http://www.biotech-monitor.nl/2507.htm.

29 http://lucy.ukc.ac.uk/Rainforest/SML_files/Posey/posey_13.html.

30 *Sui generis*:「独自の、独特な」という意味のラテン語である。現在の知的財産とは異なる独自の権利を表す。

31 http://www.etcgroup.org/about.asp.

32 Darrell A. Posey and Graham Dutfield "BEYOND INTELLECTUAL PROPERTY Toward Traditional Resource Rights for Indigenous

Peoples and Local Communities"; Second Chapter IDRC 1996.

33 http://shr.aaas.org/projects.htm.

34 http://www.pfaf.org/.

35 The World Foundation for the Safeguard of Indigenous Cultures (WOFIC/FMCA).

36 http://lucy.ukc.ac.uk/Rainforest/SML_files/Posey/posey_13.html#Section2.

37 http://www.itk.ca/environment/tek-index.php.

38 http://www.itk.ca/publications/index.php.

39 A Partnership Agreement between The Inuit of Canada and the Government of Canada, May 31, 2005.

40 http://www.wipo.int/ipdl/en/search/tkdl/search-struct.jsp.

41 http://www.worldbank.org/afr/ik/datab.htm.

42 Nirupa Sen "TKDL- A safeguard for Indian traditional knowledge"; *Current Science* **82**(9): 1070–71 (2002).

43 http://www.ndl.go.jp/jp/library/cae/2005/E-52.html.

44 http://ja.wikipedia.org/wiki/%E5%8D%97%E3%82%A2%E3%82%B8%E3%82%A2%E5%9C%B0%E5%9F%9F%E5%8D%94%E5%8A%9B%E9%80%A3%E5%90%88.

45 http://www.financialexpress.com/fe_full_story.php?content_id=78706.

46 http://www.biodiv.org/chm/#acc; http://www.biodic.go.jp/convention/chm/q_and_a/q_and_a.html#5.

47 http://www.biodiv.org/chm/.

48 http://www.biodic.go.jp/.

49 http://www.biodiv.org/programmes/socio-eco/traditional/instruments.aspx?grp=GLN.

50 http://www.unesco.org/most/bpikreg.htm.

51 先住民族の権利に関する国際連合宣言「先住民に関する国連作業部会」第一一会期において合意された草案（[国連文書:E/CN.4/Sub.2/1994/2/Add.1] http://www1.umn.edu/humanrts/japanese/Jdeclra.htm）.

52 http://wbln0018.worldbank.org/Institutional/Manuals/OpManual.nsf/tocall/DEA8F917703687FF85257031005DB851?OpenDocument.

53 http://www.worldbank.org/afr/ik/what.htm.

54 Guidelines for Ethical Research in Indigenous Studies (http://www.austlii.edu.au/au/journals/AILR/2003/12.html.)

55 http://www.idrc.ca/imfn/ev-28709-201-1-DO_TOPIC.html.

56 Principles on Access to Genetic Resources and Benefit-sharing for Participating Institutions. http://www.rbgkew.org.uk/conservation/principles.html.

57 "The Declaration of Belém"; http://ise.arts.ubc.ca/declareBelem.html.

58 International Society of Ethnobiology (ISE).

59 "4) procedures be developed to compensate native peoples for the utilization of their knowledge and their biological resources".

60 http://www.panda.org/about_wwf/what_we_do/policy/people_environment/indigenous_people/statement_principles/index.cfm.

61 http://www.ankn.uaf.edu/IKS/rights.html.

62 http://www.ankn.uaf.edu/IKS/afnguide.html.

63 Jeanne Holden "THE U.S. APPROACH:GENETIC RESOURCES, TRADITIONAL KNOWLEDGE, AND FOLKLORE"; Focus on Intellectual Property; January 2006, http://usinfo.state.gov/products/pubs/intelprp/approach.htm.

64 Indian (Native American) Arts and Crafts Act (49 Stat. 891; 25 U.S.C. 305 et seq.; 18 U.S.C. 1158-59).

65 Indian Arts and Crafts Act of 1990 Public Law 101-644, http://www.artnatam.com/law.html.

66 シャーマンなどの伝統的知識保持者によって伝えられ実行されている治療技術。

67 www.wwf.org.uk/filelibrary/pdf/tradeplants.pdf.

68 "Institutional Arrangements for Conserving and Promoting Medicinal Plants Diversity and Augmenting Contemporary and Traditional Knowledge: Perspectives on Intellectual Property Rights and *Sui Generis* Systems" (1998): http://www.sristi.org/anilg/files/Institutional% 20Arrangements% 20for% 20Conserving% 20and% 20Promoting% 20Medi.rtf.

69 WHO, Traditional Medicine Strategy 2002-2005, World Health Organization document, WHO/EDM/TRM/2002.1, World Health

Organization, Geneva, 2002.

70 http://www.elsevier.com/wps/find/journaldescription.cws_home/506035/description#description.

71 http://www2.odn.ne.jp/~had26900/trad_medicines/tradmed_of_the_world.htm.

72 http://plaza.rakuten.co.jp/medastrologer/5002.

73 http://www.worldmarketsanalysis.com/InFocus2002/articles/health_China.html.

74 http://www2.mdb-net.com/chinainfo2/news/200509_1.html.

75 http://www.kznwildlife.com/policies.htm.

76 http://www.jica.go.jp/jicapark/mono/22/index.html.

77 附属書II　今すぐ絶滅の恐れはないが、国際取引を制限しないと絶滅してしまうかもしれない動植物。国際取引には許可が必要である。

78 「絶滅のおそれのある野生動植物の種の保存に関する法律（平成四年法律第七十五号）」(http://law.e-gov.go.jp/cgi-bin/idxrefer.cgi?H_FILE=%95%bd%8e%6c%96%40%8e%b5%8c%dc&REF_NAME=%90%e2%96%c5%82%cc%82%a8%82%bb%82%ea%82%cc%82%a0%82%e9%96%ec%90%b6%93%ae%90%41%95%a8%82%cc%8e%ed%82%cc%95%db%91%b6%82%c9%8a%d6%82%b7%82%e9%96%40%97%a55&ANCHOR_F=&ANCHOR_T=).

79 http://law.e-gov.go.jp/htmldata/H05/H05SE017.html.

80 http://www.news24.com/News24/Africa/News/0,2-11-1447_1553578,00.html.

81 http://www.africanconservation.org/dcforum/DCForumID27/94.html.

82 http://www.mhlw.go.jp/shingi/2002/03/s0312-1.html.

83 第十四改正日本薬局方第二部収載品カンゾウエキス Glycyrrhiza Extract　甘草エキス：本品は定量するとき、グリチルリチン酸（$C_{42}H_{62}O_{16}$：822.93）四・五%以上を含む。なお日本薬局方は、薬事法第四十一条に基づき、医薬品の性状及び品質の適正を図るため、薬事・食品衛生審議会の意見を聴いて、厚生労働大臣が定め、公示するものとされている。

84 三上正利『日本の生薬需給の問題』、日漢協通信一三年六月号 (http://www.nihonkanpoukyokai.com/tushin13-6.htm)

85 http://www.ekanpou.com/news/19.html.

86 http://j.peopledaily.com.cn/2001/03/19/jp20010319_3596.html

87 http://jp.eastday.com/node2/node3/node11/userobject1ai29124.html2007-4-28:50.

88 http://www.jc-web.or.jp/DATA/ONLINE/REP/CHENGDU/CHENGDU19.HTM

89 人民網日本語版『漢方薬現代化発展綱要を策定』、二〇〇二年一一月五日 (http://www.ekanpou.com/news/20.html)

90 人民網日本語版『漢方薬材料に統一規格』、二〇〇二年五月一四日 (http://ekanpo.com/news/25/)。

91 Ayurveda Ayur は生命、Veda は科学あるいは知識を表すサンスクリット語。Ayurveda は Science of Life となる。

92 http://www.itmonline.org/arts/ayurind.htm.

93 http://www.pharmainfo.net/exclusive/reviews/indian_herbal_drug_industry_-_future_prospects:_a_review/.

94 Seth, S.D, Sharma, Bhawana; "Medicinal plants in India"; *Indian Journal of Medical Research*, Jul. 2004.

95 http://ayur-indo.com/ayur/ayurveda7-4.htm.

96 http://www.wiese.co.jp/info_sandelholz.html.

97 http://www.mabs.jp/information/houkokusho/h17pdf/02.pdf.

98 http://ccras.nic.in/about_us.htm.

99 ＧＭＰ：Good Manufacturing Practices の略。医薬品等の製造管理および品質管理を定めた規則。

100 http://www.pharmainfo.net/exclusive/reviews/indian_herbal_drug_industry_-_future_prospects:_a_review/.

101 Alan Oxley "Retarding Development:Compulsory disclosure in IP law of ownership and use of biological or genetic resources"; Australian APEC Study Centre Monash University, June 5, 2006.

102 Rouhi, A. M. "*Betting on Natural Products for Cures.*" CENEAR, **81** 41: 93-103,(2003). (http://pubs.acs.org/cen/coverstory/8141/8141pharmaceuticals3.html)

103 UNEP/CBD/WG-ABS/4/INF/5; 22 December 2005.

104 http://www.shadan-nissei.or.jp/whojapan1.htm.

105 http://www.minophagen.co.jp/products/pdf/medical03_02.pdf.

106 厚生省薬務局長通知　薬発第一五八号「グリチルリチン酸等を含有する医薬品の取扱いについて」、昭和五三年二月一三日。

107 http://www.mhlw.go.jp/shingi/2002/03/s0312-1.html#hyo2#hyo2.

108 http://www.fukazawa.ne.jp/kenkou/kanpo/kanpo010.htm.

109 http://www.jawic.or.jp/kurashi/health/kenkou5.php.

110 "Institutional Arrangements for Conserving and Promoting Medicinal Plants Diversity and Augmenting Contemporary and Traditional Knowledge: Perspectives on Intellectual Property Rights and *Sui Generis* Systems" (1998): http://www.sristi.org/anilg/files/Institutional%20Arrangements%20for%20Conserving%20and%20Promoting%20Medi.rtf.

111 http://jp.eastday.com/node2/node3/node12/userobject1ai2692.html.

112 http://www.sipo.gov.cn/sipo/tz/gz/200608/t20060808_106811.htm.

113 中華人民共和国専利法改正案（全人代草案二〇〇八年八月二十八日修改）
第五条第二項（追加）遺伝資源によって完成された発明創造については、該当する遺伝資源の入手あるいは利用が、関連する法律、行政法規に違反している場合は、専利権を付与しない。
第二十七条第六項　遺伝資源により完成された発明創造について、出願者は専利出願書類上でその遺伝資源の直接的由来と原始的由来を申告しなければならない。出願者が原始的由来について申告できない場合はその理由も説明しなければならない。

114 http://www.nbaindia.org/faq.htm.

115 http://www.ias.unu.edu/sub_page.aspx?catID=35&ddlID=194.

116 知的財産権の消尽（exhaustion）とは、ある物について権利者が知的財産権を一度行使することによって、その知的財産権がその物については目的を達成して尽き、権利者がもう一度知的財産権を行使することができない状態になることをいう。消尽には国内消尽と国際消尽がある。

117 ムリエル・ライトブールン「日米欧における植物保護と知的財産権」、『知財研紀要』二〇〇五年、六四頁。

118 http://www.aamps.net/.

119 1. Agathosma betulina Buchu, 2. Aloe ferox Aloes, 3. Antidesma madagascariensis Bois bigaignon, 4. Aphloia theformis - Fandamane, 5. Aspalathus linearis - Rooibos, 6. Balanites aegyptica Desert Date, 7. Boswellia sp. Frankincense, 8. Cola sp. Kola Nut, 9. Cyclopia

genistoides Honeybush, 10. Danais fragrans Liane, 11. Griffonia simplicifolia Griffonia, 12. Harungana madagascariensis - Haronga, 13. Hypargophytum procumbens Devils Claw, 14. Hypoxis hemerocallidea African Potato, 15. Kigelia africana African Sausage Tree, 16. Moringa oleifera - Moringa, 17. Pelargonium sidoides Umckaloabo, 18. Prunus africana African Plum Tree, 19. Sceletium tortuosum Sceletium, 20. Siphonochilus aethiopicus African Ginger, 21. Sutherlandia frutescens Cancer Bush, 22. Warburgia salutaris Warburgia, 23. Xysmalobium undulatum Uzara.

120 1. Acacia Senegal, 2. Adansonia digitata, 3. Aframomum melegueta, 4. Artemesia afra, 5. Asparagus africanus, 6. Bulbine frutescens, 7. Cajanus cajan, 8. Carissa edulis, 9. Catharanthus roseus, 10. Centella asiatica, 11. Combretum micranthum, 12. Commiphora myrrha, 13. Crossopteryx febrifuga, 14. Enantia chorantha, 15. Euphorbia hirta, 16. Garcinia kola, 17. Hibiscus sabdariffa, 18. Hoodia gordonii, 19. Ipomoea pescaprae, 20. Mondia whittei, 21. Rauwolfia vomitoria, 22. Ravenala madagascariensis, 23. Strophanthus gratus, 24. Terminalia sericea, 25. Toddalia asiatica, 26. Trichilia emetica, 27. Veronia amygdalina, 28. Veronia kotschyana, 29. Voacanga africana, 30. Xylopia aethiopica.

121 http://news.searchina.ne.jp/disp.cgi?y=2005&d=1025&f=business_1025_011.shtml.

122 Garrett Hardin "The Tragedy of the Commons", *Science,* **162**, 1243-1248 (1968).

123 栗原堅三『味と香りの話』岩波新書五六三、一五〇頁、一九九八年六月二二日。

124 Lewis,W.H. (1992) Early uses of Stevia rebaudiana (Asteraceae) leaves as a sweetener in Paraguay.

125 http://ja.wikipedia.org/wiki/% E5% 91% B3% E8% A6% 9A.

126 http://www.w-agri.biz/wms/.

127 S. Theerasilp and Y. Kurihara "Complete purification and characterization of the taste-modifying protein, miraculin, from miracle fruit"; *The Journal of Biological Chemistry,* **263**, 11536-11539 (1988).

128 S. Theerasilp, H. Hitotsuya, S. Nakajo, K. Nakaya, Y. Nakamura and Y. Kurihara "Complete amino acid sequence and structure characterization of the taste-modifying protein, miraculin"; *The Journal of Biological Chemistry,* **264**, 6655-6659 (1989).

129 特許公開　平 5-56793.

130 http://www.mabs.jp/information/houkokusho/h16pdf/s10.pdf.

131 Market Brief 2003; The United States Market for Natural Ingredients used in dietary supplements and cosmetics. Highlights on selected Andean products, INTERNATIONAL TRADE CENTRE UNCTAD/WTO, GENEVA (2003).

132 http://www.maff.go.jp/toukei/sokuhou/data/spice2004/spice2004.xls.

133 http://www.yokohama-customs.go.jp/toukei/topics/data/ukon.pdf.

134 http://www.hoodia.jp/.

135 http://www.csir.co.za/plsql/ptl0002/PTL0002_PGE001_HOME.

136 Jay McGown "Out of Africa:Mysteries of Access and Benefit Sharing"; The Edmonds Institute and The African Centre for Biosafety, 2006, p.8-9.

137 http://news.bbc.co.uk/2/low/africa/2883087.stm.

138 http://www.shiratori-pharm.co.jp/paten/patent02_01.html.

139 http://www.yumebijin.jp/qes.html.

140 http://www.seasoninex.com/kwaokuer/pueraria.html.

141 http://www.mhlw.go.jp/topics/bukyoku/iyaku/syoku-anzen/zanryu2/dl/051129-1b.pdf.

142 http://www.nihon-neemkyokai.com/.

143 二〇〇七年四月末までに公開された特許数、（独）工業所有権情報・研修館：特許電子図書館サービス。(http://www.inpit.go.jp/info/ipdl/service/index.html)

144 http://www1.ocn.ne.jp/~amiyacon/yacon/yacon_origoto.htm.

145 http://www1.ocn.ne.jp/~amiyacon/yacon/yacon_hinshu_aji.htm.

146 異業種企業六社で設立、光市、渡辺最昭代表。

147 http://www.toyama-mpu.ac.jp/riw/mmmw/kensaku.html.

148 民族薬物データベース ETHMEDmmm.

149 http://www5e.biglobe.ne.jp/~d-minami/page002.html.

150 http://www.yobou.com/contents/tokushu/report/t46_01.html.

151 http://www.jk-business.co.kr/m/myco.htm.

152 http://ja.wikipedia.org/wiki/% E3% 83% AF% E3% 82% B5% E3% 83% 93.

153 山本由喜子　第五九回日本栄養・食糧学会大会、二〇〇五年五月一四日。

154 http://www.takara-bio.co.jp/news/2006/10/23.htm.

155 http://japan.alibaba.com/companylist/1602c5p-1t0h16v.html.

156 規則化薬草栽培基地。

157 http://www.newmagazine.ne.jp/zbk-latina.htm.

158 Endo, A.; Kuroda, M.; Tsujita, Y. *J. Antibiot.* **29**, 1346-1348(1976).

159 Mark S. Butler; The Role of Natural Product Chemistry in Drug Discovery: *J. Nat. Prod.*, **67**, 2141-2153 (2004).

160 インドネシア技術評価応用庁（ＢＰＰＴ）との生物遺伝資源の保全と持続的利用に関する包括的覚書（ＭＯＵ）（抜粋） http://www.bio.nite.go.jp/nbdc/asia_indonesiamou.html

第六条　生物遺伝資源の移転　プロジェクトの合意書に基づいて相互に生物遺伝資源が移転され、生物遺伝資源に付随した情報を共有すること、第三者への分譲がプロジェクトの合意書及び素材移転協定（ＭＴＡ）に基づいて行われることなどを規定。

第七条　情報公開及び発表　機密情報の保持、公表前に両者が確認すべき事項などを規定。

第八条　知的財産権　知的財産権を得る権利は両者にあること、所有権の配分は寄与度によって決定され、その条件はプロジェクトの合意書で規定されること、商業的利用の条件及び利益の配分はプロジェクトの合意書で規定されることなどを規定。

第九条　利益の分配　利益には、金銭的なものと非金銭的なものがあること、生物遺伝資源への第三者のアクセスの促進、その結果として発見や発明の機会を高めることは両者の利益となることを確認し、インドネシアと日本の企業が参加できるシステムの構築などを規定。

161 中国：中国科学院、微生物研究所 (Institute of Microbiology)、韓国：KRIBB-BRC (Biological Resource Center, Korea Research Institute of Bioscience and Biotechnology)、モンゴル：生物研究所 (Institute of Biology)、タイ：国家遺伝子工学バイオテクノロジーセンター (BIOTEC

= National Center for Genetic Engineering and Biotechnology)、タイ：(国家科学技術開発庁)、ベトナム：ベトナム国立大学(Vietnam National University)、マレーシア：マレーシア農業開発研究所(MARDI = Malaysian Agricultural research and Development Institute)、ミャンマー：Pathein University、インドネシア：技術評価応用庁(BPPT = Agency for the Assessment and Application of Technology)、フィリピン：University of Philippines.

162 http://www.tropbio.com.my/.

163 http://www.media.osaka-cu.ac.jp/~kiyoshi/presen/mohou.pdf.

164 http://www.astellas.com/jp/company/news/fujisawa/020725.html.

165 http://www.sankyo.co.jp/company/release/2005/20050420merlion.pdf.

166 http://www.merlionpharma.com/.

167 独立行政法人製品評価技術基盤機構、アステラス製薬株式会社、中外製薬株式会社『ベトナムにおける微生物の共同探索について』、平成一七年一一月二日(http://www.bio.nite.go.jp/release/pressrelease001.pdf)。

168 http://www.bikaken.or.jp/mcrf_j/contribution/index.html.

169 http://www.mercian.co.jp/ir/policy/keikaku2006.pdf

170 http://www.ngs-lab.com/ngs_jp/jpa_into.html.

171 http://www.mabs.jp/information/houkokusho/h15pdf/s01.pdf

# 第2部　生物遺伝資源を巡る資源国と利用国の間の紛争事例研究

# 第1章　伝統的知識とその関連生物遺伝資源に関する紛争事例

伝統的知識にまつわる知的財産紛争の原因は、発明と権利の関係という考え方にある。発明には権利が与えられ一種の私有財産になることが先進国では当たり前のように考えられているが、私有財産の概念が未発達な開発途上国では、たとえ発明したとしてもそれは共有という概念で集団的な知識となるだけで個人の所有物になることは少ない。伝統的知識にもとづく生物試料を先進国に持ち帰り、分離、改良などの操作を行えば「単なる発見」ではなく創造として特許が認められる。しかし、その特許のきっかけとなった伝統的知識について発明者は全く考慮せず、あたかも先進国での発明創造過程のみが特許審査の対象になる点が紛争の原因となると考えられる。

伝統的知識を産業で利用する際に起こる紛争には、主に二つのパターンがある。開発途上国での生活環境・商習慣による紛争と先進国の利益追求による紛争である。つまり、先進国の現代文明を原住民に押し付け、原住民の習慣を破壊するときに紛争が発生する。発展途上国では、伝統的知識は宗教や神話と結びついて存在している場合が多い。伝統的知識が原始宗教のように非常に神聖と考えられておりタブーとなっている場合は、伝統的知識のあらゆる利用を拒否することになる。神聖なものを公共の場で使われること自体が耐えられないわけで、金銭で解決できない問題となる。シャーマンの中には外部社会と接触を持たないものも多い。しかし、熱帯林に豊富な薬用植物の知識は、原住民のシャーマンによって徒弟制度的に伝承されてきたが、現在では西洋文明の浸透とともに後継者が減りつつあり、貴重な知識が失われる事態になっている。一方でこれらの伝統

表 11　伝統的知識及びそれに関連する
生物遺伝資源にまつわる紛争のまとめ

| 紛争のパターン | 現象 | 国名 | 具体事例 | 対象物 |
|---|---|---|---|---|
| 生物遺伝資源供給国内の問題 | 「コモン」の荒廃による生物遺伝資源と伝統的知識の絶滅 | | アロエは絶滅品種 | 薬用植物 |
| | 一部政府関係者の利益独り占め | メキシコ | 伝統医薬調査 | 薬用植物 |
| | | ケニア | Genencor の耐塩微生物酵素の利益配分 | 特殊微生物 |
| | 伝統的知識の特許化によるローカルコミュニティ内での利害対立 | タイ | プエラリア・ミリフィカの特許による独占 | 薬用植物 |
| 生物遺伝資源利用国の問題 | 原住民への近代社会制度の押し付け | ブラジル | Kayapo インデアン Brazil nut oil | 薬用植物 |
| | 近代文明社会のバイアスによる伝統的知識の無視 | エチオピア | 住血吸虫病治療効果を有する Endod の無視 | 薬用植物 |
| | 外国人による伝統的産業の妨害 | メキシコ | Enola 豆特許による市場独占 | 種子 |
| | 日本企業による勝手な中国伝統的知識のネット流布 | 中国 | 「天仙液」販売 | 薬用植物 |
| | 生物遺伝資源保存機関から生物遺伝資源の不正流出 | タイ | ジャスミンライスの国際稲作研究所からの流出 | 種子 |

的知識が持続的環境保全や資源管理に必要であると認識されつつあり、その利用を促進する現代文明の圧力がある[172]。原住民の小集団がそれぞれ異なる伝統的宗教を持つ場合、しばしば原住民の間で宗教的対立が起こる場合があるが、これについては多くの論文がありここでは述べない。ただし西欧先進国の民間企業が原住民の間に入り込み伝統知識の収集と記録、およびそれに基づく生物遺資源の収集を行う場合、現住民族の中から協力できる相手を選んで開発に入ることがある。そうすると利益配分を受ける原住民とそうでない原住民の間で格差が生まれ、内部での分裂が起きる可能性がある。

### ❖共有地の荒廃による生物遺伝資源と伝統的知識の絶滅

伝統的医療は、開発途上国では医療の大部分を占めている。西洋の近代文明が持ち込んだ貨幣経済によって伝統的医療は原住民の間で経済的取引に変質した。また開発途上国での人口増加に伴う都市周辺での急速な開発も薬草絶滅に拍車をかけている。一方、先進国における伝統的医療に対する注目度が急速に増大し、伝統的医療に用いられる薬草類が商業的に取り引きされるようになった。その結果、いままで共有地で行われてきた自由な薬草の採取、利用が成り立たなくなり、多くの薬草類が絶滅している。一説によれば毎年二五％の薬草が絶滅しているといわれている[173]。その結果、自然の環境破壊が進行するだけでなく、伝統的医療で受け継がれてきた薬草が利用できなくなり、その薬草に関する知識が消滅する危機に瀕している。また、原住民で伝統的に行われてきた伝統的医療が立ち行かなくなり、そうかといって原住民が西洋医学に基づく治療を受けることもできず、原住民の間で医療危機が問題となっている。

## ❖伝統的知識供給国関係者の一部による利益独占

伝統的知識の民俗学的調査あるいはデータベース化を行う場合、原住民の協力が重要な課題である。協力を得るためには原住民へのアクセスが必要であるが、先進国の研究者が原住民に直接アクセスすることはさまざまな理由により極めて困難である。そこで、原住民にアクセスするために、現地政府関係者特に原住民を管理する役人を利用することが多い。その場合、アクセスや利益配分に関しての交渉は役人と行い、直接原住民とは契約しないことになる。そこで一部役人による利益の独り占めが起こり、原住民にはなんら利益配分がなされないことが起こる。

### メキシコマヤ伝統的知識保存

一九九九年米国ジョージア大学の「医薬探索と生物多様性」プロジェクトは、マヤ民族チアパス族の激しい反対運動にさらされた[174]。このジョージア大学の五年プロジェクトは、伝統的知識と生物多様性に対し単に私有化し特許を取るプロジェクトに過ぎないという批判である。しかし大学の反論は、原住民と契約を結んでおり、利益配分も手当てされていると主張している。この問題の深層には両者の交流不足がある。マヤ族側は自分たちの法律を無視していると非難するが、一部の政府役人が補償金欲しさに原住民を理由に生物多様性プロジェクトを制限したことから発生した問題である。この問題を契機にPrograma de Colaboración sobre Medicina Tradicionaly Herbolaria（PROCOMITH）がメキシコに作られた。この組織はマヤ民族の伝統的知識を保存することを目的としている。主な活動として、マヤ伝統的知識に関連する植物標本の作製と植物生態の記録化を行っている。

## ケニア野生協会での利益誘導

開発途上国の一部では、先進国企業による開発に対して国家主権的権利として歯止めをかけられない、あるいは先進国企業と協力して利益を図ろうとする行動がある。政権が交代した場合、政権の利益になると考えるといままでの契約・約束を反故にしたり、変更を迫ったりする。その例が、ケニア野生協会らがProctor & Gamble（P&G）及びGenencorに対し両社の製造・販売する洗剤酵素の利益について配分を要求した事件である[175]。Genencorはケニアの塩湖から採取された土壌の分譲を英国の公共機関から受け、そこから異常条件下で生育する微生物を見つけ、その生産物から有用酵素セルラーゼを発見した。その後この微生物の産生酵素が洗剤用に有用であることを見出した。この酵素を自社の発酵製造装置で生産し、P&Gに供給し、P&Gが販売している。ケニア野生協会らは生物遺伝資源へのアクセスに正式の手続きがないためGenencorの洗剤酵素は無効であると主張した。その要求は、現在ではロイヤリティ要求に変化している。この問題における課題は、事前の情報に基づく同意を取得した者と発明者が異なる点である。すなわち、ケニアから土壌を持ち出したのは英国公立研究機関であり、Genencorは英国公立研究機関と共同研究を行い、英国公立研究機関所有のサンプルのうち一部を入手して実験に用いたのである。事前の情報に基づく同意を取得した者が採取したサンプルの保管と、事前の情報に基づく同意相手先へのサンプル譲渡の報告を怠ったためである。次の課題は事前の情報に基づく同意を発行した者が時間とともに原産国内の政府の中で不明確になり、事前の情報に基づく同意を発行した者と異なる政府機関が事前の情報に基づく同意の無効とやり直しを主張していることである。英国公立研究機関はケニア野生協会から事前の情報に基づく同意を受理したと主張している。しかし、開発途上国にありがちなことであるが、政治不安、政府組織の脆弱さがあり、ケニア野生協会では誰がそれを与えたか明確になっていない。あるいは、事前の情報に基づく同意を反故にして新しい条件で事前の情報に基づく同意を結びなおしたいという意図があるように思われる。このように過去の事前の情報に基づく同意のもとで先進国企業が得たサンプルから価値の高いものが得られた場合、その利益配分を有利にしようと、資源国が事前の情報に基づく同意の条件変更の圧力をかけることがある。

## ❖伝統的知識の特許化による地域社会内での利害対立

伝統的知識が地域社会で発展し、すでに地域社会である程度の産業になっている場合がある。伝統的知識の保有国で、その伝統的知識に基づく発明について特許が取られることにより伝統的知識の独占状態が発生する。その特許権を地域社会で行使した場合、地域社会で長年成り立っていた伝統的知識に基づくローカル産業に影響が及び、本来の伝統的知識の所有者である原住民の生活が破壊される恐れがある。つまり、共有であった伝統的知識の私有化により地域社会の自由使用が制限されることになる。

一九九九年にタイの伝統的薬用植物プエラリア・ミリフィカからなるタイ特許No. 8912が成立した。特許権者は直ちに地方紙に警告文を掲載し、その中で特許権を行使してプエラリア・ミリフィカを含むすべての製品を排除するとした。本特許の請求項の記述によれば、プエラリア・ミリフィカ以外の添加物の濃度が○％の場合も請求範囲に含まれるため、プエラリア・ミリフィカのみを含むすべての市場製品が特許侵害になり、実質すべてのプエラリア・ミリフィカ製品が市場から排除されることになる。多くのプエラリア・ミリフィカ製品製造販売者の間で混乱が生じた[176]。その結果、多くのプエラリア・ミリフィカ製造販売者から抗議の声があがり、プエラリア・ミリフィカ製品は先行技術により作られたもので侵害の例外にあたるとの申し入れがタイ特許庁になされた。明らかにこの組成物特許No.8912は先行技術を明確に含んだ欠陥特許であるといわざるを得ない。したがって新規性に問題のある特許であり、タイの特許審査官がこの点を見逃していたとしか思えない。タイ特許庁ではこの事件の後、タイの伝統的知識をまとめた書物Luong-Anusarnsoontorn（1931）を審査に用いることになった。

### ❖近代文明社会のバイアスによる伝統的知識の無視

多くの場合、伝統的知識は先進国社会に受け入れられない場合が多い。伝統的知識は西洋科学的根拠に乏しく、たとえデータがあったとしてもそれは科学的方法で証明されたものではない。したがって、伝統的知識の科学的証明を行うために先進国が資金を提供することは稀である。そのため、しばしば有効な伝統的知識が先進国で利用されず無視される。住血吸虫病はアフリカ、中近東、極東、南アメリカまで広がる寄生虫病で、一九九九年のＷＨＯ統計によれば約三億人が感染しているといわれている[177]。Endod（Phytolacca dodecandra）と呼ばれ多肉質の小果実であるベリーの生えている地域では住血吸虫病が少ないことが、伝統的知識として知られていた。米国研究者Lemmaらは Endod植物から抽出されるmolluscicideという物質が感染源となるかたつむりを死亡させることを見出した[178]。しかし人間に対する毒性、環境に対する影響はわかっておらず、広くEndodを使うことはなかった。そこでいくつかのグループが毒性試験を実施し、毒性が低いことを証明したが[179]、Endodの有用性にもかかわらず、広く感染防止に使われることはなかった[180]。ＷＨＯはLemmaらの研究を取り上げようとせず、広くエチオピアで伝えられていた伝統的知識を無視した。その理由は、エチオピアなどで行われた分析は科学的根拠がないものであり、標準的な科学に認められた方法で再現することが必要であるというものであった。

### ❖原住民への先進国社会制度の押し付け[181]

英国の化粧品・トイレタリーメーカーであるBody Shopは天然原料が売り物である。Body Shopは“Trade Not Aid”（一方的な援助をするのではなく、貿易をし合おう）のスローガンのもと、ブラジルKayapóインディアン[182]からBrazil Nut Oilを購入しコンディショナーに入れていた。ところが、インディアン首長が、宣伝に使われた自身のイメージ写真に対する代金未払いでBody Shopを訴えた。このような事態になった原因は、Kayapóインディアン首長が自身の肖像写真がBody Shopの宣伝写真に使われることを認識していなかったことがある。さらにBody Shopが商業活動をNGO活動であるかのようにみせかけたことも原因である。Body ShopはKayapóインディアンからキロあたり三五ドルでBrazil nut oilを買っていたが、その総計は五年間で一三〇万リットルになり、二八〇〇万ドルの価値になる。しかしKayapóインディアンが受け取った金額は六八万六〇〇〇ドルであった。Kayapóインディアンの写真を宣伝用に使っていたが、American Express用に使った際六〇万ドルを受け取ったが、Kayapóインディアンがもらえた金は一六三二ドル五〇セントであった。根本的には長年の伝統的生活をしていたKayapóインディアンに近代文明を持ち込んで伝統を壊した点が大きい。Body Shopは単にKayapóインディアンを自社のイメージアップのための宣伝に用い、一方でKayapóインディアンから植民地時代の考え方に基づく行為をしたのである。Kayapóインディアン自身はなんの恩恵、利益も受けていない。Body Shopが掲げる“Trade Not Aid”スローガンは間違いで“Aid Not Trade”（貿易ではなく単なる便乗利用）であるという批判がある。象徴的にBody Shopは

Kayapó インディアン首長たちと知的財産契約を結ぼうとしたが、その試みは失敗した。Body Shop のケースから明らかなことは、原住民の伝統的習慣に対する尊重精神の欠如があり、一方的な行為を行ったことである。伝統的習慣に近代文明の習慣を持ち込むことは原住民の生活を破壊することになる。したがって、原住民と伝統的知識に基づく取引をする場合は、金銭的な利益配分よりも原住民の生活習慣を重んじた非金銭的な利益配分のほうが望ましいと考えられる。

## ❖外国人による伝統的産業の妨害

第三の問題は国際間の問題で、特に伝統的知識の存在する国で特許権を持つ外国人が特許権を行使した場合に多い。伝統的知識を利用した産業を破壊したり、ライセンス料を取ったりする場合である。例えばインドのニームに関する紛争では、特許権者がインドのニーム製品製造業者にその技術の買い取りを迫ったのがきっかけであるとされている。この特許権行使に対し危機感を持ったインド政府、市民団体、グリーンピースなどが特許無効の裁判をEPOに提起した。インド karela 特許（USP 5,900,240）の場合、karela（ニガウリ）、jamun（ムラサキフトモモ）、gurmar, brinjal（ナス）からなる食用ハーブの混合物に対し、インド系米国人の会社 Cromak Research Inc. に特許を与えたことに端を発する。インドの伝統的知識として、karela（ニガウリ）のジュースは、長い間、糖尿病の治療薬として用いられているし、権威ある論文にも記録されていた。このように伝統的知識は先行情報として用いるべきであり、伝統的知識のある地域には特許権を与えるべきでないと主張して、特許再審査を米国特許商標庁に請求した。本件の場合、現住民やインドの伝統的知識が無断で使われたとして深刻な問題と受け取られている。インドのバスマティ（basmati）米国特許 5,663,484 の場合、インドにおける農業が脅威にさらされた。香りのよいインドの上質米であるバスマティ米は、インドで年間六五万トン生産され、年間四八万九〇〇〇トン輸出されている。一九九六年から一九九七年の間に、輸出によりインドでは二・八億ドルの外貨を稼いでいる。輸出先は、中東が六五%、欧州二〇%、米国一〇~一五%とされる。伝統的なインドのバスマティ米の系統に類似した米植物本体に関する米国特許5,663,484を米国テキサスに本拠地を持つRice Tec社が一九九七年に取得した[183]。請求項数二〇からなる特許には、新規な米植物本体だけでなく、さまざまな米の系統も含まれていた。インド政府は〝バスマティ〟とはこの米のとれるインド地方の名前であり、原産地を表すものであるから、Rice Tec社が勝手に使える名前ではないとの主張により当該特許が無効になったため、バスマティ米の米国への輸出による侵害の恐れがなくなった。ただし、インド政府は本特許無効訴訟に数十万ドル使ったため、今後このような訴訟を起こす資金がないと宣言している。

米国で黄色豆の特許権者が一六人の農民や加工業者を二〇〇一年に訴えた[184]。米国コロラド州の種子会社Pod-Nersの社長Larry Proctorは黄色豆「エノラ」に対する米国特許5,894,079と育成者権を保持している。しかし多くのメキシコ系農民はメキシコから得た黄色豆の一種を一九九七年から生産しているので、この侵害訴訟によって混乱を招いた。そこで農民らは「エノラ」特許はバイオパイレシーであると主張し対抗した。Proctor氏は一九九四年にメキシコから多くの黄色豆の種類を輸入したことがわかっている。その後一九九七年にProctor氏は「エノラ」種の特許出願をしている。「エノラ」種特許の無効を国際熱帯農業センターと国連食糧機構の共同体が訴えている。両組織は種子保存に責任のある機関であり、特に国際熱帯農業センターは二六〇種の黄色豆のサンプルを保存している。国際熱帯農業センターの分析によれば「エノラ」種特許の種子はセンター保存の六つの種子と遺伝的に大部分一致するとしており、「エノラ」種黄色豆は国際熱帯農業センターが保存していたものであり、そうならば「エノラ」種特許はセンターの基本理念である種子の公共財的性格と自由配布の精神に反すると主張している。

二〇〇〇年一二月に国際熱帯農業センターが「エノラ」特許5,894,079の再審査請求を行った。しかし、二〇〇一年一一月Proctor氏は対抗して農民と種子会社一六社を特許侵害で訴えた。新たな先行技術（刊行物）を再審査させるため、再審査請求（出願番号90/005,892）された。二〇〇二年九月と二〇〇三年一〇月に非最終拒絶がなされ、さらに二〇〇五年四月と二〇〇五年一二月に最終拒絶がなされた。しかし、二〇〇六年四月に審判請求されている。

## ❖日本企業による勝手な中国伝統的知識のネット流布

日本の健康食品業者の中には中国の伝統的知識、特に伝統的医学知識を勝手に利用して販売している場合が多い。中国で伝統的知識として蓄積された効能・効果を日本の健康食品業者が自社製品の価値向上に利用するのである。公共物となった伝統的知識なら問題ないが、伝統的知識を利用して製品を製造販売していることから侵害として訴えられるケースが見られる。「天仙液」は、中国の東北部で取れる約三〇種類の天然生薬と動物性胆汁等を配合した抗がん漢方薬である[185]。中国に古くから伝わる薬草や伝統的治療法に基づいて一九八三年、王振国[186]氏により「天仙丸」（錠剤）として初めて開発され、その有効性が中国で認められている。その有効成分には人参（ニンジン）、珍珠（チンジュ）、黄著（オウギ）などが含まれている。「天仙液」抗ガン剤の研究・製造に携わり、吉林省通化市長白山薬物研究所所長を務める王振国氏は、日本の七〇社以上の会社を権利侵害で訴訟を提起した[187]。これら日本企業は発明者の許可を得ず勝手に「天仙液」抗ガン剤を販売し、かつ王振国氏の画像をネット上に載せて証拠とするなどの行為により、王振国氏の知的財産権と肖像権を深刻に侵害したと主張している。これは中国の伝統的医療が国外で権利侵害を受けた典型的事例であるとしている。つまり中国の伝統的知識をネット上で勝手に使い商品販売に利用する行為が非難されている。現在日本特許庁に出願されている「天仙液」特許は一件のみであるが王振国氏のものではない。また王振国氏が発明者となっている出願特許も見当たらない。したがって王振国氏の主張は特許権の権利侵害というわけではない。おそらく、伝統的知識を利用して作られたものに対して権利があると王振国氏が解釈しての行動と考えられる。

### ❖生物遺伝資源保存機関から生物遺伝資源の不正流出

生物遺伝資源を保存する国際的研究所が設立され、そこで貴重な生物遺伝資源が保存され、研究がなされている。多くの国際的研究者によって研究がなされているが、しばしばその生物遺伝資源が研究者によって勝手に持ち出される問題が生じている。国際生物遺伝資源保存機関では管理運営の規則は存在するが、研究者の中には自身の研究サンプルとして持ち帰る者がいるのである。タイは米生産国として知られており、特にジャスミン・ライス（Hom mali rice）は何代にもわたり伝統的品種としてタイでは広く栽培されており、かおり米として米国等へ年間約一〇億ドル規模の輸出している。ジャスミン・ライスの研究用種子は、一九九四年の一〇月に発効した国連の食料農業機構（ＦＡＯ）の信託協定に基づいてInternational Rice Research Institute（国際稲作研究所＝ＩＲＲＩ）が保管している。協定では、信託された生物遺伝資源に対する知的所有権は禁止されている。ＩＲＲＩは貧しいコメ農家や消費者の生活向上のためマニラに一九六〇年に設立された。支援国はＩＲＲＩの遺伝子銀行にコメの種子サンプルが寄贈され、現在では約六〇万種が保存されている。

タイは、五五〇〇種類のコメ品種を銀行に預けている。しかし、米国から来た研究者がジャスミン・ライスの遺伝子試料をＩＲＲＩから不正に持ち出す問題が一九九五年一二月に発生した[188]。この米国人研究者は、試料受給者が特許を取るなどの方法で研究成果を独占してはならない事を義務付けている試料移転確認書(ＭＴＡ)を作成していないことが明らかになった。米国の研究者の目的は、米国でジャスミン・ライスを生産できるように品種改良を行うためである。米国が生物遺伝資源に改良を加えより優秀な品種を取得した場合、世界で特許を取ることも可能である。そうなると現在のＷＴＯのＴＲＩＰＳルールに従えばタイのジャスミン・ライス生産農家は米国から訴えられる可能性もある。少なくともタイのジャスミン・ライス輸出は壊滅的打撃を受けるのは間違いない。伝統的知識及びその産物がグローバルに拡散することにより伝統的知識を保持してきた地域社会が経済的損害を受けるのである。

したがって、伝統的知識を有する地域社会を保護する制度が必要となる。それにはいくつかの制度が考えられる。すなわち、(一) 生物遺伝資源改良特許には差し止め権を認めないこと、(二) 伝統的知識に基づいた生物遺伝資源の移動についての規制、(三) 地域社会の特許の例外などがある。次に、ＦＡＯのルールである「食料・農業のための植物生物遺伝資源に関する国際条約」のもとで信託協定によって運営されているＩＲＲＩの生物遺伝資源の移動について見直す必要がある。すなわち、ＩＲＲＩから入手した生物遺伝資源を使用して新しい研究成果を生み出した場合は、すべて公開とし特許化は禁止したり、研究成果をＩＲＲＩの帰属としたりする条項をＭＴＡに盛り込むべきである。知的財産と生物遺伝資源の間の調整も必要であろう。

一九九九年一一月、ペルーにある国際じゃがいもセンター (Centro Internacional dela Papa ＝ＣＩＰ) は保存中のヤーコンの培養細胞五株をペルー農業省の要求に応じて譲渡した。ＣＩＰはペルーを含む九カ国の合意で形成されている生物遺伝資源保存センターである。主な保存植物はポテト、サツマイモ、その他アンデス原産の塊茎などである。FAOの規制のもと、生物遺伝資源は、要求があれば特許を取らないという契約で分譲する義務がある。なぜなら、遺伝子バンクは公共財であり、農民や研究者の信頼と善意で成り立っているからである。CIPはいろいろな研究成果を特許化することは可能であるが、開発途上国の農民や研究者のアクセスを自由にするために特許をとることはない。ヤーコン種五株はCIPのデータベースに記載されているばかりでなく、FAOの生物遺伝資源データベースにも登録されている。したがって、この五株の分譲を受けた者は、五株を利用した特許を取ることができない。当初、日本からCIPに五株の分譲依頼があった[189]。その後、ペルー農業省から、FAO－CGIAR合意の第九条に基づき同じヤーコン五株の返還依頼があった。この五株はペルー国から依託された生物遺伝資源であるため、本条項により変換する義務がCIPにある。この場合、特許取得不可という条件を依託国であるペルー政府に科すことはできない。その後、五株のヤーコン生物遺伝資源はペルー政府から日本政府に渡された[190]。つまり、CIPから分譲を受けた場合、その成果を特許化することはできないが、ペルー政府から分譲されたものはその限りではない。

日本ではこれらの五株を使って多くの研究開発を始めた。二〇〇〇年八月CIPで開かれた会議で、日本のヤーコン新品種「サラダオトメ」のgermplasmの分譲依頼がCIPから日本に出された[191]。しかし、「サラダオトメ」は品種登録されており、権利者がいることから日本側は分譲を拒否した。ヤーコンの原産国にある国際機関が行ったヤーコンの派生物へのアクセス要求が日本によって拒否されたことは、国際協力の観点からすると公平性に欠ける判断であると思われる。その後、同様の要請が日本ヤーコン協会にもなされたが無駄であった。日本はヤーコンの品種改良に熱心であり、多くの優秀な品種を生み出しているにもかかわらず、「サラダオトメ」のアンデスへの分譲を拒否していることは理解に苦しむ行為である。日本のヤーコン新品種で利益を得る者は、原産国と衡平な利益配分を考えなければならないのではないか。日本の優れた改良技術によってアンデスの貴重な輸出物であるヤーコンが売れなくなるという影響が出ている。

## 第2章　誤った特許付与にみる伝統的知識と公共の利益の問題[192]

生物多様性条約の発効後、日本企業が海外の生物遺伝資源へアクセスするためにはさまざまな障壁を越えなければならず、また遺伝資源から有用なものを見つけて産業化しても利益配分をしなければならないため、海外生物資源へのアクセスは徐々に減少しているといわれている。医薬品企業では海外の土壌から微生物を分離し、抗生物質のような有用な医薬品を見出す活動は低下した。このように、生物遺伝資源や伝統的知識を根拠にして薬用植物の特許化やその特許の活用が制限されれば、それらを利用し利益を得ようとする製薬及びバイオテクノロジー企業の発展が損なわれる。その結果、生物遺伝資源や伝統的知識を根拠とした利益配分が行われず生物遺伝資源供給国側にも利益はもたらされない。生物多様性条約に関する最近の課題として出所開示問題がある。生物遺伝資源や伝統的知識を含む特許出願において原産国等の開示を特許記載要件とする運動は、生物多様性条約において議論されている「アクセスと利益配分」問題解決のひとつとして知的財産を巻き込んだ取り組みである。出所開示問題と関連して、伝統的に受け継がれてきた薬用植物等に関する特許を伝統的知識で無効にしようとするNGOs活動や、特許を取り下げさせたり権利行使を阻止したりする活動が起こっている。その理由は、資源供給国の知的財産に関する意識が高まり、伝統的知識を使って特許無効の争いを起こすようになってきたからである。あるいは、伝統的知識は開発途上国の知的財産であるという認識のもとに行動しており、さらに伝統的知識を使っていたのを特許制度によって制限を受けることに危機感を持って、このような活動を行っているのである。

このような活動を避けるための最良の方法は、生物多様性条約あるいは新条約等で開発途上国との関係を明確化することであるが、対立する勢力の間で合意をみることはないので、当面は特許実務として伝統的知識に関する取り扱いを明確にし、回避方法を検討しなければならない。最近、資源国あるいはＮＧＯ団体等による伝統的知識を理由とした特許無効運動が続いている。特許審査機関である各国特許庁は、伝統的知識の存在意義、知的財産権における位置づけを考慮することなく、単なる先行文献の位置づけで特許性判断を行っている。このような傾向が続くとますます伝統的知識を利用した特許出願が減少し、それを利用した産業が衰退する可能性がある。今回、伝統的知識を理由に特許を無効にする事例を研究報告することにより、その法的根拠、特許実務的回避方法、ビジネス的回避方法を考える上で一助となることを期待する。具体的には、米国特許商標庁（ＵＳＰＴＯ）および欧州特許庁（ＥＰＯ）で起こった伝統的知識を用いる特許無効係争を事例として取り上げ、伝統的知識が特許性判断にどのように取り上げられたか、伝統的知識が先行文献となる条件はなにか、なる場合どのように解釈されて特許無効の結論が導き出されたのかを解説する。さらに、このＮＧＯの特許無効運動に今後どのように対処すればよいか考察する。

## ❖伝統的知識による特許新規性問題事例

### ニーム特許に対する欧州特許庁の判断

ニーム特許EP0436257に対する欧州特許庁の最終判断が、誤った特許付与の事例として有名である。ニームオイルは、米国では一九八五年に正式に生物農薬として認可され、一九九八年の販売額は一〇〇〇億円と推定されている。IFOAM（国際有機農業運動連盟）、BCS（欧州共同機構有機認証団体）によると、ニームオイルは海外では広く有機農法の一環として使用されている。コナジラミ、アブラムシ、コナカイガラムシ、ダニのような害虫を制御できるとともに、観葉植物や食用穀物をサビ病やウドン粉病などの細菌病から保護できるとされている[193]。ニームに関しては、一九八五年にアメリカ大手化学会社W. R. Grace社及び米国農務省が抽出法などの特許を取得している。さらに一九九五年に米国農務省等がヨーロッパ特許を取得した。W. R. Grace社はこの特許の権利行使を行い、インドのニーム製品製造業者にその技術の買い上げを迫った。この特許に対しインド政府、市民団体、グリーンピースなどが特許無効審判を欧州特許庁に提起した。その結果、この特許はインドの伝統的な抽出法と根本的に大きく違わず伝統的知識に基づくもので新規性がないとして二〇〇〇年にこの特許を取消す判断がなされた。さらに二〇〇五年三月八日に欧州特許庁控訴審が開かれ、特許保持者の上告が阻却され特許無効が確定した[194]。

米国農務省とW. R. Grace社が保有するニームオイルから疎水性溶媒抽出物による植物病原カビ制御方法特許EP0436257 B1（関連特許AU6262790, AU633622, CA2013754, DE69012538D, DE69012538T, ES2060004T, JP2986222B2, JP4364103, NZ236580, US5356628）は、ニームの種子から得た疎水性溶媒抽出物を植物の表面に塗布することによってカビあるいは昆虫の防御を行うことを特許としたものである。この特許の特許請求の範囲は一三項目あるが、主要な第一請求項は「Azadirachtin や Salannin を含まないニームオイルからなる昆虫あるいはカビ防御剤で、ニームオイル抽出法として砕いたニーム種子から非極性の疎水溶媒を用い、さらにその抽出液から溶媒を除去して製造される。」となっている。一九九五年六月、特許無効の訴えが欧州特許庁に起こされた。訴えの根拠について、二〇〇〇年一〇月の審判の記録を参考に詳述する[195]。一九九五年に出された無効審判請求人の訴状では、新規性、進歩性、記載不備、さらに特許性の除外（EPC第五三条(a)項）による公序違反もあげている。その根拠として六つの文書を提出した。根拠の中で、生物遺伝資源は人類共有のものであり、特許化はふさわしくないと主張している。また公序の点から、生物遺伝資源の特許化は、原住民の何百年も続けてきた伝統を破壊し、開発途上国の経済を阻害するとしている。原住民の伝統的知識は先進国における特許制度と同様な効力を持つべきであると主張している。特許権者であるW.R. Grace 社は一九九六年六月に反論とともに「Neem World Conference; 1996, U.P. Singh & B.Prithiviraj, "azadirachtin, a product of Neem induces resistance in pea"」の文書を提出した。その中で、先行文献・知識は書籍として出版されていることが要件であり、口述によって伝えられている伝統的知識はそれにあたらないとしている。一九九六年一一月と一九九八年五月、特許無効主張者は合計七つの証拠書類と八人の宣誓陳述書を提出した。

本案件に対する欧州特許庁の判断[196]は次の通りである。本案件は、欧州特許庁審判部で T 0416/01 - 3.3.2 として控訴審で最終審査され、二〇〇五年三月八日に特許権者の控訴阻却の判断がなされた。以下にその判断を詳述する。欧州特許庁は記載要件、新規性、公序問題についてその判断を示している。しかし、伝統的知識についての見解は示されなかった。本論文では新規性を中心に解説する。特許性の除外（EPC第五三条(a)

項及び第五三条(b)項[197]公序性）について以下の議論がなされたが、結論は提示されなかった。何百年もの間インドで自由に受け継がれ使われてきたニームオイルの利用が特許によって阻害されるのは公序に反することであり、ＷＴＯ／ＴＲＩＰＳの精神に相容れないと審判請求者は主張する。しかし、本特許とインドの住民の間で直接的な関係がなく、属地主義によりヨーロッパ特許がインドに権利行使できるわけでもないとの論拠を示し、公序性の判断は行わなかった。一方、欧州特許庁審判部は、伝統的知識の一部として知られていることに特許を与えないとすでに表明している。これは審判請求者が主張する公序性に反するということではない。新規性について、Phadke の証拠書類(8)などが先行文献として評価された。特許権者は、証拠として出された宣誓証言には信頼性がないと主張し、証拠として提出されたラボノートなどに記載された日付なども信頼できないと反論した。しかし、Phadke の証拠書類(8)は先行文献としてＥＰＣ第五四条(2)の基準を満たしていることについて、反対意見は両者から出されなかった。欧州特許庁はこの Phadke の証拠書類(8)は合理性的証拠であると判断したが、先使用がこの Phadke の証拠書類(8)のみによって判断できるかどうかはまだ不明である。この Phadke の証拠書類(8)では、ニームオイル抽出物に抗カビ効果があるということが記載されているが、抽出溶媒についての記載がない。また界面活性剤についての記載もない。したがって、この本 Phadke の証拠書類(8)の記載と比較して、本特許は新規性があると判断された。進歩性については、主に宣誓証言書を提出し証言を行った Phadke によるところが多い。Phadke は、ニームオイルのヘキサン抽出物を用いて一九八五と一九八六年に農場試験を実施していた。ヘキサンは'257 特許に記載された非極性疎水溶媒の一種である。特に、抽出物の製造方法とそのカビ抑制効果についても詳細な証言を行い、証拠を提出した。さらに、Phadke はニームオイル抽出方法を農民に伝授していたことが明らかである。Phadke の証言によれば、彼らの製造した実際の噴霧液には〇・四〜〇・八％のニームオイル抽出物が含まれていた。'257特許にはニームオイル抽出物が〇・一〜一〇％含まれると第七請求項に記載されている。またヘキサンは'257特許の実施例に書かれていることから、ヘキサン抽出物はazadirachtinを含んでいないと考えられる。進歩性について、Phadkeの証拠書類⑻にはニームオイルの抗かび活性について記載されているし、その効果濃度についても詳細な記載がある。

このような信頼性のある先行文献の記載事実と問題特許の請求項を比較した。Phadkeの証拠書類⑻には抽出溶媒について記述がないが、抽出方法からして溶媒を使うことは明らかであり、非極性溶媒を採用するのは常識である。したがって、Phadkeの証拠書類⑻は溶媒抽出法でなされたものとみなされ、本問題特許の請求項に含まれる。またPhadkeの証拠書類⑻に示された抗カビ活性を示す有効濃度は本問題特許に記載された濃度〇・一〜一〇％の中に入る。その他の点も含めて考えると、本問題特許の請求項には進歩性がないと結論せざるを得ない。なぜなら、すでに分析したように、請求項で規定された抗カビ用抽出物組成は自明であるからである。特許権者はPhadkeの証拠書類⑻が進歩性判断に重要な文書であるとの決定に対して、溶媒問題だけを取り上げて異議を唱えたが、溶媒問題は自明なので却下された。以上の特許性の分析により、本問題特許には進歩性がないと結論された。

## ターメリック特許に対する米国特許商標庁の判断

次に、ターメリック米国特許USP5,401,504の無効のケース[198]を考える。インド人Suman K. DasとHari Har P. Cohlyは、一九九三年一二月二八日にターメリックの創傷治療法に関し米国へ特許出願し、一九九五年三月二八日に米国特許5,401,504を取得した。譲受人はミシシッピ大学医学部である。請求項は一つの独立項と五つの従属項からなる。第一請求項は、「ターメリック粉末からなる創傷治療薬を投与することにより創傷治療を促進する方法」である[199]。一九九六年一〇月二八日、米国在住のインド人Dr. R A Mashelkarを含むIndian Council of Scientific and Industrial Research（CSIR）という政府機関が六つの請求項すべての無効を主張し、再審査請求を米国特許商標庁に要求した。この人物は、インドで知的財産問題を啓蒙している人物である。特許無効を主張するためには、公開された文書の形で先行文献を探さなければならない。しかし、インドではごく当たり前のことでも、書面の形で保存された伝統的知識を見出すことは困難であった。特に書面で残されているのは、特許クレームの一部である場合が多く、すべての請求項をカバーする文献を探すのは困難であった。しかし文献調査により、三二の文献が見出された。一九五三年にThe Journal of the Indian Medical Associationで公表された文献（一九五三年：Reference I）、インドの民間療法に関する刊行物（一九七六年：Indian Materia Medica：Reference IV、および一九五八年：Sivananda "Home Remedies"：Reference VI）、さらに、一〇〇年以上前のSanskrit文字で書かれた書物（一八六七年：Reference XXVI）が含まれていた。これに対して特許権者は、反論として提出された証拠文献は民間療法に基づくものであり、ターメリック粉末の使用が創傷治療に効果的であるとの結論を支持する根拠がないとした。多くの民間治療を記載した文献が証拠として提出されたが、いずれの文献もターメリックの創傷治療効果を予想させるには至らなかった。また提出された文献はターメリックペーストが記載されているのみで、ターメリック粉末に関しては記載がない。ペーストと粉末は投与形態が異なるので、生物学的同等性なども異なり効果も異なるはずである。証拠として提出された文献では、新鮮なターメリックの絞り汁を潰瘍あるいは関節炎治療に用いるとあるが、特許ではターメリック粉末を用いており形態が異なる。特許権者はその特許において、伝統的知識としてターメリックは炎症治療に用いることが知られている事実を記載している。この状態で特許が認められたのであるから、審査官も審査過程でターメリックの創傷治療方法特許がターメリックの炎症治療効果と異なることを認めていることになる。

一九九七年八月一三日、米国特許商標庁は、ターメリック特許について拒絶通知を発した。証拠として提出された「Indian Materia Medica」（一九七六年）（四一四－四一八頁）に記載された主題は一九七六年以前のものであって、広く用いられているものであると認定した。米国特許法第一〇二条(b)項[200]の規定「米国特許出願日から一年以上前までに、『内外国で、特許又は刊行物に記載』又は『米国内で、公用又は販売』された発明には特許しない」から判断して、当該特許請求項は、これら引例によって新規性が否定されるとした。また、証拠として提出されたSivananda著『Home Remedies』（一九五八年）（二二二－二二五頁）の文献判断から、民間療法は本刊行物に記載され、広く公用されているので、本文献は有効であり、当該請求項の新規性は否定されるとした。特許権者は、拒絶された特許の請求項を変更した。その理由として、新規性否定について提示された文献にはターメリックの創傷治療効果が示されていないとした。証拠文献Frawley著『Ayurvadic Healings』（一九八九年）（二二一－二二三頁）の二二一頁および証拠文献「Economic and Medicinal Plant Research」（Vol. 4, 1990年）（一四九－一五一頁）には手術後の創傷治療について記載されているが、変更後の難治性の創傷に対する効果は記載されていないと主張した。また特許法第一〇二条(b)項にいう「公用」とは米国内に限るべきであると主張した。この反論に対して、審判官は次のように判断した。特許権者が特許請求範囲を変更し難治性創傷としたが、この文言は範囲が広すぎ、また実施例からは支持されない。また文献「Indian Materia Medica」には潰瘍の治療にターメリック粉末が用いられているし、文献「Economic and Medicinal

Plant Research」にはターメリックは手術後の創傷を治療するのに用いられることが記載されている。したがって、特許権者の主張は退けられる。一九九八年二月一二日、米国特許商標庁は特許権者に請求項一～六すべて取消す旨を通知した。さらに、一九九八年四月二一日「再審査の結果、請求項一～六を取消す」旨のReexamination Certificate（US Patent 5,401,504B1）が発行された。

本特許無効は、伝統的知識を端緒として米国で特許が無効になった最初の例となった。この成功により、特許庁で無効審判を行えば、伝統的知識により特許を無効にすることが可能であることが示され、開発途上国の運動家に対して大きな刺激となった。ターメリックの伝統的知識が先行文献として米国特許商標庁から認められたことにより、その他のターメリック特許も無効になる可能性が増大するであろう。また、インドの関係者は米国における特許権無効紛争の経験とノウハウを手に入れたことになり、今後同種の問題を優位に進めることができるようになった。伝統的知識は明らかに高度な学術文献でなく、専門家によるレビューを受けた論文にもなっていない。伝統的知識を集めたデータベースであってもその科学的完成度は低いといわざるを得ない。このような科学的完成度の低い伝統的知識を米国特許法第一〇二条(a)項あるいは(b)項で規定された先行文献として認める条件は、その伝統的知識にある科学的効果の信頼性ではなく、過度の確認実験をしなくても当該物質の製造方法が開示されていることである。

日本人も当事者として伝統的知識による特許無効紛争に巻き込まれる可能性があることを示すため、日本から出願後に登録されたコーセー／白鳥製薬のプエラリア・ミリフィカ米国特許 6,352,685 の例を取り上げたい。日本のコーセーと白鳥製薬は、タイ原産の薬草プエラリア・ミリフィカなどから有効成分を見出し、米国特許 6,352,685 などを取得した。対応する日本特許は、特開 2001-181170（出願日 1999.12.24）と特開 2001-220340（出願日2000.2.7）があり、ともに特許請求の範囲はプエラリア・ミリフィカの抽出物を含有することを特徴とする皮膚外用剤および老化防止用皮膚外用剤である。本特許の第一請求項は「プエラリア・ミリフィカの抽出物を含有することを特徴とする皮膚外用剤」である。関連するもう一つの出願特許 特開2001-220340（出願日2000.2.7）の第一請求項は「プエラリア・ミリフィカの抽出物を老化防止成分として配合することを特徴とする老化防止用皮膚外用剤」である。米国出願特許には伝統的知識を記載した文献[201]が挙げられている。

二〇〇四年一一月、Bio-diversity Action Thailand（BIO THAI）などの生物遺伝資源保護団体が特許の無効を主張した[202]。当該特許では、単にプエラリア・ミリフィカを水あるいは溶媒で抽出したもの以上のことを開示していない。特許記載の製造方法あるいは利用方法は、すでにタイでは伝統的知識として受け継がれ、原住民の間では同じ方法で長い間使われていたことである。タイの古い医学書にもプエラリア・ミリフィカの医学的利用方法が記載されている。BIO THAIの事務長であるWithoon Lienchamroonの主張は、伝統的知識だけでは特許を無効にできないとして、「この特許はタイのPlant Variety Protection Actに違反した行為から生まれたものである」と主張している。プエラリア・ミリフィカは古くから伝承薬として用いられてきた植物であり、多くの薬理作用が伝統的知識として広く北タイ地方では知られていたと主張する。ただし、実際に米国で本特許再審査請求がなされたかどうかは確認できない。タイ知的財産局のSuradet Aswintarangkul担当官は、バイオパイレシーが行われたか否かを判断するには、日本企業の特許に使用されたプエラリア・ミリフィカのＤＮＡ鑑定が必要であると述べている。タイ知的財産局Kanissorn Navanugraha局長は、天然資源環境省（Ministry of Natural Resources and Environment）がプエラリア・ミリフィカについて、コーセーと白鳥製薬がアクセスと利益配分に関する契約を締結しているかどうか調査すると表明している。タイ農務省では植物新品種保護委員会を組織し、プエラリア・ミリフィカの過剰な輸出による絶滅を阻止する法案を検討している。この法案ではプエラリア・ミリフィカの新鮮植物体の輸出の禁止を意図しているが、乾燥体あるいは加工物は含まれないことになる。法の実効性に問題があるが、正規の輸出が抑えられる可能性があり、コーセーと白鳥製薬は工業化に大きな問題となる。また、植物新品種保護委員会は森林省に対し「希少森林植物」に指定し、採取を許可制にすべきであると主張している。また種苗法の保護対象植物であるとし、種苗法の下では政府が認めた利益共有の合意がある場合を除いて、この植物は商業目的での使用が禁じられているとしている。

## ❖伝統的知識に基づく特許権の行使抑制事例

以上に記載した例は、伝統的知識を重んじる個人あるいはNPO団体が特許無効審判という方式を用いて米国あるいは欧州特許庁の場において特許性を争ってきた例である。しかしこの方法は特許無効審判を勝ち取るまで時間がかかることから、費用も相当なものになる。そこで、新しい試みとして、特許権者に直接交渉し、特許権行使を阻止する運動が活発化している。その典型例として、米国Monsanto社の保有する特許について伝統的知識に基づく特許取り下げ要求あるいは権利行使放棄要求の事例を取り上げる。

二〇〇三年五月Monsantoはチャパティを作るのに適した小麦品種Nap Halの遺伝子特許EP 445,929を欧州特許庁から取得した[203]。この特許はMonsantoがユニリーバ社の子会社を買収した際に入手した特許である。Nap Halは長年インドで農民によって育種されてきた品種である。インド農民の努力の結晶が米国の一私企業によって専有されるのは公序に反することであると主張して、インドのForum for Biotechnology and Food Security などの環境活動家が特許反対運動を展開した。この特許が存在すると、いつかインドの農民がロイヤリティを支払わなければならない事態が来るかもしれないと恐れたためである。二〇〇四年一月、Monsanto と環境保護団体の間で交渉した結果、Monsanto はこの特許を権利行使しないと宣言した。その理由として、Monsanto はこの特許を企業買収の際に入手したもので企業化の意思はないからというものであった。

本件を教訓として、インドの Greenpeace はＥＵに対して特許法を改正して種子についての特許を排除すべきであると主張している。世界の穀物品種が私有化され、改良種子は一握りの大企業の特許権によって縛られ、遺伝的多様性が失われることに反対するためである。このままでは貴重な品種が絶滅の危機にあると考えている。

## ❖誤った特許付与に関する課題と解決策

伝統的知識が公知公用であるとみなされ、各国特許庁による特許査定拒否あるいは特許無効審判を受ける事例が見られるようになった。伝統的知識による特許無効が増加した場合、特許権が不安定になり発明に費やした資金が無駄になる危険性が増大するため企業の開発意欲が低下するかもしれない。審判や訴訟自体に費やす費用と労力は並大抵ではない。特に米国特許紛争の場合、弁護士費用は多大となる。したがって、不幸にして訴訟になった場合、和解等の早期解決を図る取り組みを行い、コストの削減を試みることもある。あるいは、その発明あるいは特許を諦め放棄することもあり得る。その場合、両当事者が利益を得ることはできないのであるが、その事実を正しく認識している関係者は少ない。また、伝統的知識保有国から資源略奪者としてブラックリスト入りし、資源保有国公衆の信頼性を失い、ひいては利用企業のイメージが低下する。伝統的知識の利用を失うだけではなく、当該国での利用企業イメージの低下は重大である。伝統的知識に関する問題は、先進国の特許制度と開発途上国が権利と考える伝統的知識の間の衝突によってもたらされたものである。伝統的知識の取り扱いについて生物多様性条約の中である程度の調和が図られ方向性が示されたが、まだ実効性を伴う状況には至っていない。以下に、これらの問題の背景を明らかにし、今後いかに対処していくべきであるかを論述する。

開発途上国のＮＰＯなどの団体は、先行文献の概念を広く解釈し、真に新規性があるかどうか調査する運動を展開している。また新規性を厳格に審査することを求めている。また既知物質あるいはその製造方法の新しい用途については特許を認めるべきではないと主張している。先行文献については、それが書物に記載されていなくても先行文献として価値があり、新規性判断に使えるという概念を持つべきであるとしている。特に、原住民の間で伝承されてきた薬用植物の知識は先行文献として認め、特許の新規性否定の根拠とすべきであるとしている。

誰がどのような目的で特許無効運動を起こしているのか明らかにすることは有意義である。そこで各事件の当事者を調べてみた。ニーム特許無効運動はVandana Shiva（インド科学技術生態研究財団（Research Foundation for Science, Technology, and Ecology（RFSTE））を中心として運動が行われた。Vandana Shivaはインド人で長年インドにおいて伝統的知識と特許の関係について活動している中心人物である。先進国の農業・環境問題活動家がそのバックアップをしており、Magda Aelvoet（ヨーロッパグリーンパーティ会長であり、前ベルギーの国務大臣）、Linda Bullard（ドイツ国際有機農業推進会議（International

Federation of Organic Agriculture Movements=ＩＦＯＡＭ）、Dr. Fritz Dolder（スイスバーゼル大学法学部知的財産学科教授）が主要人物である。したがって、これらの関係者は自分の利益を擁護するために特許無効を訴えているのではなく、インドの公共の利益保護のためである。米国ターメリック特許紛争の場合、米国在住のインド人 Dr. R.A.Mashelkar を含む Indian Council of Scientific and Industrial Research（CSIR＝インド政府科学技術省の外郭団体）が主導した。Dr. Mashelkar は伝統的知識と特許の問題をインドで広く啓蒙した人物である。その他バスマッティ事件の場合は、インド政府が直接特許無効訴訟を提起している。また ETC Group（旧名 Rural Advancement Foundation International=RAFI）と Greenpeace が国際的活動組織であり、多くの開発途上国の活動家を支援している。これらの関係者も自己利益のために本運動を行っているのではなく、インド原住民の利益のために行っていることは明らかである。これらの運動家が活動する基本思想は、「開発途上国において伝統的知識は文書化されておらず確定したものではないが先進国の知的財産と同じ性格のものである」と考えている点にある。問題の根源は、欧米先進国で確立した特許制度を用いてインドのような伝統的知識が根付いている地域に権利を及ぼそうとすることであると考えている。また、公共の財産としての伝統的知識が先進国の特許制度によって私企業の独占となり公共への貢献が阻害されるという危機感を持っていると考えられる。近代社会で発展してきた特許制度の持つ独占性と公共性の間の矛盾を示す例として貴重である。

原産国開示問題への政府間協議が必要である。伝統的知識に基づく特許無効運動が続くかどうかは、特許担当者にとって関心の高い問題である。現在、ＷＩＰＯの遺伝資源等政府間委員会（ＩＧＣ）やＰＣＴリフォーム・ワーキンググループなどのフォーラムで議論されている。またＷＴＯ（ＴＲＩＰＳ理事会）での議論も続いている。政府間協議で議論されている伝統的知識を含む原産国開示を特許記載要件とすることで特許無効運動の回避は可能かどうか考察する。

日米は、原産国開示要件自体が発明の特許性と関係ないことから、原産国開示に反対の立場をとっている。ECはメンバー全体の意見として、バイオ指令98/44/ECに基づき、原産国を特許に開示することを義務付ける提案を行った。その中で、原産国開示が義務付けられるのは、発明が直接特定の遺伝資源と関連する場合、遺伝資源と関連ある伝統的知識に直接結びついた場合に限定されている。また「不知」の場合も「不知」として開示義務があるとしている。この記載が不備である場合は罰則を設けることとしている。しかしこのEC提案は実務上の問題が多く、実現性が不明である。伝統的知識に関しては、伝統的知識の起源と多様性、特許発明との関連性、あるいは伝統的知識の利用の範囲、正統な伝統的知識データベースの不存在などが主な問題点である。たとえ、このような実務上の課題を解決し、出願特許に原産国開示あるいは伝統的知識を記載しても根本的な利益配分問題が解決しない限り、現在起こっている事態が改善するとは思えない。今後は生物多様性条約とWTO/TRIPS協定の調和を図り、統一的な合意と両者に配慮した方法を求めていかなければ解決の方向には進まない。

誤った特許付与について特許実務上の課題も多い。伝統的知識と特許法との調和について国際協議で各国の同意を得ることは困難であり、時間がかかると予想される。現行の知的財産法体系のもとで伝統的知識を基にした特許を出願する際の実務上の課題を提起し、解決策を考える一助としたい。伝統的知識が新規性判断に用いられる際の条件が問題となる。欧州や日本における新規性の概念は、公知公用となったのがどの国であっても認められるため絶対新規性あるいは世界公知公用とも呼ばれている。米国特許法では、刊行物公知に関しては公知となった地域によって制限を受けないが、公用に関しては米国内に限られる。米国特許審査基準[204]の中で、伝統的知識に関して直接記載はないが、実質の取り扱いは特許法第一〇二条(a)項及び(b)項により判断されている。米国特許審査基準MPEP2133.03(d)によれば、特許法第一〇二条(b)項における公用(public use)は、米国内の使用に限られると明記されており、また、同基準MPEP 2132 IIによれば、特許法第一〇二条(a)項における公知(known)及び公用(used)は、同じく米国内に限られ、たとえ米国外で広く知られていても第一〇二条(a)項の拒絶理由にならないと明記されている。さらに、同基準MPEP2133.03(a)によれば、発明に関する公知(Public Knowledge)だけでは第一〇二条(b)項に基づく拒絶理由とはならず、公知(Public Knowledge)の場合には、第一〇二条(a)項が適用されうると明記されている。以上の考察から、いわゆる米国以外の国の伝統的知識それ自体は第一〇二条(b)項や同条(a)項の拒絶理由にならず、それら伝統的知識が米国内外の刊行物または特許(以下、「刊行物等」という)に記載されている場合に拒絶を受けることになる。

以上の情報を基にターメリック特許事件の事例を考察すると、米国特許庁による特許新規性判断は提出された刊行物を特許法第一〇二条(a)項と同条(b)項に基づいて判断しており、伝統的知識を特別視することはない。「米国以外の国における伝統的知識(公知)や公用が、単に米国以外の国で伝統的知識として言い伝えられているのではなく、伝統的知識が米国内外の刊行物等に記載されており、かつ、それら刊行物等が他人または当該発明者によるものである場合には、刊行物等が米国特許出願日から一年以上前のものであるか(特許法第一〇二条(b))、または、他人による場合には、刊行物等が発明日前のものであること(同条(a))」が認められ先行文献と認定され、特許が無効になる結果となった。さらに、民間療法のような効果を示す具体的なデータがない場合であっても、また、Sanskrit文字で書かれた刊行物であっても、刊行物等に記載されていれば、先行文献となりうる。さらに、MPEP2128によれば、オンラインデータベースやインターネット出版物を含む電子出版物も、当業者がアクセス可能であれば、第一〇二条(a)項または同条(b)項における刊行物（printed publication）に該当すると明記されている。よって、いわゆる刊行物等に記載されていなくとも、米国以外の国における伝統的知識が一般に開放されたデータベースに収録されている場合にも、先行文献になるであろう。ニーム（インドセンダン）特許に対する欧州特許庁最終判断で明らかになったが、欧州特許庁において伝統的知識は一般的に先行文献として扱われている。欧州特許付与に関する条約第五四条(1)項及び(2)項所定の「欧州特許出願の出願日の前に、書面若しくは口頭、使用またはその他のあらゆる方法によって公衆に利用可能になったすべてのものは技術水準を構成する。」という絶対新規性にしたがって判断されており、伝統的知識に対して特別な配慮がなされるわけではない。ニーム特許の新規性において先行文献の存在のみで判断されるだけでなく、先行文献の中身に信頼性、先行文献の内容あるいは宣誓証言の内容と当該特許の請求項の比較などが詳しく行われているのが欧州特許庁判断の特徴である。

伝統的知識を含むデータベースの作成とその利用が急務である。WIPOを中心に伝統的知識のデータベースを構築する運動が展開されている。主に、インドのアユルヴーダ医薬や中国の漢方薬など伝統的知識を整備する動きがある。将来WIPOのデータベースが整備されれば審査にも利用されるようになるであろう[205]。米国特許商標庁では、現在、伝統的知識に関する商用データベースを用いて先行技術調査をしているようである。伝統的知識を利用していることを認識している場合、当該現地の弁護士に相談し、見解を求めておくことが必要であると考えられる。また、現地政府機関での情報収集も必要であるかもしれない。現実的な対処方法としては、できるだけ多くの伝統的知識に関する情報を集めることが必要であろう。現段階ではデータベースも少なく不十分であるが、少なくとも伝統的知識のリスト化は必要である。発明者はその発明のきっかけになった伝統的知識を知っているはずであるので、その情報は貴重である。たとえ一般伝承として知られていなくてある特定地域の原住民から独自に情報を得たとしても、将来問題が発生しないとも限らないので、収集した情報の整理、分析、出版等の対策は必要である。

出願特許が伝統的知識による新規性審査を無事クリアーし特許査定されたとしても、資源国の団体から特許無効の運動を起こされ、成立特許が無効になる可能性がある。資源国の知的財産制度をよく理解し、伝統的知識に対する法的取扱を十分に認知しなければならない。常に資源国の動きに注目することが必要となる。その中で、特許出願の要件として原産国開示の義務があればそれに従わなければならない。また資源国ではさまざまな生物遺伝資源保護の法律がある場合があり、その理解も必要であろう。例えば、種苗法、希少生物保護法などで特許化された薬用植物の輸出が禁止される場合がある。この場合、原料調達ができなくなり、当該特許が実施できない状況が生まれる可能性が出てくる。さらに、資源保護の取り組みに有形無形の援助を与え、資源の利用は両者の win-win 関係を築くために努力することが必要である。そのためには、まず原住民に対する理解を深めることが大切である。原住民とコミュニケーションを行うことにより、原住民が伝統的知識をどのように考え、生物多様性を保護するのに何をしたいのか明らかにすることが必要であろう。できればその意向をふまえた取り組みが必要である。

たとえ伝統的知識に基づいていても、それより新規性、進歩性を創造すれば特許権を得ることは理論上可能ではある。しかし、開発途上国は公共性・公序主張によって、特許無効あるいは権利行使不能を特許権者に求めてくる可能性がある。特に、権利行使を抑制しようとする場合、そのきっかけとなるのは特許権の直接行使、あるいは権利行使による不利益の恐れが高まった場合である。例えば、バスマッティ米の場合、特許権が米国で成立するまではバスマッティ米がインドから米国に輸出されており、多くのバスマッティ米製造、輸出業者が特許権によって損害を受けるため、インド政府がやむにやまれぬ行為に出たのである。その根源となる考えは、特許権による薬用植物種の独占は公共の利益とは相反するとの考え方である。開発途上各国の国内法を遵守して合法なアクセスを行い法的には何ら問題がなくとも、倫理的・道徳的な観点からNGO等の非難の標的となり、企業等のイメージが損なわれる可能性があることにも注意が必要である。コーセー／白鳥のプエラリア・ミリフィカ特許の場合も法的な手続き上は問題ないようであるが、タイ国内の原住民の利益を重視する運動家には、伝統的知識に基づく利益がタイに配分されないことに危機感を持っている。企業のイメージダウンを恐れて出願特許を取り下げた例もある。したがって、この相反する独占性と公益性をバランスさせる何らかの取り決めが必要になってくる。

TRIPS協定のどの部分を変えればよいのか？　私見ではあるが、TRIPS協定第三一条[206]における公的な非商業的使用の場合を拡大解釈し、伝統的知識がある場合は特許権の許諾を必要としないとする方法も考えられる。植物遺伝子特許について公共の利益の観点から権利行使不実行を直接権利者に迫る運動が展開されている。その例としてSyngenta社開花制御遺伝子特許（WO03000904A2/3）がある。スイスの穀物植物メーカーで世界第三位の穀物種子メーカーSyngenta社は、米をはじめ多くの重要な穀物植物の開花制御遺伝子について特許出願を行った。このSyngenta社の出願特許群は“Daisy-cutter”と呼ばれ、世界最大級の通常爆弾から名づけられた。三二三頁におよぶ出願特許WO03000904A2/3の請求項には、米の開花を制御する遺伝子配列があるが、米以外にも小麦などの植物も含まれていて、すべての穀物の開花制御遺伝子を独占する可能性がある。これに対してNGOのETCグループがSyngenta社と交渉を行った。その結果、Syngenta社は本特許の取り下げを宣言した[207]。Syngenta特許は穀物の独占を狙ったものであり、これが認められると世界の穀物供給が影響を受け、現在の飢餓状態がますます悪化する可能性がある。これは公共の利益の観点で重大な問題である。

# 第3章　バイオパイラシーの可能性があると指摘された日本特許出願とその背景

### ❖ペルーからの健康食品素材輸入情況

ペルー政府は二〇〇五年世界貿易機構（WTO）に文書を提出し、ペルーで生物遺伝資源と考える植物について日本の特許出願状況を報告した。そこで、いわゆるペルー文書[208]（IP/C/W/441）に掲載された特許を出願した日本企業について若干の考察を行う。農林水産省国際政策課[209]によれば、ペルーの三大健康食品素材であるマカ、カムカム、ウニャ・デ・ガトの主要輸出先はいずれも日本であると思われる。健康飲料等に使用されるカムカムの二〇〇一年の輸出は大きく落込んだものの、日本市場で新製品の開発が進みつつあり、今後は需要の拡大が期待できる（表12）。

カムカムは、ペルー国土の六〇%を占めるアンデス東側の熱帯雨林地帯で栽培されている果実で、ビタミンCがレモンの五〇倍、アセロラの四倍ほども含まれることから日本で注目され、現在関心を有する飲料メーカーが新製品の開発に力を入れているので、カムカムは今後栄養ドリンク剤として極めて有望な商品とされている。

輸出形態は冷凍濃縮果汁が主である。ペルー政府による日本での農産物輸出促進活動は活発である。日本にはカムカム普及協会[210]があり、カムカムの日本国内での普及を図っている。会長は在日ペルー大使である。本組織は、ペルーが誇る果実カムカムの日本国内での消費普及・拡大を促進し、日本国民の食生活の向上に寄与すると共に、関連する団体、学会、政・官界、ならびに報道機関との関連を密にし、ペルー国との経済協力関係をさらに発展させる一助となることを目的としている。ペルーから農産物輸入代理店として、有限会社コーユーヘルスケアプランニング[211]があり、南米ペルー共和国からの農産物の輸入販売、健康補助食品の製造販売、カムカム製品（カムカムパルプ、2倍濃縮果汁、5倍濃縮果汁、パウダー）、マカ製品（乾燥原体、パウダー、エキスパウダー）を販売している。主な取引先は日本果実加工㈱、長谷川香料㈱、山一商店㈱などである。アマゾンカムカム株式会社[212]は、アマゾンカムカムの原料及び加工品の輸入を行っており、アマゾンカムカムの果汁などの商品がある。輸入取引業者はEMPRESA AGROINDUSTRIAL DEL PERU S.A. やAMAZON CAMU CAMU DEL PERU S.A. と公表されている。

## ❖ペルー農産物関連の日本特許出願について

ペルー農産物と考えられる植物に関する日本登録特許は、二〇〇五年九月調査時点では一一件であった。ヤーコンに関するものが七件、カムカムが二件、エルカンブリが一件、キダチミカンソウ（又はチャンカピエドラ、Phyllanthus niruri）が一件である。ヤーコンについては食品製造関係の特許であり、三井ヘルプあるいはヤーコン共同組合が三件登録している。経済産業省の援助で行ったヤーコン栽培に関する研究の成果であると思われ、特許に基づく製品をすでに販売している。農林水産省が二件登録している。ヤーコン以外に

表 12　ペルーの三大健康食品の輸出状況

| 輸出品目 | 1999 年 | 2000 年 | 2001 年 | 輸出先 |
|---|---|---|---|---|
| マカ | 2673,000 ドル | 2166,000 ドル | 1321,400 ドル | 日本（金額シェアー40%）、米国（同26%）、英国（同 15%） |
| | 184 トン | 117 トン | 130 トン | |
| カムカム | 621,000 ドル | 68 万 7,000 ドル | 30,000 ドル（1～8 月） | 99%のほぼ全量が対日輸出 |
| | 170 トン | 186 トン | 1.3 トン | |
| ウニャ・デ・ガト | 640,000 ドル | 473,000 ドル | 597,000 ドル（1～8 月） | 日本とブラジルがほぼ 25%（1999） |
| | 167 トン | 147 トン | 101 トン | 日本が 63%、フランス15%、米国 15%（2001） |

ついては、ライオン、メナード化粧品（野々川商事）、長谷川香料、ニチレイが化粧品関係の特許を登録しているが、どのような製品に特許が応用されているか明確な情報はない。長谷川香料あるいはニチレイのように、他社へ素材供給を行っている可能性もある。これらの会社はペルー内あるいは日本の貿易代理店より原料供給を受けて、その加工・製品化を行い、国内の末端製品を製造する会社に販売するビジネスを行っているものと考えられる。したがって、原料価値を上げるために、有効成分の抽出、分析、保存法の開発などを行い、特許出願したものと思われる。そのため、特に出所について意識があったものとは考えられない。農産物を直接食品に利用するために特許出願を行っているケースが最も多い。その次に多いのは、リストにある植物体から健康あるいは美容に有効な成分あるいはその配合物について特許出願されたもので、純然たる医薬用途ではないようである。特許出願が比較的最近になされていることから、ある時期ペルーから原料の入手が容易になり、それをもとに研究を行い、特許出願に至ったものと考えられる。しかし、製品化には原料の安定供給が必要であるため、その安定供給ルート開発に時間がかかるものと思われる。ただし、入手できた原料植物について研究開

発を継続的に行っている企業もあるようで、入手可能なすべての植物について研究開発を行いまんべんなく出願していることがわかる。

カムカムの出願については、コーセーと長谷川香料に集中している。コーセーは皮膚外用材（化粧品）を狙っているが、長谷川香料はカムカムの健康食品を開発している。コーセーは出願特許に出所表示を全く行っていないが、長谷川香料はペルー原産を表示している。ヤーコンについては、三井ヘルプが健康食品を狙い開発中である。すでに述べたように、三井ヘルプは一九〇〇年代初期からヤーコンの栽培法開発を日本で行っており、すでに日本での栽培化に成功している。キダチミカンソウは資生堂とライオンが化粧品原料として開発中であると思われる。ライオンもキダチミカンソウについて化粧品素材目的の出願をしているが、南米からキダチミカンソウ試料を入手したため、一時的に研究開発活動を行った結果であると考えられる。エルカンブリについては野々川商事が三件出願し、一件登録になっている。化粧品原料目的と思われるが、詳細は不明である。原料の農産物の供給に影響が出る場合、安定的な製品供給は困難になると予想される。

## ❖ペルー調査文書の提起した課題

ペルー政府は自国農産物の輸出奨励を行う一方、他方で農産物の輸出を阻害するような運動を行っており、首尾一貫した政策ではない。このペルー政府の政策に資源国での生物多様性条約への取り組みの問題が読み取れる。輸出ビジネスで資源提供者としての利益を得た上に、さらに生物多様性条約での利益配分を受けるのは企業の立場からすると納得できるものではないし、国際通例上消尽を受けるべきである。ペルー政府のやり方は、利用者のインセンティブを低下させ、win-win の精神に反することである。資源国においてすべての生物遺伝資源を平等に扱うのではなく、栽培化され農産物として商取引されているものと、希少価値があり商取引されない価値の明確でないものは、生物多様性条約の精神からして区別して考えるべきである。明確な生物遺伝資源に対するポリシーを資源国で形成しない限り、資源国だけでなく利用国においても混乱を招くことになる。特に資源国では国内産業の混乱は経済上大きな影響がある。農産物として商取引されているものは国内産業の育成ということで輸出奨励を行い、その経済活動から利益を得るのが最も自然で合理的な取り組みである。対応する利用国の企業が輸入した農産物を加工して製品にする過程で発明が生まれるのは当然の活動であり、それについて資源国の権利は及ばないという国際消尽を考えるのが自然な考え方である。一方資源国においても希少価値があり、一般の商取引には乗らない生物遺伝資源については徹底的な保護を加えるべきであり、あくまで学術研究に限定した取り組みを行うべきである。そうでなければ、このような希少価値のある生物遺伝資源を人類の財産として守ることはできない。

# 第4章　インドネシアの高病原性鳥インフルエンザウイルス標本提供拒否

## ❖ウイルス標本提供拒否事件の概要と問題の所在

二〇〇七年三月一六日現在、インドネシアでは高病原性鳥インフルエンザで二〇〇五年以来六五人の死者を出しており、高病原性鳥インフルエンザ流行では最も危険な国である[213]。二〇〇七年二月、インドネシアがＷＨＯに高病原性鳥インフルエンザウイルスの検体提供を拒んでいることが明らかになった[214]。インドネシアの要求は、ウイルスの検体を入手したい場合、商業的に利用しないという契約でインドネシア政府と合意する必要があるというものである。インドネシア政府の表明している理由は、同国で発生した高病原性鳥インフルエンザのウイルスには「主権的権利」があるという主張である。WHOに提供したウイルス検体を先進国のワクチンメーカーが利潤追求に利用しており、自分たちの提供したウイルスから作られたワクチンを高価格で購入するのは不衡平であるという論理である。ただし、インドネシアの主張である「主権的権利」というのは発明に対して与えられ発見には与えられないのが基本的考え方であるので、報道されたインドネシアの主張が認められるのは難しい。むしろ生物多様性条約に基づく生物遺伝資源に対する資源国の主権的権利がその根拠となるであろう。

インドネシアのウイルスを使ったワクチン開発は、それまでオーストラリアの製薬会社 Commonwealth Serum Laboratories（CSL）が行っており、二〇〇七年一月三一日には、インドネシアで採取されたウイルス標本を使ってワクチンを開発したと発表した[215]。ワクチンはオーストラリア政府の支援の下で開発されたので、オーストラリア政府は半年以内にオーストラリア国民二〇〇〇万人余りへのワクチン接種を実施する予定である。さらにインドネシア、ベトナムなどの感染地域にも供給するようである。インドネシアが発表した計画では、インドネシアで分離した高病原性鳥インフルエンザウイルスの標本からワクチンの製造を独自に行うということである。しかし、インドネシアではワクチン製造の能力が乏しいため、インドネシア保健省は二〇〇七年二月七日、米製薬大手 Baxter と、高病原性鳥インフルエンザのワクチン開発に向け、高病原性ウイルスを提供することで基本合意に達したと発表した[216]。インドネシアが研究用のウイルスを提供する代わりに、同社から優先的にワクチンの供給を受ける内容となっている。

しかし、この合意書は概略のものであり、実際のワクチン研究開発はまだ行われていない。Baxterによれば、高病原性鳥インフルエンザウイルス標本をWHOと共有するべきであり、さらにWHOと共同研究を行うことをインドネシア政府に勧めている。Baxterはまた、高病原性鳥インフルエンザウイルス標本の所有権を主張することはしないと宣言している。Baxterは一方で、WHOを通じてベトナムから無償で入手した高病原性鳥インフルエンザウイルス標本を用いてワクチンを開発中であり、すでに臨床試験を行っている。英国政府は、Baxterのワクチン二〇〇万投与分を備蓄のために購入することを表明している。インドネシア政府、WHO研究協力センター、アジア開発銀行、ゲイツ財団、二〇カ国の関係者が二〇〇七年三月に集まり鳥インフルエンザ対策について協議した[217]。この会議の主な目的は、インドネシア政府が行った高病原性鳥インフルエンザウイルス標本のWHO提供拒否問題の解決である。前述したように、インドネシア政府はWHOに提供したウイルス標本がワクチン製造企業に渡され、先進国のためのワクチン製造に使われるのは不公平であると主張している。現在インフルエンザワクチンは世界で年間五億投与分しか製造されないので、ほとんど先進国の備蓄用に回され、流行地である開発途上国に対するワクチン供給は後回しとなり、ワクチン不足に陥っている。この現況を変えることが必要である。会議の結果、インドネシア政府とWHO研究協力センターの間で合意がなされた。インドネシア政府はWHO研究協力センターへ高病原性鳥インフルエンザウイルス標本の提供を再開する。一方、WHOはウイルス提供国の許可がない場合については、ワクチン製造企業にウイルス標本を提供しないと約束した。いままでの慣習とは異なり、ワクチン製造企業が自由にウイルス標本にアクセスすることをWHOが禁止することになった。今後ウイルス標本にアクセスするには、ウイルス標本提供国と利益配分についての合意が必要となった。WHOは単に提供されたウイルス標本の研究と保管を行うだけで、提供国とワクチン製造企業との間の経済条件交渉には参加しない。

## ❖高病原性鳥インフルエンザワクチン供給国際機構の不備

現在、世界では約二〇〇のワクチン製造会社が存在し、六〇〇種類のワクチンを製造しているが、トップの約一〇社が全販売ワクチンの八〇％を占めている。その中ではGlaxoSmithKlineがトップで、二〇〇四年に世界で二一・九二億ドルのワクチン売上げを上げ、シェアは二二％である。米国のワクチン製造会社は著しく少なくなり、一九八八年米国にはワクチン製造会社が二五社あったが、二〇〇五年にはインフルエンザワクチンを供給できる会社は四社しかない。しかも研究開発を十分にできない零細な企業が多い。流行予測がはずれたり、検査に不合格になると製造ワクチンは廃棄処分され利益が得られないなど、特異な問題があったりするビジネスである。少数のインフルエンザワクチン製造会社の中で、ChironはFluvirin（r）という商品名のインフルエンザワクチンを製造販売している。Chironは米国政府から高病原性鳥インフルエンザの試験用ワクチンの製造に関する契約を成功させ、六二五〇万ドルの資金を得た。一方、Sanofi-Aventisグループ傘下のSanofi-Pasteurは高病原性鳥インフルエンザウイルスA/H5N1型に効くワクチンを開発した[218]。米国政府は、二〇〇〇万人分のワクチンを準備するため同社と一億ドルの契約を結んでいる。

インフルエンザワクチンの製造には、その年に流行するインフルエンザウイルス標本が必要であり、現在は初期流行地域にある開発途上国の公衆衛生機関から標本がＷＨＯ傘下の研究機関に送られ、その年の流行を予測し、ワクチン製造会社がワクチン製造を行うことになっている。問題は、開発途上国にその年の流行インフルエンザのワクチンが供給されないかもしれないという心配があることである。これらの開発途上国が無償でその年分離されたウイルス標本を送付したとしても、それが数カ月後に裕福な先進国で必要なワクチン製造に使われ、貧困な開発途上国には高価なワクチンが供給されないという不満である[219]。世界におけるワクチン製造会社が少ないという事実と、ワクチン製造会社の製造能力が四〇〇〇万投与分しかないという問題もある。この量は世界で約六〇〇万人分に相当するが、とても全要求量を満たすものではない。

ＷＨＯが過去五〇年にわたって築き上げてきたインフルエンザ感染流行対策のシステムがある。その基本は、インフルエンザ感染地域から流行のウイルスを分離し、それを基にワクチンを作成し感染を食い止めることにある。インフルエンザウイルスの変異は非常に速いので、流行地の感染ウイルス標本の供給はその年のワクチン製造に必須の要件である。今回の事件から明らかになったことは、本システムでは、感染国から標本となるウイルスが東京、メルボルン、ロンドン、アトランタの共同研究機関、さらにそこからワクチン製造会社に無料で供給される。ワクチン製造会社はその無料で提供されたウイルス標本を使ってワクチンを製造し、それを販売し利益を得ている。本システムの基本的問題は、感染インフルエンザウイルスの標本を提供するのは初期感染の起こりやすい開発途上国であるが、ワクチンを作りそれを供給するのは先進国の企業であり、恩恵を受けるのは先進国の国民であるということである。つまり、開発途上国はワクチンの恩恵を受けることは少ない。たとえワクチンの供給があったとしても、開発途上国の国民がワクチン接種を受けるには費用負担が大きい。つまり、開発途上国にはインフルエンザウイルス標本を渡すメリットがないと考えている。今回のインドネシアの行動はその現われではないか。過去五〇年にわたって築き上げた感染症対策のシステムが、根幹から崩れ去る。流行インフルエンザウイルス標本の供給は、感染国の自由意志で行われ、法律的な強制はない。いままで、インフルエンザウイルスの所有権を主張する国はなかったし、ウイルス標本を提供する前に、ワクチンの供給を求める国はなかった。

インフルエンザ対策に危機感を持ったWHOは、インフルエンザワクチン新供給計画「Global Vaccine Action Plan」[220]を二〇〇六年九月に発表した。それによれば、インフルエンザワクチン供給を上げるための計画として三つが提案されている。一つ目の計画は季節投与回数を上げることであり、開発途上国に対してはワクチン価格（現在357USドル／投与）を下げる必要がある。ワクチン製造能力の向上が二番目の計画である。そのためには製造方法に関する研究開発が必要である。それが三番目の計画になっている。より効果的なワクチン開発には、ワクチンの防御能力を向上させることが必要であり、さらにその防御能力を持続させる方法の開発が重要な課題である。この計画を見る限り、開発途上国のワクチン供給に対するWHOの施策には具体性が乏しいといわざるを得ない。このままでは開発途上国の無償の標本供給は困難になる可能性がある。

## ❖公衆衛生上必須の高病原性鳥インフルエンザウイルス標本の私有化

生物多様性条約に依拠する主権的権利によって、高病原性鳥インフルエンザウイルスの標本がその感染国の所有物として感染国が自身の意思で自由にできるとは思えない。生物多様性条約では、生物遺伝資源について資源国の主権的権利が認められていることは周知のことである。インドネシアの解釈では、インドネシアで分離された高病原性鳥インフルエンザウイルスにはインドネシアの主権的権利が及ぶと考えた。しかし、高病原性鳥インフルエンザウイルスのような病原微生物・ウイルスは、公衆衛生の観点からすると生物遺伝資源と考えるには無理がある。高病原性鳥インフルエンザウイルスは、国際的に協力して撲滅・防御すべき共通の対象であるはずである。人類が共通して関心を持つ対象物は共有にするのが最も適切な考え方であり、私有物として隔離するのは不適当である。

高病原性鳥インフルエンザウイルスにインドネシアの主権的権利を認めたために他国のアクセスが遅れれば、世界的なインフルエンザ流行に対して対処することが遅れ、その結果人類に多大な損失をもたらす結果となる。国際社会においてこのような事態は看過すべきことではなく、主権的権利を主張した国は国際社会から非難されるであろう。したがって、国際公衆衛生にとって重大な影響を及ぼす生物遺伝資源については、資源国の主権的権利は制限されるべきである。しかし、この原理原則を適用することは困難が予想される。

## ❖高病原性鳥インフルエンザウイルス標本は国の主権的権利が及ぶか？

インドネシア政府は、高病原性鳥インフルエンザウイルスの標本はインドネシアのものであると考えている。その根拠は、高病原性鳥インフルエンザウイルスは生物多様性条約にある生物遺伝資源に該当し、それには国の主権的権利が及ぶとの解釈であることは前述した。さらにこの考えを拡大し、標本を用いて製造されるワクチンにもインドネシアの主権的権利が及ぶと考えている。したがって、ワクチン販売から得られる利益はインドネシアに還元されるべきものであると主張している。さらに米国 Baxter 社に高病原性鳥インフルエンザウイルス標本へのアクセスを許可することにより、ワクチン製造に一種の独占権を与え、製造されたワクチンを優先的に供給させる計画である。生物遺伝資源に主権的権利が及ぶと仮定した場合でも、それに対するアクセス権を独占的に一社に与えるのは生物多様性条約の本来の目的からすると違和感がある。資源国が相手を決め独占的にアクセスさせることはなかった。通常は、多くの利用者に対して平等なアクセスを許可するのが生物多様性条約関連の「アクセスと利益配分」の議論の中で認識された方法である。生物遺伝資源に対するアクセスは、希少価値の高い制限を必要とする場合はあるかもしれないが、今回のように多くのワクチン研究開発機関で研究してもらう必要がある場合には、アクセス権の制限は合理的であるとはいえない。

インドネシア政府は、高病原性鳥インフルエンザウイルスを生物遺伝資源としてアクセスにはインドネシア政府の許可が必要であり、許可を得るためには利益配分交渉が必要であることをＷＨＯや関係各国に認識させることに成功した。流行ウイルスのような世界の公衆衛生上重要な遺伝資源について、生物多様性条約に基づきウイルス分離国が主権的権利を主張し、提供拒否やアクセス拒否を認めさせたのは初めてのことであり、新たな問題を提供することになった。今回の場合、開発途上国へのワクチン供給の不足に対する不満が、世界の公衆衛生上の危機を上回ることになった。ＷＨＯを中心に高病原性鳥インフルエンザウイルス流行地に対して十分な対策を行っていればこのような事態は避けられたのであるから、ＷＨＯや先進国の責任も重い。ワクチン製造能力を上げて、流行地に十分いきわたらせる努力を行うべきであった。インドネシア政府の取った態度は過激ではあったが、ワクチンのより平等な配布のきっかけとなった。インドネシア政府のとった方針が今後世界に広まる前に、ＷＨＯはワクチン供給計画を早急に見直さなければならない。今後は、インドネシア政府とワクチン製造会社の間で高病原性鳥インフルエンザウイルスのアクセスと利益配分について交渉することになる。すでにインドネシア政府は米国ワクチン製造会社であるBaxterと仮合意に達しているので、今後この方法をモデルにその他の企業と交渉することになる。その中で重要なことは、Baxterがウイルス標本を入手するのと引き換えにワクチン製造法をインドネシアに教えることである。このことによって、インドネシアのワクチン製造能力が高まり、今後の流行に対処することが可能になる。

## ❖人類の共有物である生物材料の知的財産権による私有化

インフルエンザウイルスに対処するには一国の努力ではできないということは長い歴史が証明しており、人類の英知を結集することが必要であるとしてＷＨＯのシステムが構築されてきた。今回のインドネシアの標本供給拒否の場合は、この国際社会の努力と共通認識を無視するものであるといわざるを得ない。インドネシアは生物多様性条約に法的根拠を求めて国が主権的権利を主張したわけであるが、同様の問題は、知的財産権の主張によって、いままで構築されてきた自由意志に基づく標本供給体制が脅威にさらされる可能性もある。つまり、インフルエンザに感染した患者あるいはその家族、関係者がインフルエンザウイルス標本そのものの所有権を民法に従い主張したり、インフルエンザウイルスを含む特許権あるいは著作者人格権などの知的財産権を主張したりする事態は十分に考えられる。特に著作者人格権を根拠に一種の人格権を主張する場合が想定される。米国において、細胞、遺伝子などの生物材料に所有権を求め係争に至った裁判例がある[221]。患者John Mooreから分離した細胞特許USP4,438,032事件で、カリフォルニア州最高裁は「生物材料に所有権を認めることは研究開発にとって有害なことである。」と判示し、生物材料に付加価値を付けた場合は所有権が移ると解釈されている。しかし、インフルエンザウイルス標本のような生物材料を無償で提供した人物の意志を完全に否定することは難しい。したがって、このような事態を想定した場合、知的財産権と公共の利益の均衡をどのようにとるのかという基本問題に焦点が絞られることになる。特に公衆衛生問題の解決のためにどれだけ私有権の制限が許容されるのかといういわゆる強制実施権の行使を想定させることもあり得る。

ＡＩＤＳ（Acquired Immunedeficiency Syndrome: 後天性免疫不全症候群）流行が国際的な公衆衛生問題となり、ＨＩＶ（Human Immunodeficiency Virus: 人免疫不全ウイルス）が発見されたのが一九八二年である。

最初のＨＩＶウイルス標本は免疫不全症の患者から分離されたが、ＡＩＤＳ感染経路やＨＩＶ進化の解明の過程でアフリカ諸国のサルあるいは原住民から多数のウイルスが分離されている。ＨＩＶ－１を特許請求範囲に持つ米国特許は八四四件出願されている。しかし、これらの特許について権利が主張されたことはない。ＨＩＶ標本の無償提供に対して、財産権特に生物多様性条約に定められた主権的権利が主張されたことはない。しかし開発途上国においては、自分たちが無償で提供した生物遺伝資源を使って先進国が抗ＡＩＤＳ薬などの医薬品を作り利益を得ていることに不満が根強く存在するのも事実である。特に、抗ＡＩＤＳ医薬品を安価に供給してほしいという要求は強い。そのような不満が噴出したのが、南アフリカ共和国で起きた抗ＡＩＤＳ薬に対する強制実施権の行使であり、その問題解決のためＷＴＯ／ＴＲＩＰＳで長い論争が繰り広げられた。この抗ＡＩＤＳ医薬品へのアクセス問題の解決方法として、ＴＲＩＰＳ協定三一条の改定がなされた。しかし、開発途上国への抗ＡＩＤＳ医薬品の供給が増加したとの明確な実証は報告されていない。

## ❖医薬品に対するいわゆる南北問題としての課題

インドネシアでは、インフルエンザ治療薬 Tamiflu でもその供給の困難さを経験している。二〇〇五年一一月二五日インドネシア政府は Roche との交渉の結果、Roche から Tamiflu のサブライセンス権を入手した。インドネシアは、韓国から Tamiflu 原体を入手して、インドネシア国内製薬会社 Kimia Farma あるいは Indofarma が製剤化を行う計画である。すでに Kimia Farma が Tamiflu 製造の指名を受けている。一方インドネシア政府の立場として、もし国家が緊急衛生状態にあるときは国民の健康確保のためにライセンスは行うべきであるとの基本姿勢を貫いている。自国で Tamiflu が製造できない場合、あらゆる手段を使ってその供給を確保するのは当然の行為であるとしている。このようにTamiflu供給問題もインフルエンザウイルス標本供給問題も、開発能力の乏しい国が国家の緊急衛生状態に対処するための手段と考えられている。

インドネシアの高病原性鳥インフルエンザウイルス問題の所在は、インドネシア政府が国内の流行を抑えるワクチン供給がさまざまな要因により困難になったことに危機感を持ったことにある。そのためインドネシア政府は、ウイルスに対する生物多様性条約にある主権的権利を持ち出し、特定の会社にアクセスを許可して優先的にワクチン供給を受けようとした。問題の中心はワクチン供給の不平等感にあるので、解決には現在のWHOの設立したワクチン供給体制を改善することが必要である。ワクチン製造は世界的に低下しており、特に先進国ではごく一部の企業を除けば研究開発の意欲は低下している。しかし、開発途上国ではAIDSを中心に伝染病が蔓延しているにもかかわらず、それに対処するワクチンが十分に供給されているとはいいがたい。このような現状を改善するために、ワクチン供給計画を示すべきである。この計画において重要な課題は、ワクチン研究開発の振興である。ワクチン研究開発は、ワクチンビジネスの低下に伴い省みられなくなっている。またワクチン認可規制も旧態のままであり、過大な承認のためのデータが必要である。伝染病の治療にはワクチンが最も有効かつ重要であるという認識に立てば、先進国においてワクチン研究に対する政府の奨励が強く求められる。ワクチン研究には遺伝子工学、細胞工学といった多くのいわゆるリサーチツールが必要である。しかし、このようなリサーチツールは、多くの場合特許化によってアクセスが制限されている。公共性の高いワクチン研究に使う必要のあるリサーチツールに関する特許を、自由に使える特許制度にすべきである。さらにワクチン製造技術・設備の開発途上国への移転を促進すべきであり、そのため先進国の援助を計画的に行うべきである。開発途上国でワクチン製造が可能になれば、今回のような問題は起きない。ワクチン製造ができるようになれば、ワクチン研究は自然と活発になるはずである。そうすれば、あらゆる伝染病に対する対策が取れるようになり、人類の公衆衛生は向上するはずである。

今回の事件は、生物多様性条約におけるアクセスと利益配分に対して新たな課題を提供することになった。ワクチンを製造するために必須のウイルス標本を、自国の生物遺伝資源として主権的権利を主張し、そのアクセスには利益配分の約束がなければ供給しないと資源国は主張する。しかしながら国際公衆衛生上の利益と一国の緊急事態とを調和させせなければならないという観点からすると、今回のインドネシアの行動は受け入れがたいと考えられる。またこの事件は、WHOが戦後構築してきたインフルエンザ流行対策政策に大きな課題を負わせる結果となった。すなわち、善意に基づく無償のウイルス標本提供のシステムを再検討しなければならない。WHOがこの問題に何らかの解答を示さない限り、インドネシアと同じ主張をする国が今後も現れると思われる。

# 第5章　資源国伝統的知識の先進国での商標化の事例

## ❖はじめに

伝統的知識のひとつに民芸品などの有形の物があるが、原住民の間で伝統的に使われている習慣、踊りなどの無形のものもある。そのような開発途上国の伝統的知識を、先進国の企業が先進国でただ乗りして商標登録することがある。商標という形で伝統的知識を私有化し、商標権によって先進国内で伝統的知識を独占したり開発途上国からの輸入を妨げたりすることによって紛争を起こしている場合が報告されている。

開発途上国の伝統的知識を一般名として含んだ商品を先進国に輸出する場合、その名前が先進国で商標登録されていると、自分たちの伝統的名前を使うことはできない。長い間伝統的に使ってきた名前が使えなくなることは、伝統的知識保持者にとって不合理なことであるとともに、資源国においても社会的混乱を起こすことになる。

本稿において、伝統的知識が先進国で商標化されている事例を取り上げ、その現状を明らかにする。さらに伝統的知識の保護のあり方についても議論する。

## ❖ケニアの織物「Kikoy」

Kikoy または kikoi は、アフリカ東海岸地方で伝統的に作られている綿織物である。イギリスの Kikoy Company UK[222] は二〇〇六年八月に「Kikoy」商標を登録申請した[223][224]。これを知ったケニア政府や Cooperation for Fair Trade in Africa（COFTA）はこの商標登録申請に反対した[225]。ケニア政府は弁護士を雇う金がなく、やむなく異議申立を一時放棄した経緯がある。「Kikoy」商標登録は二〇〇八年に取り下げられた[226]。Kikoy 社が異議申立に対する反論を提出しなかったためである。

特定の私企業が、伝統的知識である伝統的文化の名前を独占すべきではない[227]。ケニア国内においても同様である。Kikoy UK 社が、独占することにより、「Kikoy」商標名で伝統的織物を販売することができないばかりでなく、「Kikoy」あるいは「kikoi」の名前を独占することにより、ケニアの伝統的知識が特定会社に独占され、原住民の自由はなくなる。このような事態は、ケニアの経済のみならず伝統的文化までも壊しかねない。ただし、Kikoy を商標として登録しても、Kikoy 商標を付けていない Kikoy 商品を販売することは商標侵害にならないという意見もある。そうすると、Kikoy 商標登録をする意味がなくなる。残念ながら、ケニア人が特許あるいは商標登録をする知識・能力はなく、自分を守るすべがない。特許登録料がケニア人の年間所得に匹敵する状況では、英国に商標申請することは不可能である。そのため、ケニアの芸術家の中には、ケニア文化を公開することにより、誰かに特許・商標・意匠を盗られるのではないかと恐怖を持ち、トレードショウなどで公開しないようにしている。

Kikoy の英国商標登録の事件をきっかけに、バイオパイレシーに対処するため、ケニア政府貿易工業省は伝統的民芸品のリスト化を始めた。伝統的民芸品リストが完成すれば、WIPOに提出し、その承認を得る計画である。

## ❖ブラジルのジュース「クプアス」

クプアスは、アマゾン原生のカカオと同じ種類の植物である。クプアスの果肉はジュースやジャム、アイスクリームなどに加工され、ブラジル国内で売られている。また、カカオと同じようにクプアスの種からチョコレートを生産できる[228]。

日本の食品製造会社アサヒフーズは、二〇〇〇年にクプアス油脂の製造法に関する特許を出願した[229]。このことからすると、アサヒフーズはそれ以前からクプアスに注目し、研究開発を行っていたと思われる。出願特許の中で、クプアスの出所情報として「南米アマゾン河流域において自生しまたは小規模ながら栽培されており、樹木は常緑の低木性であり、日陰によく適応し、従って他の植物との共生に適しているとされている。」と記載し、アマゾン原産であることを明らかにしている。十分とはいえないが、出所開示を行っていると考えられる。

アサヒフーズは、日本で「クプアス」の商標を二〇〇三年に登録した。欧州と米国でも登録したようである。長らく開発していたクプアスを利用したチョコレート製品を売り出すのに備えたためであると思われる。他人が「クプアス」商標をとることによって、それまでの開発投資が無駄になることを恐れた結果である。

これに対し、アマゾン地方の労働団体が登録商標の無効を日本で訴えた[230]。アマゾン労働団体は主にゴム液採取業者や農家の団体であるが、一部環境保護団体も参加した。この参加団体は、クプアスとは直接的な利害関係はないように思われる。この訴訟の目的は、直接的にはブラジルのクプアス輸出業者を保護するためであるが、ブラジルの伝統的知識を保護するためでもある。

これに対して商標権保持者は、「商標登録はクプアスで作ったチョコレートの製造法を守るためであり、悪意はなかった」とブラジルで表明した[231]。原料のクプアスの入手が困難になることを恐れたためと思われる。商標取り消し訴訟に対して抵抗しないと表明している。

商標登録は、二〇〇五年になってようやく取り消しとなった[232]。「クプアス」はクプアスの種子から採取された油脂を使用することを示す一般名であるので、特定の個人に独占させることは妥当ではないという理由を特許庁は挙げている。いわゆる商標法第三条第一項第三号[233]の「普通に用いられる方法で表示する標章のみからなる商標」と判断され、商標取り消しになったと考えられる。

その後、同様なケースがあり無効審決がなされている[234]。この場合もブラジル原生の植物アサイの加工品に関するものであり、一般名として「クプアス」と同様商標法第三条第一項第三号により商標取り消しとなった。

ブラジル政府はこの事件を受けて、各国政府に対してブラジルアマゾンの動植物の名前を商標として登録しないよう要請した。ブラジル政府によれば、アマゾン生息の多数の植物名がブラジル外で商標登録されていると主張している。南米アマゾン諸国が集まり、先進国の企業による南米植物名の商標登録を阻止するための方策を議論した[235]。特にペルーは強硬な意見を述べ、強制力のある条約を作るべきであると主張している。

## ❖南アフリカの「ルイボス（rooibos）」茶

南アフリカの原住民が不老長寿のために愛飲する「rooibos」という茶がある。米国でも、不眠症や胃腸の不調、アレルギーや皮膚病など、さまざまな症状に優れた効果を発揮する万能茶として知られている。

南アフリカ人の Annique Theron は、Forever Young 社を設立し、「rooibos」茶の販売をはじめた。Forever Young 社は、「rooibos」商標を米国で登録した。米国の企業 Burke-Watkins 社の子会社 Burk International 社が、「rooibos」商標権を Forever Young 社から一〇ドルで一九九四年に譲り受けている。それまで米国で全く知られていなかった「rooibos」の名前を商標登録することにより名前の独占化を図った。その後、Burk International 社は、「rooibos」茶の流通・販売業者から商標使用料として一社あたり五〇〇〇ドルを得ようと企て、警告状を発送した。「rooibos」の名前が米国内で普及するにしたがって、「rooibos」商標について輸入業者や健康食品協会などが不満を表明した。

米国薬草産物協会（American Herbal Products Association ＝ AHPA）や南アフリカの輸出業者 Rooibos 社やその他いくつか rooibos 茶販売会社が、商標登録取り消し訴訟を一九九四年に提起した。二〇〇五年になって、米国ミズーリ州地方裁判所から The Republic of Tea, Inc. v. Burke-Watkins 訴訟の判断がなされ、rooibos 商標は無効とされた。その後、Burk International 社の自主的な商標取り下げにより紛争は終わった[236][237]。商標登録から一〇年の歳月と約一億円の訴訟費用の結果である[238]。Burke-Watkins 社も二五万ドルの訴訟費用を費やした。

裁判所の判示[239]では、単なるお茶を表す一般名であるとして、「rooibos」商標を無効とした。一般名とする根拠は、「rooibos」は南アフリカにおいて広く知られており一般名として通用していることであり、さらに米国における取り扱い業者が普遍的に使っていることが証拠により認められた。また、商標権者以外が「rooibos」の名前を使うのは単なる出所地域を表しているに過ぎないので、商標権者の権利を侵害することにはならないと判示した[240]。その結果、明らかに普通の消費者が「rooibos」という言葉を認識する場合、南アフリカの「rooibos」から作られたお茶であるということができる。米国植物会議（American Botanical Council）は専門家意見を発表し、「rooibos」は少なくとも一九六二年から国際的に使用されている植物加工品を表す一般名称であると証明している[241]。

南アフリカの「rooibos」生産者は、伝統的知識である「rooibos」の名前で商標を取ることは伝統的知識の盗用と考えている。南アフリカの「rooibos」の生産者は、南アフリカあるいは米国の輸出入業者と協力して、米国輸出販売を行っている。当然販売の際には「rooibos」名を使用している。南アフリカの「rooibos」生産者は「rooibos」名を普遍的な一般名として認識しており、当然その商品を表現する名前は「rooibos」となることは合理的である。米国で「rooibos」商標権を持つ Burke International 社とは紛争が避けられない状況であった[242]。Burke International 社が米国「rooibos」茶販売業者から強引にライセンス料を取ろうとしたことも問題を大きくした。

伝統的知識を私有物として独占することは、共有物との認識を持つ生産者にとっては不合理なことである。

逆にいえば、共有物と一般に認識された名前を商標によって独占することは困難なことである。

### ❖タイのヨガ「ルーシーダットン」

タイ式ヨガの「ルーシーダットン」、「Rusie Dutton」は、タイ国民の間で大切に守られてきた伝統的医学知識の一つである。タイ国民の間で伝統的知識、文化として根付いている。

「ルーシーダットン」商標権者は二〇〇三年頃から「ルーシーダットン」を普及させるため、日本で一〇〇以上の講座を設置、数百人のインストラクターを養成してきた。二〇〇五年四月、「ルーシーダットン」の普及を目的とする特定非営利法人（NPO法人）「日本ルーシーダットン普及連盟」を設立した。その後、二〇〇六年二月に「ルーシーダットン」、「Rusie Dutton」の商標登録を行った（商標登録第4931919号（T4931919））。

「ルーシーダットン」、「Rusie Dutton」の商標登録を知ったタイ商務省知的財産局が、異議申立を二〇〇六年五月に行った。二〇〇七年五月に、特許庁による商標登録の取り消し審決がなされた。商標登録取り消しの理由は商標法第四条第一項第七号[243]の「公の秩序又は善良の風俗を害する恐れがある商標」である[244]。現行の商標審査基準からすると、「公の秩序又は善良の風俗を害する恐れがある商標」のうち「一般に国際信義に反する商標」ということができる。「ルーシーダットン」、「Rusie Dutton」は、タイの中で広く普及している伝統的知識を表す言葉であり、タイの公共の財産というべきものである。その言葉を日本国内で独占的に使用することは、「タイ王国並びに同国国民の尊厳、国民感情からみて国際信義にも違背する恐れがあり穏当でない」ということになる。

その後、日本ルーシーダットン普及連盟は株式会社ルーシーダットンと名前を変え、二〇〇七年になって新たな商標出願2007-14722と2007-14723を行っているが、二〇〇八年に拒絶査定されている。出願された商標は「日本ルーシーダットン普及連盟/Japan Rusie Dutton Popularization Federation」というものである。あくまで「ルーシーダットン」、「Rusie Dutton」を使いたいようであるが、前回と同様に国際信義に反するとして拒絶されている。

### ❖エチオピアのコーヒー「Harar」、「Sidamo」、「Yirgacheffe」

エチオピア政府は、エチオピア原産コーヒー豆の品種「Harar」(Harrarを含む)、「Sidamo」「Yirgacheffe」の三つの商標について米国、ヨーロッパ、カナダ、日本などに商標登録出願した[245]。米国での商標登録出願番号はそれぞれ78/589319(78/589312)、78/589307、78/589325である。すでに日本、カナダでは商標が登録されているが、米国では「Yirgacheffe」が登録され、「Sidamo」が審査終了したが、「Harar」はまだ認められていない。

エチオピア政府の原産地商標登録出願の目的は、これらの商標のライセンスから得られる収入でエチオピアのコーヒー豆栽培農家が衡平な利益配分を受けられるようにするためであるとしている。国際的なコーヒー豆の取引では、エチオピアの農民に対する利益配分が衡平に行われていないとエチオピア政府は認識しており、その不衡平なシステムを是正するためでもある。本事件の詳細については次章で述べる。

## ❖伝統的知識を含む商標登録と特許庁判断

伝統的知識を含む商標登録に対して特許庁への異議申立あるいは裁判所への取り消し訴訟があった場合、大きくわけて二つの判断がなされる。ひとつは登録された商標が一般名であると認定し、商標登録を取り消すあるいは無効にするケースである。日本でのクプアス、アサイなどの植物名を、商標法第三条第一項第三号によって商標登録を取り消した。米国では、米国の地方裁判所の「rooibos」茶商標に対する判決である。特に米国では、名前の認知度の事実関係を、米国の取り扱い業者の使用事実や南アフリカにおける普遍性などの事実を根拠に判断している。一般名は公共のものであり誰でも使えるものとして広く認知されている。そのような一般名を商標として認めた場合、社会、経済的な混乱を避けた判断であるといえる。

日本における「ルーシーダットン」というタイ伝統的知識の商標係争は、公序良俗に反するかどうかの判断について行われており、前者の二つのケースと異なる。「ルーシーダットン」は、タイにおいて伝統的知識というレベルにあるかという点と、それを商標として私有されたとき国際信義に違背するかどうかという点が争点である。当然タイ側の主張は、「ルーシーダットン」はタイ国民の間で大切に守られてきた伝統的医学知識であると主張する。商標保有者はタイ国民の文化観を形成しているとは認められないし、文化的遺産というのは過大な解釈であると主張した。特許庁の判断は、多くの証拠を挙げてタイ側の主張を認めている。

次に「ルーシーダットン」の日本商標が、タイ国民感情を害し、尊厳を傷つける行為かどうかが争われた。ルーシーダットンの日本普及を図ることがタイ国民の感情を害するとは考えられないので、「ルーシーダットン」商標がタイ国民感情をどの程度害したかどうか明らかでない。むしろ、「ルーシーダットン」名を日本人が私有化することがタイ国民の感情を害することは、理解できる。

伝統的知識である「ルーシーダットン」を私有化し、取引を独占することによって、公正な取引秩序が損なわれるとの判断を特許庁は示した。直接的な取引損害を受けるのはタイの普及活動を行っている民間組織やタイ政府関係者であると認定している。日本とタイの国際信義に反するという理由も挙げている。

このように、日本の特許庁の判断は、伝統的知識保持国タイの国民感情を斟酌していると考えられる。この特許庁の考え方はタイのみに特別に向けられたのではなく、伝統的知識の価値を認識し、それを伝承しようとする国の姿勢を高く評価し、敬意を払う姿勢を示しているといえる。

## ❖地域表示との関係

伝統的知識の商標登録は、地域表示問題と密接に関連している。伝統的知識を継承する地域の名前を商品に用いるのは、その名前の付いた製品の品質が保証され、安心感を与える効果があるからである。一般的に伝統的知識は長い歴史の中でよいものが選択・淘汰されてきた場合が多いので、その品質は比較的安定している。また伝統的知識を保存しようとする考えが強く働くため、品質・形状に大きな変化はない。そのため、消費者も、品質に対する安心感をその伝統的な地域表示から受けるものと考えられる。「Harar」、「Sidamo」、「Yirgacheffe」というエチオピアコーヒー商標は、エチオピアのコーヒーの生産地域を表すものである。エチオピアはコーヒー発祥の地であり、その伝統的コーヒー栽培技術が広く世界で認められたものである。コーヒーではその栽培地を名前に付けることが多く、例えば、コナコーヒーも、ハワイ島のコナ地域で栽培されたものにしかつけられないことになっている。

このように、伝統的地域の表示は一種の権利として認識されている。問題は、これらの伝統的地域名を許可なく勝手に使い、それが持つ効果にただ乗りしていることである。伝統的地域名を利用するものは、その名前の優位性、差別性を理解しており、消費者の安心感を得るために用いるのである。伝統的地域から得られた原材料を使っているにしても、その伝統的地域名を独占的に使用することは問題である。

伝統的地域名の使用に関するルールがＴＲＩＰＳ協定第二二条に記載されている[246]。さらに、二〇〇一年のＷＴＯドーハ閣僚会議の決定により、生物多様性条約とＴＲＩＰＳ協定の関係問題とともに地理的表示の多数国間通報制度登録創設交渉が交渉項目とされた。また地理的表示の追加的保護の産品拡大も非交渉項目の課題として残った。多数国間通報制度登録創設についてＥＣは拘束力のある制度を求めているが、日米は拘束力のないデータベース的制度を志向している。産品拡大についてヨーロッパは積極的であるが、米国、カナダ、オーストラリア等は消極的である。日本は中立的立場を表明している。伝統的地域名を多く持つ国は、インドを中心に対象産品の拡大を望んでいる。このような意見対立があるため、交渉は進展していない。

伝統的知識を保護する観点から伝統的地域名を考えると、ＴＲＩＰＳ協定の地理的表示の追加保護の産品を拡大することは必要であると考えられる。伝統的地域名のただ乗りによる独占は排除すべきである。また、伝統的方法を守って高い水準の品質を保っている製品について、消費者の安心感醸成の観点からなんらかの保護を与えるべきである。伝統的知識を守ることによって一種の標準化がなされ、品質の高い安心できる製品が作られ、伝統的知識がさらに向上する可能性がある。

ＴＲＩＰＳ協定第二二条に基づき、日本の商標法では第四条第一項第一七号[247]にぶどう酒もしくは蒸留酒の産地に関する商標は登録されないこととなっているが、産品の種類は限られている。

## ❖伝統的知識の商標登録のあり方

伝統的知識を利用国で商標登録する場合、多くの問題点がある。そもそも伝統的知識は人類共有の財産であると考えるのが妥当と思われるが、それを特定の個人の私有物とし、他者を市場から排除することは公正なことではない。伝統的地域名は品質保証と安心感醸成の手段であり、その手段は伝統的地域から出た産品で基準を満たしたもの全体で使われるべきものである。

もし、伝統的地域名を含む伝統的知識が商標登録されたとしても、登録以前から使っている商標に対してはその使用を差し止めることはできない。なぜなら、商標登録に用いられた伝統的知識は先使用とみなされるからである。伝統的知識を商標登録してブランド化をめざしても、権利行使は不可能であり、ブランドの意味はないと思われる。伝統的知識の商標を登録する場合は、その商標の強さを最初に考慮すべきであろう。

## ❖伝統的知識の商標化に対する資源国の対処

南アフリカ共和国では、二〇〇四年に原住民知識システム政策（Indigenous Knowledge Systems Policy = IKS）が施行された[248]。この政策によって、南アフリカ共和国の伝統的知識に関する政策を各省庁間で協力して総合的に進めることが決まった。特に重要なのは、その政策実行の手段として知的財産に関する法律を用いることである。

この政策に基づき、伝統的知識を保護する法案が南アフリカ議会で議論されている[249]。法案は一連の知的財産保護法の修正として貿易産業委員会に提出されている。Ndebele 族の特有のデザイン、Shona 族のダンス、ルイボス茶、食欲減退サボテン Hoodia などの伝統的知識を保護することはいままで不可能であった。新法案において、最初にやるべきことは伝統的知識のデータベース化である。そして、データベースにある特徴的なものを特許化し公開することが必要であるとしている。

まず実行者保護法（Performers' Protection Act）一九六七年版の修正案が提案されている。このことによってダンスや民謡が保護される。次に著作権法一九七八年版が修正され、伝統的知的財産委員会が設立される。商標法一九九三年版も改正され、地域表示が保護されるようにする。意匠法一九九三年版も改正され、多くの伝統的デザインが保護されるようにする。

南アフリカの伝統的知識の保護政策は、他の資源国にも広がっている。例えばインドのKerala州では伝統的知識を「Knowledge commons」と位置づけて保護しようという政策を発表した[250]。このようにいろいろな方向はあるが、資源国各国で伝統的知識の保護活動が加速しているのは間違いない。

# 第6章　エチオピア国のコーヒー原産地商標登録出願の生物多様性条約からの意味

### ❖エチオピア政府のコーヒー原産地商標登録出願

前述したようにエチオピア政府は、エチオピア原産コーヒー豆の品種「Harar」（Harrarを含む）、「Sidamo」「Yirgacheffe」の三つの商標について米国、ヨーロッパ、カナダ、日本などに商標登録出願した[251]。米国での商標登録出願番号は、それぞれ78/589319（78/589312）、78/589307、78/589325である。すでに日本、カナダでは商標が登録されているが、米国では「Yirgacheffe」が登録され、「Sidamo」が審査終了したが、「Harar」

エチオピア政府の原産地商標登録出願の目的は、これらの商標のライセンスから得られる収入でエチオピアのコーヒー豆栽培農家が衡平な利益配分を受けられるようにするためであるとしている[252]。国際的なコーヒー豆の取引ではエチオピアの農民に対する利益配分が衡平に行われていないとエチオピア政府は認識しており、その不衡平なシステムを是正するためでもある。エチオピア政府の試算によれば、これらの商標ライセンスにより年間八八〇〇万米ドルの収入があると考えている。エチオピア政府は、コーヒー豆原産地商標のライセンスを世界のコーヒーメーカーに打診しており、すでに一一の米国コーヒーメーカーが合意したとしている。

エチオピア政府が自国のコーヒー豆について商標登録を志向した理由の一つとして、自国の伝統的知識、産業を世界的に認識させる効果を狙ったと考えられる。また、伝統的知識にもとづく名前をエチオピア国外の私企業に使わせないとの意図があったとも想定できる。伝統的知識あるいは伝統的産業の名前をエチオピア国外の企業が商標登録することによって、本来の伝統的使用者が使えなくなる事態を避けたということもできる。

## ❖ Oxfam のエチオピア政府サポート

エチオピア政府の取り組みを、英国の国際支援団体NPOであるOxfamが支援している。Oxfamは貧困撲滅と公正な社会を形成することを目的として世界で活動しているNPOであるが、エチオピアでも長い間取り組みを行っている[253]。Oxfamが本問題に関心を示した理由は、エチオピア国のコーヒー豆農家への利益配分があまりにも低すぎるという認識をOxfamも持ったからである。開発途上国の医薬品使用について、強制実施権を使い知的財産を無視する横暴な行動であると先進国は批判するが、先進国が逆に開発途上国の知的財産取得に敬意を払わないばかりでなく妨害しているのは許されるべきことではないとOxfamは主張している。

コーヒー豆産地がブランドとして世界で広く認識されているならば、その原産地名を付けたコーヒーの価値が高くなるのは当然のことであるとしている[254]。

## ❖ Starbucksと米国コーヒー協会の反論

米国の大手コーヒー販売者であるStarbucksは、エチオピア政府の米国商標登録出願に反対している。その反対の理由は、公式に表明されていないが、ライセンス料支払いにより販売するコーヒーのコストが上がり利益が下がることを嫌ったものと考えられる。二〇〇五年三月に商標登録出願された「Sidamo」[255]は約一年五カ月間審査が中断された。中断の理由は、エチオピア政府が出願する以前の二〇〇四年六月に、Starbucksが「Sidamo」に関連する商標「Shirkina Sun-dried Sidamo」(米国商標登録出願番号78/431410)[256]を商標登録出願していたためである。Starbucksの登録出願は、公告決定をいったん受けるも異議申立満了後の米国特許商標庁(USPTO)審判部の決定を受け、Starbucksが当商標を放棄した。

Starbucksは、エチオピア政府の取り組みに反対して、ブランド名のないコーヒー豆を他所から購入するほうが安くすむと表明している。また、すでにエチオピアからコーヒー豆を購入する際に市場購入価格にプレミア料金を追加して払っているので、さらに商標権にライセンス料を払うのは不合理であるとしている。さらに、非金銭的な利益配分として、独自にエチオピア社会開発プロジェクトへの投資も行っている。したがってStarbucksとしてはすでに十分の利益配分を行っているので、さらに商標権にライセンス料を払うのは利益配分として不衡平であると考えていると思われる。しかしこのような主張の前に、Starbucksは「Sidamo」関連の商標登録出願をエチオピア政府の商標登録出願のわずか九カ月前に行っているのは偶然とは思えず、妨害工作と取られてもしかたがない。

Starbucksは自身で反対運動をするのは消費者に対する影響が大きいと考えて、米国コーヒー協会(National Coffee Associations＝NCA)に依頼した。エチオピア政府の米国商標登録を阻止すべく、NCAは、USPTOに「Harar」はさまざまなコーヒー豆に対する一般名称であることを示す多数のウェブサイトのプリントを証拠として提供した[257][258]。しかし、StarbucksはNCAへの依頼を公式には否定しており、NCAもStarbucksの圧力を否定している。NCAが提供した情報に添付した意見書に、反対する理由として、商標登録出願された商標は一般的で登録できない商標であると主張している。さらに、エチオピア政府の要求はエチオピアコーヒー豆の米国消費を減らすものでしかなく、商標登録はエチオピアのコーヒー豆栽培農家の利益にならないとしている。

## ❖米国特許商標庁における審査経過

USPTOは、エチオピア政府が出願した商標「Harar（Harrarを含む)」と「Sidamo」に関わる商標登録出願を審査しいったん拒絶した[259]が、その後「Sidamo」審査が終了し、異議中立期間に入った。公表から三〇日間の異議中立期間中に異議がなければ登録される。「Yirgacheffe」は、問題なく二〇〇六年八月八日に登録された（米国商標登録番号3,126,053）[260]。

「Harar」の審査経過[261]を見るに、審査初期においてエチオピア政府は、その商品について原産地の特定の規格を有することを証明する認証商標（certification mark）としての取得の意思をUSPTOの審査官から確認されているが、認証制度を採らずに商標登録（trademark）を取得すべく、「Sidamo」と同様の審査対応を進めている。米国商標法第二条(f)項では、その商品等の内容を単に記述したり故意に誤って記述したに過ぎない商標や、その商品等の出所の地理的表示を記述したに過ぎない商標は、記述的商標（descriptive mark）であるとして商標登録が認められない。ただし、長年その商標が使用された結果、その商標を単に商品等の内容を記述しているに過ぎないものではなく、その商品の特定の出所を表示すると一般消費者が認識するに至った場合、後発的に識別力が認められ商標登録が認められる[262]。

エチオピア政府は、少なくとも五年間本商標を連続的に使用していることを示し、後発的識別力を根拠に上記第二条(f)項の主張をしたが、USPTOは、「Harar」は「エチオピアHarar地域で栽培されたコーヒー豆の一般的名称」を示す故に、その商品等の出所の地理的表示を記述したに過ぎないとする第二条(e)項(2)の拒絶は回避できるものの、その商品等の内容を単に記述したに過ぎないとする第二条(e)項(1)の拒絶は回避できないと判断し、一般消費者が「Harar」を「エチオピア政府による製品」と同一視するに足る証拠等の提出を求めた。これに対し、エチオピア政府は、「Harar」商標は商標登録出願人を通じて提供されたコーヒー豆であるとの出所表示機能を有し、また商標登録出願人が「Harar」コーヒー豆を含むエチオピアコーヒー豆の輸出を管理していることから、一般消費者は「Harar」をエチオピアコーヒーと結びつけていると反論した。

「Harar（Harrarを含む）」は、二〇〇七年九月時点で登録に至っていない。「Harar（Harrarを含む）」は長年の使用によりエチオピアコーヒー豆の原産地出所表示機能を有する観点では識別力を有するが、現在商標登録出願している名称においては、商標登録出願人の商品であると一般消費者が識別できるほどにはなっていない点で一般名称であるとUSPTOは判断しているからである。

これまでの審査経過をふまえると、これまでにエチオピア政府が使用してきた名称のうち、エチオピア政府のコーヒー豆と認識できる程度の名称に対して新たに商標登録出願をすることが望まれる。現にエチオピア政府が使用してきた「ETHIOPIAN LONGBERRY HARRAR」では、仮に米国商標法第二条(e)項(1)の拒絶がなされたとしても同法第二条(f)項の後発的識別力を基に一般消費者が商標登録出願人の商品であると識別できるだろうと、「Harar」の審査においてUSPTOの審査官が述べているからである。また今後の選択肢としては、商標登録を断念し認証商標としての取得に切り替えることも考えられる。「Harar」におけるこれまでの審査の中で、認証商標としての取得に切り替えることをUSPTOの審査官が強く推奨しているからである。

「Sidamo」審査再開後は、前述の「Harar」の場合と同様、商標登録出願人の商標法第二条(f)項の主張ではその商品等の内容を単に記述したに過ぎないとする第二条(e)項(1)の拒絶を回避できないと判断された。これに対しエチオピア政府は、「Sidamo」が一九二八年以来使用されていることや、一九七一年から二〇〇四年の間にエチオピアから米国に輸出されたコーヒー豆の統計等を示し、後発的識別力を根拠に上記第二条(f)項を再主張した。さらに「Sidamo」はエチオピア国内のコーヒー豆原産地を表現したもので、米国商標法第二条(e)項(2)の規定する原産地表示に合致しているので商標登録が可能であると主張した。しかし、USPTOは過去の判例を引用し、原産地表示に合致していたとしても商標法第二条(e)項(1)を根拠に一般消費者がその商品の一般名称と理解する場合には商標登録が認められないと判断し再度拒絶をした[263]。

これに対しエチオピア政府はその拒絶対応の中で、コーヒー豆の一般名称の一つがアラビカであり「Sidamo」ではないこと、「Sidamo」コーヒー豆はエチオピアのSidamo地方で産出されたアラビカ種のコーヒー豆であり、エチオピア以外の場所から産出されたものではないこと等を主張し、最終的にこれがUSPTOに認められた。

今回、認証商標としての取得ではなく、エチオピア政府が登録商標として権利化を図りたい背景には、エチオピア政府自身が「Sidamo」の販売に関与しているため、自らの商品に商標を付し使用するという商標での保護形態が適していると判断したことが考えられる。一方、認証商標での保護形態では、その商標の使用が認証商標の保有者以外となる点で実態にそぐわなくなると考えた可能性がある。

### ❖エチオピア商標登録出願に対するStarbucksのその後の交渉

USPTOの審査経過から推定すると、Starbucksとその所属する業界団体であるNCAは、エチオピア政府が商標登録出願した商標「Sidamo」及び「Harar」を登録阻止する行動を行ったと疑われてもしかたがないし、公正な取引を標榜する会社としては、その行動が非難される可能性がある。当然、Starbucksはこの疑惑を公式に否定し、NCAも否定し、逆にエチオピア政府の商標登録出願はエチオピアのコーヒー豆生産者に利益にならないと主張する。

エチオピア政府とStarbucksは、その後ライセンス交渉を継続していたが、両者は三つの商標についてライセンス契約を結ぶことで合意した[264]。しかし契約書にサインしたとはいっていない。この交渉内容は詳しく報道されていないのでわからないが、Starbucksとしては、これ以上紛争を長引かせると企業イメージが低下すると考えて方向転換したのではないかと考えられている。グローバル企業として、社会環境の異なる世界各地で商売を行うためには、社会的貢献を明確にする必要があった。エチオピア政府あるいはその支援団体のOxfamはこのライセンス契約締結を歓迎し、エチオピア政府の権利が認められ、より衡平な利益配分がなされるだろうと期待している。また、このエチオピア政府の採用した商標による利益配分を求めるという方法は、生物遺伝資源国の取りうる利益配分の今後の交渉手段となるのではないかと考えている[265]。しかし、原産地商標によって本当に利益配分が適切に行われるかどうかは、今後の展開にかかっている。

## ❖商標権ライセンスは生物多様性条約にいう利益配分か？

エチオピア国のコーヒー豆原産地商標は、生物多様性条約の知的財産面に新たな問題を提起している。エチオピア国のコーヒー豆原産地商標は、その農産物であるコーヒー豆に原産地商標をつけ、その商標を利用国のコーヒーメーカーにライセンスすることによって新たな利益を得ようとする取り組みである。コーヒー豆などのコモディティ農産物を生物遺伝資源に含むべきかどうかという問題に決着はついていないが、本章では一応エチオピア政府の主張に従って生物遺伝資源として考える。しかし、当事者であるStarbucksは、生物多様性条約に加盟していない米国内にある企業である上に米国内の商標登録出願問題であるので、本来は米国内で解決すべき問題であるかもしれない。

生物多様性条約の下では、生物遺伝資源から得られた利益は資源国と利用国の間で衡平に配分することが求められている。しかし、衡平な利益配分についてボンガイドライン以上に明確な基準があるわけではないので、資源国とその利用国の間でアクセスと利益配分は常に紛争の種となっている。生物遺伝資源の利用によって得られる利益から、資源国側はできるだけ多くの利益配分を得ようとするが、食品あるいは化粧品などの素材に用いられる生物遺伝資源は金銭的売買によって取引きされ、利益配分は済んでいるとする利用国側の主張とは常にかみ合わない。今回のエチオピア国の商標問題もその表れの一つである。

エチオピア国の主張は、通常の商取引で得られるコーヒー豆農家の利益配分は少なすぎ不衡平であると考えており、それを少しでも是正したいというものである。一方、利用者であるStarbucksに代表されるコーヒーメーカーは、すでに通常のコーヒー豆商取引でもプレミアム料金を支払っているので、利益配分は衡平に行われていると主張する。さらに、Starbucksでは、エチオピア国に対していくつかの非金銭的な取り組みを行っているので利益配分は十分であると主張している。

いままで利用国の企業が利用国やその製品販売国において、生物遺伝資源あるいは農産物、あるいは伝統的知識に類似した商標を取ることは多く行われ、問題になることがある。アマゾンのクプアスがアサヒフーズにより北アメリカ、ヨーロッパ、日本で商標登録されたが、これに反対するブラジルの団体がアサヒフーズを訴えた例は第五章で述べた。また、開発途上国の伝統的知識や民芸を先進国企業が商標登録して紛争を起こしている例も多い。そのため原産国がそれらの製品を輸出しても、自分たちの伝統的名前を使うことはできない。例えば、ケニアの伝統的綿織物「Kikoy」も英国の会社が商標登録した事例も第五章で示した[266]。

しかし、逆に資源国がその国の農産物について利用国内で商標登録をし、それを利用国の製造者にライセンスする例は見当たらない。資源国の生産者が利用国内で自分の製品を販売するために利用国で商標登録することは通常の行為であるが、利用国に売り渡した農産物に対して主権的権利を主張し、さらにその農産物から製造された製品の売上げに対して利益配分を得るために商標を取りライセンスする行為は新たな試みであるといわざるを得ない。

コーヒー豆の商取引における利益配分が衡平に行われているかどうかを部外者が判断することは困難である。しかし、コーヒー豆は生物遺伝資源というよりは、すでに体系化され長い歴史の中で取引されコモディティ化した農産物と考えるほうがよいと思われる。したがって、その利益配分の仕組も需要と供給のマーケット原理と長い商習慣の中で確立されてきたものであり、業界の相場というものが存在するはずであり、この農産物取引に新たな利益配分の要素を導入することは困難であると考えられる。

### ❖商標ライセンスによる利益配分の合理性

資源国であるエチオピア国側の主張は、「米国ではSidamoやHararは一ポンドあたり二六ドルで消費者に販売されているが、エチオピアのコーヒー豆農家は一ポンドあたり六〇セントから一・一〇ドル（全体の六％）しか収入を得ていない。」というもので、コーヒー豆の通常の商取引では利益配分が衡平に行われていないとの主張である[267]。ジャマイカのブルーマウンテンコーヒー豆の場合は四五％がコーヒー豆生産農家に還元されていることからすると、六％は少ない。しかし、この主張には、資源国と利用国のコーヒーに対する貢献度はあまり考慮されていない。確かにエチオピア国ではコーヒー豆農家がコーヒー豆の栽培をして供給しているが、それが消費者に届けられ利益を生むまでには多くの企業努力がなされていることを無視するわけにはいかない。最終販売価格は主にコーヒーメーカーと消費者との間の需給関係によって決まるもので、コーヒーの価格がコーヒー豆の二五倍であってもそこには不合理性はないはずである。また基本的に、コーヒー豆農家がそのコーヒー豆の品質を向上させることによって高い利益配分を受けることができるのではないかと考える。

一方、Starbucksはその主張の中で、Starbucksが購入しているコーヒー豆に対してプレミア料金を払っていることを主張している。二〇〇五年では、コーヒー豆一ポンドあたり平均一・二八ドルをプレミアム料金として付加しているとしている。このプレミア料金が明確に利益配分であるとの正式表明はないので、趣旨が不明である。誰に支払っているかわからないものの、Starbucksにはコーヒー豆生産者に対して利益配分を行っているとの認識は少なくともあるものと思われる。

エチオピア国のコーヒー豆農家は、コーヒー豆一ポンドあたり一・一〇ドルを受け取っていると主張し、Starbucks側は一・二八ドルのプレミア料金+コーヒー豆代を払っているとの主張は明らかに食い違っている。両方の主張が正しいとすると、おそらくエチオピアのコーヒー豆農家に利益配分されるまでに多くの分配がなされている可能性を否定できない。利益配分を資源国内のステークホルダーにどのような形で行うのが合理的であるかという課題も今後に残されている。

Starbucksはその主張の中で非金銭的利益配分について触れている。例えば、社会開発プロジェクトへの投資などである。このような社会インフラの整備を援助することにより、資源国の生活環境の改善を直接支援することができる。このような利用国の直接的な非金銭的利益配分を併用した取り組みが重要と思われ、今後さらに展開することが求められる。

## ❖利益配分としての原産地商標と認証制度との比較

エチオピア政府の三つの商標は、ジャマイカのブルーマウンテンコーヒー豆の利益配分制度と同様の効果が得られるかどうか疑問である。ジャマイカでは、原産地表示を認証制度によって権利化することにより、ブルーマウンテンコーヒー豆の小売価格の四五%を利益配分として得ているといわれている[268]。ジャマイカと同様に、原産地とその品質を保証する認証制度を取り入れている国が増加しており、例えばブラジルのミナス州セラード地域では、高品質コーヒー豆に原産地認証を与えている[269]。

コーヒー豆の場合、認証制度は資源国である生産地が自主制定する制度であり、特定の生産地で生産されたコーヒー豆の品質が国際的に認められて初めて成立する。したがって、認証制度が認められるには、高い品質を保つための気候、土壌、品種、生産方法などが確立して認証されており、それが認証ラベルという形で国際社会に認知され、その結果、消費者が一般価格より高いプレミアム価格に同意するという社会的条件が必要になる。しかし、プレミア価格はやはりコーヒー豆相場によって左右されるので、いつも一定の利益配分を受けるということはない。

エチオピア政府は原産地ラベルについて、認証制度という方法を取らずにそれを商標という形で権利化し、ライセンスによって利益配分を増やすことを考えた。しかし、その効果は疑問である。商標は一般的に登録されれば、その国で権利として認められる。さらにライセンス契約が成立すれば、常に一定のライセンス収入が確保できる。しかし、商標はその製品の実際の品質を保証するものではない。末端の販売者がコーヒーの原産地商標を付して販売した場合、消費者がその商品を優先的に購入するかどうか疑問である。つまり、その商標が品質とリンクしなければ商標を付ける効果がないといえる。このように考えると、商標によって生物遺伝資源の利益配分を増加させる条件は、その生物遺伝資源から作られる商品が広く消費者に認識され、高品質を保証する場合だけではないかと考えられる。

最も古いコーヒー豆産地であるエチオピア国が、コーヒー豆の利益配分を増加させる手段として原産地ラベルの認証制度を採らなかった理由として、政府組織としてそのような制度を確立する態勢にないことが考えられる。また、エチオピア国はコーヒー豆品質を高く保つことができないので、世界でエチオピアコーヒー豆の品質を認めてもらえないという事情もあるかもしれない。さらに、エチオピア国内におけるコーヒー豆流通機構が複雑で、認証制度では利益が末端生産者まで還元されにくく、中間の流通業者に利益のかなりの部分が配分されるためではないかとも推測される。商標であれば明確にライセンス料として利益を得ることが可能であるが、ライセンスで商標が効果を発揮するには、その商品の品質が常に高水準で保たれ、消費者にプレミア商品との認識を持たせることが必要であると考える。そうでなければ、プレミア価格が受け入れられず、その結果その商標を付けた商品は売れなくなり、ライセンス収入もなくなることになる。

［注］

172 http://www.kousakusha.com/ks/ks-t/ks-t-2-23.html.

173 http://www.asap21.org/essay/11.html.

174 http://americas.org/item_312.

175 King'ori Choto, "Indigenous Knowledge Can Be Patented"; *Africa News Service*, Oct. 11, 2004. (http://www.williams.edu/go/native/kenyadispute.htm).

176 Lerson Tanasugarn2; "When patent rights may not be enforceable:The case of Kwao Krua patent", 1999.

177 Schistosomiasis and soil-transmitted helminth infections [pdf 234kb] WHO, Geneva, April 2006 *Weekly Epidemiological Record*, 2006, **81**:145-164.

178 Hietanen, E. "Toxicity Testing of Endod, a Natural Plant Extract, as a Prerequisite for its Safe Use as a Molluscicide"; Turku University Hospital "Zebra Mussels and Other Aquatic Nuisance Species." Ed. by Frank D'itri, Ann Arbor Press, 1996.

179 Tadesse Eguale; "Molluscicidal effects of endod (*Phytolacca dodecandra*) on fasciola transmitting snails"; *Ethiopian J. Science*, **25**(2): 275-284, 2002.

180 http://chora.virtualave.net/lema4.htm.

181 http://www.brazzil.com/p16dec96.htm.

182 http://indian-cultures.com/Cultures/kayapo.htm.

183 http://www.biotech-info.net/basmati_rice.html.

184 RAFI Geno-Types, "Mexican Bean Biopiracy," January 17, 2000; www.rafi.org.

185 http://www.tenseneki.com/01/index1.html.

186 http://www.ohtaki.jp/intro/profile.html.

187 http://www.jetro-pkip.org/ipn/backup/31.htm.

188 http://www2.odn.ne.jp/~cdu37690/jyasuminraisu.htm.

189 Report of the 12th Session of the Consultative Group on International Agricultural Research (CGIAR) Genetic Resources Policy Committee (GRPC), Aurangabad, India, 20-23 February 2001.

190 http://www.cipotato.org/Org/FAQs/yacon.htm.

191 http://www.grain.org/bio-ipr/?id=335.

192 森岡　一「薬用植物特許紛争にみる伝統的知識と公共の利益について」、『特許研究』No. **40**, 二〇〇五年九年三六—四七頁。

193 http://www.neem.co.jp/neemoil.html.

194 http://news.bbc.co.uk/1/hi/sci/tech/433627.stm.

195 Opposition Division: Application No.:90 250 319.2, 13.02.2001.

196 EPO Boards of Appeal, Case No. T 0416/01-3.3.2, Decision Date 080305, Published Date 040505.

197 欧州特許庁　欧州特許付与に関する条約第五三条　特許性の例外。

欧州特許は、次のものについては、付与されない。

(a) その商業的利用が公の秩序又は善良の風俗に反する虞のある発明。ただし、その利用が、一部又は全部の締約国において法律又は規則によって禁止されているという理由のみで公の秩序又は善良の風俗に反しているとはみなされない。

(b) 植物及び動物の品種又は植物又は動物の生産の本質的に生物学的な方法。ただし、この規定は、微生物学的方法又は微生物学的方法による生産物については、適用しない。

(c)手術又は治療による人体又は動物の体の処置方法及び人体又は動物の体の診断方法

この規定は、これらの方法の何れかで使用するための生産物、特に物質又は組成物には適用しない。

198 本稿は米国特許事務所(Oblon, Spivak, McClelland,Mayer and Neustadt) 山梨雅博氏との私信に基づくものである。

199 R.V.Anuradha, "Biopiracy and traditional knowledge", The Hindu Folio, Special issue with the Sunday Magazine. From the publishers of THE HINDU, May 20, 2001, http://www.hinduonnet.com/folio/fo0105/01050380.htm.

200 35 U.S.C. §102(b) "A person shall be entitled to a patent unless -(b) the invention was patented or described in a printed publication in this or a foreign country or in public use or on sale in this country, more than one year prior to the date of the application for patent in the United States, or ...".

201 The Home of Siamese Herbal Products, Pueraria mirifica,wysiwyg://97/http://www.trisiam.com/pueraria.htm.

202 The Nation Newspaper, Local News Section, Page 2A, Thailand, 13 November 2004 and Bangkok Post Newspaper, Home News Section, Page 4, Thailand, 13 November 2004 Post Today Newspaper, Prime News Section, Page A1, Thailand, 13 November 2004.

203 Randeep Ramesh; The Guardian; "Monsanto's chapati patent raises Indian ire"; http://www.guardian.co.uk/international/story/0,1135675,00.html; January 31, 2004.

204 MPEP : 8th Revision 2, May 2004.

205 Traditional Knowledge Digital Library (TKDL) Health Heritage Test Database Structured Search in WIPO→http://www.wipo.int/ipdl/en/search/tkdl/search-struct.jsp: WIPO,US,EP,JP,CN,IDで新たにTraditional Knowledge Resource Clarification（TKRC）なる分類コードを整備中。World Bank Indigenous Knowledge Database.http://www.worldbank.org/afr/ik/datab.htm.

206 TRIPS協定第三一条　特許権者の許諾を得ていない他の使用における加盟国の国内法令により、特許権者の許諾を得ていない特許の対象の他の使用（政府による使用又は政府により許諾された第三者による使用を含む。）を認める場合には、次の規定を尊重する。

(b)他の使用は、他の使用に先立ち、使用者となろうとする者が合理的な商業上の条件の下で特許権者から許諾を得る努力を行って、合理的な期間内にその努力が成功しなかった場合に限り、認めることができる。加盟国は、国家緊急事態その他の極度の緊急事態の場合又は公的な非商業的使用の場合には、そのような要件を免除することができる。ただし、国家緊急事態その他の極度の緊急事態を理由として免除する場合には、特許権者は、合理的に実行可能な限り速やかに通知を受ける。公的な非商業的使用を理由として免除する場合において、政府又は契約者が、特許の調査を行うことなく、政府により又は政府のために有効な特許が使用されていること又は使用されるであろうことを知っており又は知ることができる明らかな理由を有するときは、特許権者は、速やかに通知を受ける。

207 ETC Group News Release ,"Syngenta to let Mega-Genome Patent Lapse:"Daisy-cutter" Patent Bomb Busted"; 14 February 2005,www.etcgroup.org.

208 World Trade Organization; IP/C/W/441/Rev.1 from Peru, 19 May 2005 ,http://www.wto.org/english/tratop_e/trips_e/art27_3b_e.htm.

209 http://www.maff.go.jp/kaigai/topics/f_peru.htm.

210 http://www.kinos.co.jp/jcca/.

211 http://www.co-you.co.jp/html/home3.htm.

212 http://www.amazoncamucamu.com/company/index.html.

213 http://www.cnn.co.jp/science/CNN200703160030.html.

214 http://www.47news.jp/CN/200702/CN2007020701000087.html.

215 http://news22.2ch.net/test/read.cgi/wildplus/1170237303/-100.

216 http://www.chicagotribune.com/business/chi-0702080072feb08,0,5047122.story?coll=chi-business-hed.

217 http://www.medicalnewstoday.com/healthnews.php?newsid=66465&nfid=crss.

218 http://www.biotoday.com/view.cfm?n=13151.

219 http://www.ip-watch.org/weblog/index.php?p=562&res=1024&print=0.

220 http://www.who.int/vaccine_research/diseases/influenza/mtg_020506/en/index.html.

221 Paula Campbell Evans. "Patent Rights in Biological Material", *Biobusiness Legal Affairs, Genetic Engineering News*, October 1, 2006, p.12.

222 http://www.kikoy.com/kikoys/.

223 "Kenya Risks Losing 'Kikoi' Brand Name to Britain", http://dusteye.wordpress.com/2007/02/22/kenya-risks-losing-kikoi-brand-name-to-

britain/.

224 UK Intellectual Property Office; "Trade Mark Details as at 07 August 2008, Case details for Trade Mark 2431257", http://www.ipo.gov.uk/tm/t-find/t-find-number?detailsrequested=H&trademark=2431257.

225 Joyce Mulama; "East Africans May Be Stripped of the Kikoi", TRADE-KENYA, http://ipsnews.net/africa/nota.asp?idnews=37165.

226 IP-Kenya; "Kikoy battle continues",03 April, 2008,http://ip-kenya.blogspot.com/2008/04/kikoy-battle-continues.html.

227 Jeff Otieno; "Kenya: State Drawing Up Patent List", *The Nation* (Nairobi), 16 March 2007, http://allafrica.com/stories/200703150921.html.

228 サンパウロ日誌：Diario de Sao Paulo,『アマゾンの果物クプアス』、二〇〇八年一月六日、http://rhigashi.blogspot.com/2008/01/blog-post.html.

229 特開2001-348593『クプアス種子由来の油脂、その製造方法及びその用途』。

230 ニッケイ新聞『アマゾン労働団体＝日本企業を提訴＝クプアス商標登録めぐり』、二〇〇三年五月三一日、http://www.nikkeyshimbun.com.br/030531-73colonia.html.

231 ニッケイ新聞『クプアス商標問題＝権利取消要請に抵抗せず＝日本企業がパラー州と約束』、二〇〇三年八月一二日、http://www.nikkeyshimbun.com.br/030812-73colonia.html.

232 審判番号：無効2003-35109 商標登録第4126269号(T4126269)、確定美：2004-02-18、http://shohyo.shinketsu.jp/originaltext/tm/1095054.html.

233 商標法第三条　商標登録の要件　自己の業務に係る商品又は役務について使用をする商標については、次に掲げる商標を除き、商標登録を受けることができる。

3．その商品の産地、販売地、品質、原材料、効能、用途、数量、形状（包装の形状を含む。）、価格若しくは生産若しくは使用の方法若しくは時期又はその役務の提供の場所、質、提供の用に供する物、効能、用途、数量、態様、価格若しくは提供の方法若しくは時期を普通に用いられる方法で表示する標章のみからなる商標

234 異議申立番号　異議2006-90102　商標登録第4914414号(T4914414)、確定日：2007-01-25、http://shohyo.shinketsu.jp/decision/tm/view/ViewDecision.do?number=1152296.

235 Mario Osava,"SOUTH AMERICA: Amazon Nations Gear Up to Fight Biopiracy",2005/07/09.http://ipsnews.net/news.asp?idnews=29334.
236 United States Patent and Trademark Office. Voluntary surrender of registration no. 1864,122. June 24, 2005.
237 Karen Robin,"Rooibos Trademark Abandoned",American Herbal Products Association (AHPA),28 June 2005, http://www.npicenter.com/anm/templates/newsATemp.aspx?articleid=12820&zoneid=2.
238 Christie Communications; "National Treasure of South Africa is now Public Domain", June 14 2005, http://www.rooibosdirect.com/press0605.pdf.
239 *The Republic of Tea, Inc. v. Burke-Watkins*, Case No. 03-CV 01862 (E.D. Mo. 2005).
240 Dirk De Vynck,"Rooibos Ltd one step closer to victory in trademark war", Business Report, February 9, 2005, http://www.busrep.co.za/index.php?fSectionId=552&fArticleId=2403036.
241 Blumenthal M, Silverman W. American Botanical Council Expert Opinion: Rooibos Tea–An Accepted Common Name. Austin, TX: American Botanical Council, February 24, 2004.
242 Rakesh Amin, RPh, Esq, Mark Blumenthal, and Wayne Silverman, PhD;"Controversial Registration Of Rooibos Trademark Ends With Trademark Invalidation", Von Seidels Intellectual Property Attorneys, http://www.vonseidels.com/news2.php?newsID=36&title=Controversial%20Registration%20of%20Rooibos%20Trademark%20ends%20with%20Trademark%20Invalidation&country=South%20Africa.
243 商標法第四条一項　次に掲げる商標については、前条の規定にかかわらず、商標登録を受けることができない。
七号：公の秩序又は善良の風俗を害するおそれがある商標
244 商標審決データベース　審判　全部申立て　登録を取消（申立全部取消）Y41、異議申立番号：異議2006-90250、確定日：2007-05-18。
245 森岡　一『エチオピア国のコーヒー原産地商標登録出願の生物多様性条約からの意味』、*AIPPI*　Vol.53 No.3, p163-169 (2008).
246 TRIPS協定　第三節　地理的表示　第二二条　地理的表示の保護（抜粋）
(1)この協定の適用上、「地理的表示」とは、ある商品に関し、その確立した品質、社会的評価その他の特性が当該商品の地理的原産地に主として帰せられる場合において、当該商品が加盟国の領域又はその領域内の地域若しくは地方を原産地とするものであることを特定する表示をいう。
(2)地理的表示に関して、加盟国は、利害関係を有する者に対し次の行為を防止するための法的手段を確保する。

(a)商品の特定又は提示において、当該商品の地理的原産地について公衆を誤認させるような方法で、当該商品が真正の原産地以外の地理的区域を原産地とするものであることを表示し又は示唆する手段の使用（以下略）

247 第四条　（商標登録を受けることができない商標）

次に掲げる商標については、前条の規定にかかわらず、商標登録を受けることができない。

17．日本国のぶどう酒若しくは蒸留酒の産地のうち特許庁長官が指定するものを表示する標章又は世界貿易機関の加盟国のぶどう酒若しくは蒸留酒の産地を表示する標章のうち当該加盟国において当該産地以外の地域を産地とするぶどう酒若しくは蒸留酒について使用をすることが禁止されているものを有する商標であって、当該産地以外の地域を産地とするぶどう酒又は蒸留酒について使用をするもの。

248 Department of Trade and Industry, Republic of South Africa; “The Protection of Indigenous Knowledge through the Intellectual Property System A Policy Framework”, www.thedti.gov.za/ccrd/ip/policy.pdf.

249 Michael Hamlyn; “Local knowledge to be protected”, FIN24.com, Jan. 23 2008, http://www.fin24.com/articles/default/display_article.aspx?ArticleId=1518-1786_2257107.

250 Roy Mathew; “IPRs policy proposes knowledge commons ”, The Hindu (India), 28 June 2008, http://www.hindu.com/2008/06/28/stories/2008062856600100.htm.

251 “Starbucks Agrees to Honor its Commitments to Ethiopian Coffee Farmers”, http://www.oxfamamerica.org/whatwedo/campaigns/coffee/starbucks/.

252 BBC News “Starbucks in Ethiopia coffee row”, http://newsvote.bbc.co.uk/mpapps/pagetools/print/news.bbc.co.uk/2/hi/africa/6086330.stm.

253 『オックスファムとは』http://www.oxfam.jp/.

254 Oxfam “Starbucks opposes Ethiopia's plan to trademark specialty coffee names that could bring farmers an estimated $88 million annually”, http://www.oxfam.org/en/news/pressreleases2006/pr061026_starbucks.

255 http://portal.uspto.gov/external/portal/tow US Serial No. 78/589307 -Sidamo.

256 http://portal.uspto.gov/external/portal/tow US Serial No. 78/431410 -Shirkina Sun-dried Sidamo.

257 “Coffee Politics”, http://poorfarmer.blogspot.com:80/2006/11/starbucks-point-of-view.html.

258 “Blogging Biodiversity, Coffee ™”, http://kathryn.garforthmitchell.net/?p=91.

259 “Trademark Document Retrieval ”, http://portal.uspto.gov/external/portal/tow.

260 http://portal.uspto.gov/external/portal/tow US Serial No. 78/589325 -Yirgacheffe.

261 http://portal.uspto.gov/external/portal/tow US Serial No. 78/589319 -Harar.

262 “15 U.S.C. 1052 Trademarks registrable on the principal register; concurrent registration", http://www.uspto.gov/web/offices/tac/tmlaw2.html §2 (15 U.S.C. §1052) (e)(1)(2), (f).

263 “Coffee Politics,USPTO again refused Sidamo registration”, http://poorfarmer.blogspot.com/2007/03/uspto-again-refused-sidamo-registration.html.

264 “Joint Statement: Starbucks and Ethiopian Intellectual Property Office (EIPO) Partner to Promote Ethiopia’s Coffee and Benefit the Country’s Coffee Farmers”, http://www.starbucks.com/aboutus/pressdesc.asp?id=779.

265 “Oxfam Celebrates win-win Outcome for Ethiopian Coffee Farmers and Starbucks”, http://www.oxfamamerica.org/newsandpublications/press_release“““‘s/press_release.2007-06-20.7121433540.

266 http://dusteye.wordpress.com/2007/02/22/kenya-risks-losing-kikoi-brand-name-to-britain/.

267 “Starbucks opposes Ethiopia’s plan to trademark specialty coffee names”,http://www.oxfam.ca/news-and-publications/pressroom/press-releases/starbucks-opposes-ethiopia2019s-plan-to-trademark-specialty-coffee-names.

268 “Ethiopia: Coffee Trademarking and Licensing Project”, http://www.lightyearsip.net/ethiopiacoffee.shtml.

269 『アペランシオン・セラードコーヒーについて』http://behappy-coffee.jp/html/information.html?date=20060618101415&db=sustainable.

# 第3部　伝統的知識と生物遺伝資源

# 第1章　生物遺伝資源・伝統的知識は人類の共有物である

近代社会が形成される中で、本来共有物であるものの私有化が進んだ。しかし、共有物の一部は自然の中でいまだに共有として存在している場合がある。その共有形態は古くからの伝統・習慣に基づくものもあれば、国家あるいは国際社会の中で共有と規定されているものもある。例えば、日本でも入会地という共有地制度が存在するし、国立公園に存在するあらゆるものは法律により国家のものであり、海洋の大部分や南極大陸は国際間の取り決めにより特定の国家に所属するものではない。しかし、これらの共有物は私有化圧力との間でバランスを保たなければならないという緊張が常に存在している。特に動植物などの生物遺伝資源は、その危険度が最も高い存在である。合法的なあるいは非合法的な私有化の圧力がある中で共有物の共有化を維持するには、秩序と努力が必要ということになる。経済の発展に伴い、生物遺伝資源の私有化が先進国で拡大し、近年にはその傾向が開発途上国にまで広がっている。生物遺伝資源の私有化が進むと種の絶滅と環境の破壊が起こることは国際社会においてよく認識されている。そこで、これらの問題を解決し、秩序ある生物遺伝資源の持続的利用を図るために、生物多様性条約が国際社会の中で合意された経緯がある。

しかし、生物多様性条約においても生物遺伝資源は人類の共有物であるとの認識は強調されず、それが存在する国に主権的権利があるとされた。その結果、生物遺伝資源の利用にその国家の意向が強く反映され、国家の利益が優先される傾向が強くなり、人類の共有物であるという考えが薄れた。共有物であるという考えが強調されれば、秩序ある義務と規則を国際間で合意すれば比較的容易に共有物の保護と利用が図られるはずであるが、国家の利益志向が強くなれば、生物遺伝資源の保護と利用のバランスは崩れることが予想される。共有物の私有化については、すでに経済学的あるいは社会学的観点から多数の論考がなされており、特に地球環境問題、生物遺伝資源問題からの考えとして、Garrett Hardin が、共有を考えるにあたり「コモンズ」(Commons)という概念を提唱した[270]。「コモンズ」とは、「共有地」という土地の利用に関するものであったが、私有財産である知的財産を考える場合にも用いられるようになったため、「複数の主体が共的に使用し管理する資源や知識、その共的な管理・利用上の制度」と広く定義されるようになった[271]。最近のコンピュータプログラムではLINUX等で発達したオープンソースコードなども「コモンズ」の考え方を踏襲している。本論考においては、生物多様性条約、特に伝統的知識における共有財産の考え方とその利用における共有の取り決めについて議論している。共有財産を公共の目的以外に利用するとき考慮すべき点を明らかにしているので、生物多様性条約問題におけるアクセスと利益配分について参考になると考える。

# 第2章　伝統的知識と共有財産の崩壊

伝統的知識は、私有制度が未熟な社会で発達してきた知識の共有制度であり、現在でも多くの開発途上国の社会で維持されている。伝統的知識を保存するために記録する試みがインドのアユルベーダ等で見られるが、しかし、多くの場合伝統的知識は地域社会の共有財産であるため、地域社会が発展し、私有化が進むとその維持は困難になる。本稿では、共有財産である伝統的知識とそれに関連する生物遺伝資源の取り扱いについて論じる。

伝統的知識の形成と利用は、従来共同社会の中で行われているということができる。いろいろな生物遺伝資源を持続的に利用するにあたり、共有財産という伝統的知識のもとで運営されてきた。例えば、いまでも阿蘇山等で見られる入会慣行もその例として挙げられる。多くの伝統的知識の利用が成功しているのは、長年かけて形成された伝統的知識[272]そのものとそれを利用するための一定の慣習、規律が存在し、それらを守るきまり、おきてが存在し、そのバランスが保たれているからだと考えられる。逆にいえば、伝統的知識による習慣、規律のバランスが崩れると、いわゆる「コモンズの悲劇」現象が発生する可能性が高く、共有財産を守ることは困難であると考えられる。

以下に、共有形態にある生物遺伝資源の取扱いがどのような原因によって共有が崩れる危機にさらされるかについて考察する。北アメリカ北西海岸には、サケ漁を生業としている原住民がいる[273]。カナダでは一九九〇年の Regina vs. Sparrow 裁判[274]によって、原住民の漁業権は資源保護の次に重要であるとされた。この裁判後、カナダ政府は原住民による漁業育成政策をとり、私用サケ漁を認めた。しかし、商用サケ漁と私用サケ漁の区別は困難で、違法な捕獲が行われていることが問題となっている。サケ缶詰産業が盛んになり乱獲したため、サケ資源は減少しており、「コモンズの悲劇」に直面している。また、木材会社が進出し、サケが遡上する河川で伐採事業を行ったのがサケ資源の減少の原因であるともいわれている。産業が発達する以前では原住民が共有物として生物遺伝資源であるサケを利用していた。その利用は決して商用というものではなく、その利用形態は慣習と規律によって行われていたと考えられる。商用サケ漁を行う非原住民には、伝統的知識に基づく慣習と規律はあるはずもなく、共有地に私有の考えを持ち込むことにより、共有であった生物遺伝資源のサケが簡単に枯渇することになったと考えられる。共有地における両者の利害を調整するために政府が乗り出したが、共有地においてサケ漁の利益を原住民と非原住民の間で配分することは困難を極める問題となっている[275]。原住民は、サケの捕獲について長年の経験の積み重ねである伝統的知識を慣習と規律とで守ってきたわけであるが、その考え方を非原住民である商用利用者も尊重し、バランスを保つ努力をすればこのような悲劇が起こることはない。しかし、原住民では共有物と認識されていた生物遺伝資源を私有化し、私的利益を得るために商業化を発展させると、バランスを保っていた生物遺伝資源の枯渇を招いた。共有物の私有化による利益へのモチベーションが高まると、共有の維持発展に対するモチベーションは低下する。そうなると共有の中に存在していた集合的な伝統的知識は共有の崩壊によって実行する場面が減り、その継承者も減少するため廃れていく。共有の崩壊は伝統的知識という共有財産の消滅を意味し、後に残されたのは環境問題である。

伝統的知識に従った生物遺伝資源の利用方法は、近代産業の利用方法と異なり、生物多様性を持続可能な状態で利用し、保護する最良の方法であると考えられる。したがって、生物多様性の持続可能な利用方法の開発、特に遺伝資源関連産業におけるバイオプロスペクティングを実行するには、伝統的知識の利用を重視した取り組みが必要となる。しかし、現実にはこのような方向性でバイオプロスペクティングが行われているとは思われず、単に近代科学の応用を生物遺伝資源に行っているため、原住民の知的財産権の侵害、伝統的知識の喪失、伝統的知識を生み出す生息地の消失という危機に直面している。

生物遺伝資源の商品化による共有性の崩壊が続いている。生物遺伝資源で注目されているものに薬草がある。伝統的知識に基づく医療（あるいは伝統的医薬）は、「シャーマン」「祈祷師」「メディスンマン」「ヒーラー」と呼ばれる伝統的知識伝承者によって実行されていた。これらの伝統的知識伝承者は、共有地でその原料となる薬草などを伝統的知識に基づき採集してきた。これらの伝統的知識伝承者と原住民の間では、薬草の取扱いについて共通の認識である伝統的知識に基づく慣習、規律（あるときは戒律）によって実行されていた。開発途上国での人口増加と都市化が著しく、都市近郊における薬草市場での商用流通が盛んになった。しかし、薬草の大部分は農場で栽培することができず、いままでどおり自然からの採取に頼るしか方法はない。また、人口増加により多くの自然は穀物栽培、牧畜、材木などに利用され、薬草が生育している自然はますます少なくなってくる。

このようなさまざまな原因が重なり、自然における生物遺伝資源が枯渇して、多様性が失われていく。薬草などが入手できなくなると、伝統的知識の伝承者は入手不可能な薬草についての知識の維持が困難になり忘れ去られる。この傾向は都市部周辺で著しい。伝統的知識が急速に失われると、伝統的知識に基づいた薬草などを保護、保存しようという意識が低下するのは当然である。

開発途上国の人口増加と都市化に伴い貧困層が増加する。貧困層は病気治療のために「シャーマン」にお金を払って治療を受けるのが困難であるため、自身で薬草を入手するようになる。その中に薬草の専門的採集者が出現し、採集を商売として行うものが出てくる。貧困な薬草業者の目的は生物遺伝資源の保存・維持にあるのではなく、単に自身の利益のためであることは明らかである。先進国に伝統的医薬の重要性が広く認識され、さらに健康食品などのブームにより、伝統的医薬に関する関心が高まった。その結果、多くの先進国では伝統的医薬に使われる薬草などを求める動きが活発化し、それらが高額で取り引きされるようになった。

生物遺伝資源国で自然発生した薬草業者が国際的取引まで行うようになり、生物遺伝資源国において産業といわれるまでに発達してきた。中国における漢方薬がよい例である。しかし、薬草業者のような中間業者が利益追求を目的に権利主張するため、ますます生物遺伝資源の採取制限ができず、管理が困難になり、急速に生物遺伝資源が失われるようになってきた。その例として、西アフリカに生育するマメ科植物 Griffonia simplicifolia は、近年先進国における研究の結果、セロトニンの前駆体である5 - ハイドロキシトリプトファン（5-HTP）の原料となることがわかり、Griffonia simplicifolia が5 - ハイドロキシトリプトファン用に大量消費されている。そのため、国際市場における Griffonia simplicifolia の供給圧力が強く、その結果、本薬草は高価格になり、さらにそれが採取者のインセンティブとなってますます採取が盛んになる。この悪循環により、自然に生育していた Griffonia simplicifolia が根こそぎ採取され再生育が不可能な状況に陥り、生物遺伝資源が消滅する結果となった[276]。

# 第３章　知的財産としての伝統的知識の考え方

現代は競争社会であり、地球環境の改善においても競争原理を無視してはありえない。一国のみが産業抑制策をとっても、空いた席に別の国が座るだけであり、地球全体に広がらない。現代は「持続可能な開発」を否定し競争社会も否定して環境保護はできないと考えられる。直接的な産業抑制政策ではなく、競争ルールの適正化によって対応していくことが重要である。伝統的知識の保護も、単なる規制のみでは解決しない。知的財産の競争ルールの適正化が必要である。すなわち保護すべきところは保護し、競争が必要な場面では競争させることが、伝統的知識の持続可能な発展につながる。そもそも伝統的知識は原住民の環境、生活習慣の長い歴史の中で取捨選択を繰り返し、優れたもの、適応可能なものだけが生き残ってきた。原住民の利益にならないものが切り捨てられたのは当然である。将来も原住民の生活環境によって伝統的知識が持続的に発展していくのが健全であり、その結果、伝統的知識が淘汰され、よりよい伝統的知識が後世に残されるのが自然である。その場合、過去の遺産として絶滅した伝統的知識を収集し、研究用のデータベースを作成することは、民俗学的歴史研究では必要かもしれないが、権利者のいない実態のない伝統的知識を権利として行使することは避けるべきである。

伝統的知識は原住民の間で発展し、維持されているものであるが、その中には、近代化した周辺地域社会においても有用なものがある。いくつかの地域で作られた伝統的知識が交流し複数の知識が組み合わさって有用な情報に発展する場合もあるし、科学的発見につながる場合もある。中国における漢方など、伝統的知識から派生し、伝統的知識に基づく生物遺伝資源が商用化され、その生物遺伝資源がある程度国内産業になっている場合もある。その場合コモディティとして流通し、地域社会に利益をもたらしている。さらに、伝統的知識を利用した製品が世界中に広まることもあり得る。

産業に利用される伝統的知識の成り行きとして、その伝統的知識を利用した特許を取ることにより伝統的知識を独占しようとするようになる。その特許権を伝統的知識が最初に発生した地域社会で行使した場合、長年共有概念で成り立っていた伝統的知識に基づく地域産業が特許権によって影響され、本来の伝統的知識の所有者である原住民の生活が破壊されるのみならず、共有概念で平衡を保っていた地域産業が脅威を受ける恐れが出てくる。つまり伝統的知識の私有化によって地域社会の自由使用が制限されることになる。タイの美容食品プエラリア・ミリフィカに対するタイ人特許No.8912が提起した問題はよい例である。地域社会で伝統的知識を利用していた生物遺伝資源は共有されていた。共有財である生物遺伝資源の有用性が高く近代社会でも商品として取引可能である場合、地域社会で商用化が発達し、伝統的知識と生物遺伝資源を特許権という形で私有化する動きが起こる。その結果、自然環境保護の基本であった伝統的知識と生物遺伝資源の共有性が崩れ、伝統的知識と生物遺伝資源が特許権者の意向に左右されるようになる。慣習と規律が失われ、伝統的知識を受け継ぐことも廃れ、生物遺伝資源が過剰採取による危機にさらされる。

# 第4章　伝統的知識及び関連生物遺伝資源の共有管理のあり方

共有地の荒廃を防ぎ、伝統的知識を維持するためには、制御された持続可能な共有地の管理が必要である。いくつかの管理された共有地の例を取り上げ、管理上の重要な点について考察する。阿蘇草原の大半は入会地となっており、原則として入会権者（戸単位）で構成されている原野管理組合等によって維持管理されている[277]。入会地とは、気候変化と利用範囲、利用時期、利用方法などの長年の共同作業で得られた共通の知識である伝統的知識と、それに基づく共同の管理によって利用されてきた共有地のことである。そこでは一定集落の住民が集落周辺で日常生活に必要な薪炭用の雑木等を採取したり、採草放牧に利用したりして、それから得られた収益を共有するという慣習・規律のもとで管理されていた。明治以後、土地所有権は国あるいは市町村に移ったが、入会地を利用する権利（入会権）については、いまでもその地域住民に認められている[278]。阿蘇草原の入会地の管理、利用については、独特の方式をとっている場合が多い。例えば野焼きという制度がある。その年の草の生産性向上のための作業で、入会権のあるものによって行われる。また野分けという作業もある。共同で利用している採草地を分配し割り当てを行う作業である。いろいろな条件にしたがって割り当てられるが、その決定の方法は、伝統的知識に基づいて行われる。また割り当てられた牧草地は公平を期すために三年ごとに交替されている。阿蘇草原の例では、入会地の利用と管理が長年の伝統的知識・習慣によって行われていることがわかる。入会地が成功している要因は、参加者の義務と利益がバランスよく考慮されている点である。その工夫された管理によって「コモンズの悲劇」が回避されているだけでなく、牧草地などの持続可能な利用を実現しており、今後共有地を考える上で貴重な事例を提供すると思われる。

## 第5章　国有地における生物遺伝資源の利用と利益配分

米国国立公園は、米国政府が管理する共有地の一種と考えられ、国立公園にある生物遺伝資源の利用形態は共有地の利用を考える上で参考になる。国立公園は国家により管理・運営されているため、国立公園の生物遺伝資源の利用は多くの関連する法律によって規定されている。ここで取り上げるのは、イエローストーン国立公園の生物遺伝資源にアクセスし利用しようという試みがDiversaというバイオベンチャーによって提案された例である。両者の間で共有地へのアクセスと利益配分について多くの議論がなされ、最終的にはDiversaとの契約が成立した[279]。

イエローストーン国立公園の好熱性微生物研究が行われ、一九六六年好熱性細菌Thermus aquaticus YT-1が発見され、American Type Culture Collection（ATCC）に寄託保存されていた。YT-1株を譲り受けたシータス社のカーリー・マリスが、耐熱性ＤＮＡポリメラーゼ（Taqポリメラーゼ）を発見し、ＰＣＲ法を完成したのは有名である。ＰＣＲ法は、一九九一年にスイスのホフマン・ロッシュ社が三億ドルで買い取り、現在世界で販売し、売上げは年間二億ドルといわれている。しかし、イエローストーン国立公園は、ＰＣＲ法の売上げから国税以外の利益配分を受けたことはない。イエローストーン国立公園は米国連邦政府の所有する土地であり、その利用についてはさまざまな法律によって制限されている。産業界ではマリスの例にならい、イエローストーン国立公園の生物遺伝資源を利用しようとする動きが起こっている。ここで述べるDiversaもその一つである。その際問題になるのは、連邦政府の所有物、特に生物遺伝資源を商業化するのは許可されるべきであるかということである。つまり共有地の利用問題である。

一九八六年に制定された連邦技術移転法（15U.S.C.3710a[280]）があり、連邦政府と民間部門の共同研究と技術移転の推進が規定されている。本法に基づいて制定された共同開発契約（ＣＲＡＤＡ）が実際の運用を定めているが、連邦政府直轄の機関にはＣＲＡＤＡを締結する権限が委譲されている。イエローストーン国立公園は、連邦研究所としての資格が米国内務省から与えられている。つまり、イエローストーン国立公園は民間企業と共同研究を行い、技術移転を行うことが可能である。一方、米国連邦行政施行令36CFR2.1(c)(3)[281]では、国立公園から収集された"natural products"の販売または商用利用はすべて禁止されている。この二つの法律の矛盾を解決するために、イエローストーン国立公園が考え出したのが、「研究成果」の有益な応用方法の発見は"natural products"ではないという論理である。つまり、公園から分離した微生物から遺伝子を単離したり、形質変換したりすることは単なる"natural products"とは異なるという解釈である。商用目的で「天然産物」を消費してしまうことではないという考え方である。施行令36CFR2.1では、国立公園との共同研究開発に基づいて得られたすべての標本は公園に所有権がある。施行令36CFR2.5[282]では収集標本は公園の博物館で保管するか、外部保管機関で保管することになっている。しかし、本施行令では微生物についてなにも述べられていない。

米国知的財産法のもとでは、収集した標本に基づいて創造したすべてのものに対して自由に特許権を受け、成果物を自由に販売することができる。つまり、ＣＲＡＤＡのもとで行われた共同研究の採取物（有体物）は公園の所有物であるが、実験データ（無体物）を特許という形の所有権に転換する権利はDiversaにあることになる。しかしこの場合、産業化に必要な微生物は公園に権利があるので、この微生物の移転をどのような根拠で移転するかという問題がある。「イエローストーン国立公園は生物遺伝資源サンプルの移転を承認または制限する権利を有する。」と許可申請第八条に記載されているので、Diversaに技術移転することは可能である。

このように米国の公共機関の機能を規定する法律が多数あり、いろいろな課題を解決し、それぞれの利益の調整を行わなければならない。例えば国立公園は、基本的に公園内の生態系と生物遺伝資源の保全をする義務があるが、同時に研究者に対してサンプル取得を許可する権利もある。国立公園はその生物遺伝資源を商業化することを禁じられている。イエローストーン国立公園が発行する標本収集許可は、素材の科学的または教育的な利用のみに限るよう用途制限がなされている。

それでは、共有地である国立公園の生物遺伝資源を商業化する場合どのようにすればよいかという問題にDiversaは直面し、解決を図った。最も重要な点は両者の共有地に対する姿勢、利益配分の合意であると思われる。Diversaも、利益配分で支払った金はイエローストーン公園の生物遺伝資源保全に使われることに協力すべきである。公園が得た利益が保全活動の運用資金となるような仕組を設ける必要もある。微生物の場合は、環境保全の観点からすれば植物に比べて環境への影響は極めて少ないということができる。それは必要量が少なく、通常一回の収集で十分であるからである。ただし、得られた微生物遺伝資源を組換えＤＮＡ法で改変した場合、環境への放出の危険性があり、別の問題を生じることがある。次に、当事者間の信頼関係と活動の透

表 13　イエローストーン国立公園と
Diversa の共同研究契約における利益配分

| | イエローストーン国立公園 (YNP) | Diversa |
|---|---|---|
| 貢献 | ・YNP の生物多様性保全<br>・アクセスの認可と CRADA 締結<br>・サンプル収集方法の伝授と参加<br>・YNP 生物多様性情報の伝授 | ・YNP から微生物サンプルの収集、ＤＮＡ単離<br>・YNP 職員への微生物分離の教育研修<br>・YNP から収集したサンプルの研究開発の実施 |
| 金銭的利益 | ・10 万ドル（2 万ドル、5 年間）商業化製品に最高 10% のロイヤリティ | ・YNP 標本から研究開発により製品が生まれた場合販売から得られる将来利益 |
| 非金銭的利益 | ・非金銭的利益<br>・年間 7 万 5 千ドル相当の援助<br>・ＤＮＡ抽出キット<br>・サンプル法の研修<br>・ＤＮＡフィンガープリント法の研修<br>・YNP の遺伝資源の商品化に伴う特許権 | ・YNP の遺伝資源、データベースへのアクセス<br>・YNP の遺伝資源から商品を開発する権利<br>・YNP の遺伝資源の商品化に伴う特許の実施許諾権<br>・YNP：イエローストーン国立公園 |

明性が求められる。責任の所在も明確になっていなければならない。特に微生物遺伝資源の場合、微生物を採取した供給源まで遡って素材を調達する必要は全くない。アクセスが拘束力あるものであっても、いったん採取された微生物の開発・応用は企業側との信頼関係に依存している。企業側からすれば、アクセスによって得られた微生物遺伝資源から分離した有用微生物についてどのように価値評価され、どのような利益配分になるかが大きな関心事である。またその有用微生物を利用して得られる製品についても、利益配分の範囲に入るかいわゆるリーチスルー（微生物に対する権利がそれを利用した製品に及ぶこと）が認められるかを明確にする必要がある。共有地の生物遺伝資源に関する研究から商品開発に至る可能性のある共同開発契約を締結する際には、それに先立って一般の意見を求める明確な方法を確立しておく必要がある。特に利害関係のある大学関係者、企業、環境団体、地域社会及び消費者団体とは相互理解を深める取り組みを行わなければならない。ちなみに、イエローストーン国立公園とDiversaの契約の中で、合意された利益配分は表13のようになる。企業側が、本共同研究の成果が明らかにならない前に相当程度の利益配分を行っている点、また非金銭的な技術援助を行っている点が注目される。これらの点を考慮すると、企業側の譲歩が大きかったと思われる。

# 第6章　共有財産としての海洋微生物資源とその利益配分

海洋は広大な未知生物圏であり、深海は海洋微生物資源の宝庫であるといわれている。各国は、海洋における微生物資源の確保とその権利保全に向けて活発な活動を行っている。日本は古くから微生物を利用した醸造産業が盛んであるため、あらゆる微生物資源に対しても注目し、重要視してきた。特に海洋における微生物資源の権利保全に注力するのもこのような理由による。各国の海洋微生物資源の囲い込みに対する利害調整と持続的利用を促進するために、国連海洋法条約[283]が制定されている。本条約は「海洋資源の衡平かつ効果的な利用、海洋生物資源の保存並びに海洋環境の研究、保護及び保全を促進するような海洋の法的秩序を確立することが望ましい」として作られている。本条約では深海底は共有財と規定されており、主権的権利は認められていない[284]。つまり深海底は共有ということができる。深海底における微生物の分布を調べた報告によれば、深海のほうが浅海より微生物の種類は多い[285]。深海に住む微生物は特殊条件のため培養はできず、現在は遺伝子を採取して遺伝子解析を行っている場合が多い。このように、共有地である深海を管理する動きが出てきた。国連海洋法条約によれば、深海底及びその資源は共有財とされているため、その資源を利用するためには共有財のなんらかの私有化が必要となる。しかし、明確な技術移転に関する国際的な取り決めは決められていない。

共有財産である海洋微生物資源の利用は、国際的な移転ルールが確立しないままに行われているのが現実であると思われる。例えば日本の「深海バイオベンチャーセンター」は、極限環境生物フロンティア研究システムとの連携により深海微生物や地殻内微生物、及びそのゲノム情報の産業利用を図ることを目的に設立され、有用な深海微生物ゲノムの塩基配列の決定、ゲノム情報を活用した新規酵素の探索とその応用技術の開発などを通じて深海微生物株の各種産業への利用を行っている[286]。また深海微生物を利用した特許も出願されている。例えば、産業総合研究所の特許第3520322号（出願2000/9）[287]には、本発明に用いられている環状二本鎖DNAプラスミドpPS1M2は、日本海溝深海底由来の低温性海洋細菌の中から分離されたものであることが記載されている。このように、深海底の生物遺伝資源の利用と私有化のきざしが出てきた。これらの産業化の動きをにらみながら、海洋生物資源の利用について国際的なルールを制定する必要がある。それには、利益配分の明確化が求められるが、対立する利害関係者がいないので、生物多様性条約に比べて比較的複雑性が低いと思われる。

# 第7章　共有地から得られる利益の配分についての考え方

共有地の荒廃を防ぐには、二つの観点から方策を講じなければならない。一つは、共有地内部にある伝統的知識を共有物としてどのように維持・管理するかという課題である。これは共有地内部の問題であるので、当事者たちが解決しなければならない。その解決には伝統的知識、習慣、きまりに基づく方法で行われるのが基本である。その中で最も重要と思われるのは、入会地管理で明らかになったように、共有地を利用するものには義務が生じるということである。共有地の維持・管理に無制限の共有物利用はあり得ず、利用するものは必ずなんらかの維持管理に必要な義務を果たすべきである。そのやり方は長い伝統の中でいろいろ考案されており、慣習という弱い形から掟という強制力のある形まである。日本の入会地管理のように上手くいっている例もあるので、これらを参考にした方法を確立すべきであろう。ただし、共有財の私的利用という考え方は薄く、したがって利益配分ということも当事者の念頭にないことを考慮すべきである。

もう一つは、共有地外部からの誘引による共有財の私有化にどのように対処するかである。すなわち、共有財の私有化の規制と私有財の利益配分が基本的な課題である。この場合、共有地内部だけの問題ではないので、内部の伝統と習慣に基づいた解決方法は効力が小さいと思われる。特に利益配分の問題は利害対立する場合が普通なので、相反する立場を調整することも必要になる。権利者の利益配分を最初に考えるのではなく、利益は共有物とする原則に基づくべきである。また、利益はできるだけ非金銭的な方法によって還元すべきであろう。金銭的配分は共有地の当事者にとって一番価値があることとは思われないからである。利益配分を合理的に行うためには、何らかのシステムが必要であろうと考えられる。

# 第8章　植物遺伝資源の農産物化とそのアクセスと利益配分の変遷

### ❖カムカムにみる利益相反

カムカムは元来アマゾン地帯の野生植物の一つであるが、その健康栄養価値が数多く研究・報告されている。健康素材としての需要が高まるにつれて、カムカムの栽培が盛んになってきた。カムカムは、栽培が比較的容易であるため、ペルー政府が認めるように、野生植物から栽培化されることによって大量生産されるようになった。いまでは、カムカムはペルー国土の六〇%を占めるアンデス東側の熱帯雨林地帯で多く栽培されている。ただし、ペルー政府はカムカムの加工品を除き、生の種子、木などの国外持ち出しを禁止している。

ペルー国内外で商品化が進行し、栄養補助食品、自然食品としてのブームを生み、カムカム果汁の市場も拡大している。その結果、ペルー国内において一定の取引市場が形成されている。さらに、輸出入統計によれば、カムカムの二〇〇五年一～一〇月の間で八八万九〇〇〇ドルが日本に輸出されている[288]。ビタミンCがレモンの五〇倍、アセロラの四倍ほども含まれることから日本で注目され、飲料メーカーからカムカムジュースが発売されている。ペルー政府はカムカムの普及に力を入れており、日本では日本カムカム普及協会[289]がカムカムの普及を図っている。名誉会長は在日ペルー大使、会長は元駐ペルー日本大使、ペルー政府後援協力となっている。数あるペルーの農産物の中で、地球上でも極めて稀なカムカムに早くから着目し、日本国内への紹介と啓蒙に努めている。本組織は、ペルーが誇る果実カムカムの日本国内での消費普及・拡大を促進し、日本国民の食生活の向上に寄与すると共に、関連する団体、学会、政・官界、ならびに報道機関との関連を密にし、ペルー国との経済協力関係をさらに発展させる一助となる事を目的としている。

ペルー政府はカムカムについて、日本はバイオパイラシーを行っており誤った特許付与をしていると非難する一方で、日本国内でカムカムの普及活動を大使館が中心となって行い、輸出奨励している。ここで問題なのは、ペルー政府にとってカムカムは生物遺伝資源であるのか農作物であるのかという問題である。一般的に農産物とは、農民が生物遺伝資源である可食性野生植物を私有物化して、自己栽培し、自己消費のみならず商品として取引し利益をえることができる状態になった植物をいう。ペルー政府がカムカムを生物遺伝資源と認識するなら、自国からの輸出を生物多様性条約に基づいてより厳しく規制しなければならないであろう。しかし、ペルー政府はカムカムの輸出奨励を行っているのであるから、カムカムを少なくとも人手のかかっていない希少な生物遺伝資源であるとみなしていないと思われる。一方、ペルーの農民が生産した農産物として取り扱うならば、一般的な農産物として金銭的な自由経済に基づく商取引によって取引されていると考えるべきである。したがって、生物遺伝資源に付随すると認識されている主権的権利は、金銭的取引によって利益配分がなされており、最終製品には生物遺伝資源に関する主権的権利は及ばないという国際消尽の考え方を導入すべきである。生物遺伝資源に付随すると認識されている主権的権利の行使と、農産物に付随する個人的所有権の両方を一度に行使するのは行き過ぎた考え方であるといわざるを得ない。

## ❖生物遺伝資源の農産物化の過程とその所有状態

生物遺伝資源の農産物化に伴う権利のあり方について検討する。生物遺伝資源は、その有用性が認識された場合容易に農産物化される。希少価値のある生物遺伝資源が野生のままで存在し、その利用者はごく少数の原住民であれば、明らかにこの生物遺伝資源は農産物とはいわない。一般的に生物遺伝資源が野性状態にある場合は、その生物遺伝資源は特定の所有者のものとは認識されておらず、原住民の間で共有状態に置かれている。つまり、生物遺伝資源を誰かが利用してもそれには制限がない。そこには共有状態を維持・管理する掟があるだけである。しかし、伝統的知識の拡散により原住民に留まらず、より多くの人々により生物遺伝資源が利用されるようになると、利用要求が高まり、一種の流通形態が自然発生的に形成され、需要と供給の関係によって価格が生まれる。生物遺伝資源は、関係者特に原住民の間で形成された掟が支配する共有状態から特定の個人の意思が支配する私有状態への過程を必然的にたどる。さらに、生物遺伝資源が金銭的に取引されるようになると、より一層所有状態が明確になる。多くの資源国で認識されている生物遺伝資源は、限られた特定地域の原住民の間で原始的な流通状態にあるものと考えられる。この状態では標準化、均一化は進んでおらず、国際的な取引も行われていない。このような状態の生物遺伝資源そのものを利用国に運び、そのままあるいは一次加工して商品として販売するという産業的利用には困難が伴う。原住民にそれを収集してもらい、ある程度の加工を行ってもらうことは難しく、品質も一定にならないと考えられるからである。この状態の生物遺伝資源が利用国で利用されるのは、医薬品探索研究の目的が多い。医薬品探索研究では、伝統的知識は必要であるが、生物遺伝資源そのものが大量に継続的に供給される必要は少ない。

生物遺伝資源の農産物化は、どのような条件でどのような過程で起こると考えられるのであろうか？　コーヒーの農産物化の歴史的過程を見ることにより検証する。コーヒーは農産物であり、コモディティであることは間違いない。コーヒーに関する伝統的知識が文明国であったイスラムの世界に導入され、イスラムの僧侶が眠気覚ましに用いたというのが定説である[290]。しかし、この時点でも、イスラム僧侶の間で伝統的知識として伝えられていただけであるから農産物とはいいがたい。おそらくこの時代では、野生あるいはごく限られた所で栽培されたコーヒーの木からコーヒー豆を採取していたと考えられる。そうだとするとコーヒーの流通はごく限定的であり、その地域の中での流通に限定されていたと思われる。記録によれば、その栽培はごく小規模であるため生産量は年間一万トンにも満たなかったと推定されている[291]。この状態では限られた地域の限られた人たちが利用していたに過ぎない。

しかし、一五世紀頃から資本の蓄積のあるイエメン地方でコーヒーの木の栽培化が成功すると、コーヒー豆の生産は急速に増加し、その品質も一定化し、流通機構、価格、コーヒー製造も一定化・分業化など農産物化が進んできたと考えられる。同時にコーヒーを飲む習慣はアラビアから、アジア、ヨーロッパへと飛躍的に広がった。このように、野生植物が栽培化できるようになると、野生植物を私有化することが可能になる。いわゆる農作物としての認識が確立した時期であろう。私有化が進むと、利益追求といった経済的目的の流通が台頭し、大規模化、均一化が急速に発達したと考えられる。大規模農場あるいは栽培地域の拡大により大量生産が可能になれば、コーヒーの流通は増大し、世界各地に広がるのは当然である。事実、コーヒー商人が勃興しコーヒーの取引を独占していた。その名残が「モカ」であり、これはイエメンコーヒーの積みだし港の名に由来する。一七世紀にはカイロに多くのコーヒー豪商が出現した。またコーヒー市場が形成され、需要と供給の関係に支配された商取引が行われ、利益という考え方が確立された。つまり、この時代にコーヒーの市場経済機構が形成され、農産物化が完了していたと考えられる。そこでは、コーヒーは貴重な野生の植物というよりは、均一化された農産物として取引される。「モカ」のように、コーヒーの名前を聞けばその品質がわかるほど一般化していたと考えられる。

### ❖生物遺伝資源の農産物化に対する伝統的知識保持者の抵抗

生物遺伝資源は、長い間原住民の間で共同所有しているものとして認識され取り扱われてきた。生物遺伝資源の私有化・農産物化に伴い、この共有概念が崩壊し、私有財産という考えが台頭し、共有地にある共有の生物遺伝資源の保護がおろそかになった。もともと共有物であった資源が、人々の私的利用による自己利益の最大化のために過剰消費され枯渇するという消費の拡大のことを表現している。このことは、Garrett Hardinによって「コモンズの悲劇」という形で表現された[292]。

生物遺伝資源の農産物化による枯渇を最も切実に感じているのは現場にいる原住民である。いままで比較的自由に生物遺伝資源を共有地で採取していたのが、だんだん採取が困難になることを実感している。したがって、原住民の間では生物遺伝資源の農産物化に危機感を持って、アクセスに強く反対するものもいる。例えば、インドでは生物多様性法が二〇〇二年に制定されたが、インドの地方に住む特有の部族は、この中央政府の取り組みに反対している[293]。ひとつには利益配分を有利にしようという思惑もあるかもしれないが、多くは失われていく生物多様性を維持、発展させるのは自分たちであるという自覚のもと、主体的に取り組みたいという意思が表れている。伝統的知識に対する保護意識が、近代化によって得られる生活向上より強いということができる。そのため、生物遺伝資源や伝統的知識を農産物化して、市場経済で流通させることに反対を表明している。

## ❖生物遺伝資源の農産物化の要件

生物遺伝資源の農産物化について前述したが、その基本的出発点は、直接野生種から産物を採取し利用するという利用形態から野生種の採取、その私有物化への変遷である。野生種が継続的に採取される状態への移行である。この継続性が野生種の間で識別され、特定の個人による所有状態が出現する。やがて、野生種が栽培化に移行し農産物としての地位を確立する。需要の高まりから供給量を上げるためには生物遺伝資源の生産量の増大が必須であり、生産を制御することが大事である。しかし、野生種を栽培種に変換することは多くの困難を伴うため、その栽培種の価値は高まり、もはや栽培種を共有物と認識できない経済状態になる。栽培化の困難を克服するモチベーションとなるのは私有という概念の導入であり、栽培化によって利益が得られるという経済原則である。生物遺伝資源の栽培化が進むと、栽培の大規模化が出現する。その結果、生産される成果物に一定の標準化がなされる。さらに、複雑な流通経路と市場が形成され、市場における価格設定のメカニズムが成立する。価格は主に需給バランスによって決定され、相場による価格変動が発生する。

農産物化した生物遺伝資源が市場経済で取引されるようになったとき、生物多様性条約に基づく利益配分の考え方も変遷するはずである。資源国内での市場経済発展あるいは輸出奨励のためもあるが、自由市場での価格以上の利益配分という考え方の認識が市場取引関係者にないためと思われる。一方、品質管理や環境保護の考え方から、品質保証や認証制度が発達中であることも事実である。

通常、自由市場経済で取引されるため、農産物を作る農民は自身の利益を見込んだ価格設定を提案することは当然であるが、その提案通り取引価格が決定されるとは限らない。さらに、農産物化した生物遺伝資源には取引税、付加価値税、関税、消費税などの多様な税金が徴収されているはずであり、税金はその国の公共のために利用されている。その税金の支払い者は資源国内の消費者の場合もあるが、輸出関税など利用国側の企業が払う場合もある。取引価格に上乗せしてさらに利益配分を支払う場合は、その農産物の所有者である農民に支払われるので、公共のために使われるのはさらに農民の利益に対する所得税という形しかない。

そもそも生物多様性条約で決められた利益配分とは、生物遺伝資源の持続的利用に対する見返りであり、本来公共のものである生物遺伝資源の保護のために使われるべきである。したがって、利益配分を合理的に行うためには公共のために利益を配分するメカニズムが最も重要である。農産物化した生物遺伝資源には税金、特に関税という形の利益配分がすでに行われていると考えることもできる。逆にいえば、生物多様性条約に基づく利益配分を例えば資源税のような形で徴収すれば、資源国の公共の利益のための利益配分をすることが可能であると考えられる。

## ❖インド生物多様性法にみる農産物化した場合の利益配分のあり方

生物遺伝資源の持続的利用を可能にするには、栽培化による人工的な管理をして維持保護を図る方法と、徹底的な隔離策あるいは非商用的な研究により希少な生物遺伝資源を維持保護する方法がある。栽培化を行うモチベーションは、それによって利益が所有者である個人にもたらされることにある。所有者の自発的な持続的保護も可能性はあるが、所有者の利益追求が優先するはずなので、経済原理に従って保護が行われる危険性を常にはらんでいる。つまり、需要が増大すれば供給を上げるため大量の同一種の生産が行われるが、需要が低下すればその供給を下げるために栽培がされなくなり、極端な場合は栽培自体が放棄される可能性がある。このように、農産物化した生物遺伝資源は特定の個人のものとなり、所有者の自由意志によって持続的保護が決定されるという危険性がある。

農産物化した生物遺伝資源を生物多様性法等で規制する場合にも、私有物を規制することになるので、慎重な取り組みが要求され、バランスを重んじたやり方にならざるを得ない。生物遺伝資源の保護よりもそこで生活する者の保護のほうが優先するためである。例えば、インド生物多様性法には次のような四つの例外[294]が含まれている。一つ目の原住民が自由に生物遺伝資源にアクセスし利用することができるのは当然である。生物遺伝資源の生産者及び Vaids 及び Hakims 種族も例外である。さらに、政府の研究機関と共同研究する場合、本法律に従う限り例外となる。

商用取引されている農産物となった生物遺伝資源も例外とされている。しかし、農産物化した生物遺伝資源の正式リストは公開されていない[295]。これは市場経済の考え方と一致しており、混乱を避けるために必要な処置であった。したがって、農産物についてどのような運用がなされるか現在のところ不明である。インドの生物多様性法における農産物とは、原住民の多い地方で習慣的に取引されている農産物化された生物遺伝資源のことを意味する。これらの農産物を法律で規制することは国内の農業産業保護の観点から困難であるので、農産物化した生物遺伝資源を例外として法律の外に置いたと思われる。しかし、その定義があいまいなため多くの例外が出てくることが容易に予想される。例外リストに載せる生物遺伝資源が多く、関係者の間で調整がつかないであろうと推測できる。当事者にとっては、自分の栽培した植物を市場で売る場合、利益配分の範疇に入っていると取引相手から値下げ要求などの不利益を被ると考えているのではないか。より高い価格で売れ直接的に金銭が入るほうが、当事者にとっては得策であると考えるのは自然である。例外が多くなれば生物多様性法は効力を失うことになりかねない。まずインドにおける農産物の定義がなされ、それに基づいて農産物化された生物遺伝資源が同定されることが期待される。

### ❖完全に農産物化しコモディティになった場合の利益配分のあり方

生物遺伝資源が完全に農産物化した場合、当該生物遺伝資源は栽培化された形態になっており、栽培化に成功した者にその報酬として私有権が与えられる。私有になったものは、所有者が私利益を得るために適法に市場に置かれるようになる。市場に提供したものの所有権がいつまでも消滅しないで保持され、さらに第二、第三の権利者の権利が上乗せされるような仕組が市場の混乱を招くのは明らかである。そのような事態を回避するために、売買によって所有権が移転しその農産物にまつわるあらゆる権利は消尽するという考え方が商習慣となったと考えられる。

農産物化した生物遺伝資源の私企業間の取引は、通常売買契約によって行われる。私企業間の商取引契約で、生物多様性条約にいう利益配分の概念を導入しているのは極めて希である。契約に基づく金銭的な支払いには生物多様性条約にいう利益配分相当分の金銭は含まれない。この点は、研究などで生物遺伝資源を利用する場合の契約において、将来利益の配分を織り込む場合とは異なる。農産物化した生物遺伝資源の私企業間の取引の場合は、取引によってすでに価格が確定しており、金銭的決済によって当事者間で直ちに利益配分が済んでいる。もし、取引によって契約書にない利益配分のための支払いを追加的に行うとなると、契約にない支払いとなり贈与という形式になる可能性が高く、支払いは不合理とみなされる。商習慣からして、金銭で売買したにもかかわらず不合理な余分な支払いを行うことはできない。

解決策として、売買する場合、生物遺伝資源価格にあらかじめ利益配分分の価格を上乗せしたものを売買価格とする方法がある。この場合付加価値税、あるいは生物遺伝資源税のような税金と同じ考え方になる。資源国の公共の利益という観点からは、各種税金（付加価値税あるいは関税など）などが設定されており、さらにこの上に生物多様性条約に基づく利益配分を加えることは、税負担の不公平感を助長する。現在農産物化された生物遺伝資源に対して存在している各種税金の一部を生物遺伝資源の保護に向けるような施策が必要ではないかと考えられる。あるいは、プレミア価格という認識のもとで通常取引価格に上乗せするシステムが近年盛んになってきた[296]が、プレミア価格を付けるだけの品質等の優位性が認識されなければ合理性がなくなる。

## ❖生物遺伝資源の農産物化に伴う利益配分に対する提案

生物遺伝資源は野生の状態にあるとき、それは個人のものではなく関係者内での共有物であった。しかし、各種経済的要因により、それらの野生種が採取され、初期的な栽培化がなされると、その所有状態は明確になり、個人の所有物とされる。そうなると、所有物を売買によって個人の利益を得ようとするものが現れるのは当然の結果である。こうして自由市場が形成され、金銭的取引によって所有権が移転することになる。

農産物化した生物遺伝資源が自由市場において取引される場合、生物多様性条約に基づく利益配分は金銭的売買によって行われるのが商習慣となっている。その取引において、資源国の持つ主権的権利は取引あるいは輸出税を除き消尽しているとの認識が確立している。農産物は一定の自由市場が形成され、その市場での金銭的売買によって取引される。取引によって得た金銭的利益はその農産物の所有者のものとなり、所得税を除き

表 14　生物遺伝資源の農産物化と所有権権の権利状況

| 生物遺伝資源の農産物化 | 所有権の権利状況 |
|---|---|
| 野生種 | 共有状態（あるいは所有者なしの状態） |
| 採取・栽培化 | 私有状態 |
| 農産物化・コモディティ化 | 私有状態（売買による消尽） |

公共に利益とはならない。
　農産物となった生物遺伝資源は、その所有者の自由意思によって取引される。このような考えに基づき、インドの生物多様性法でも農産物は例外として取扱われている。国際的な取引において、農産物は自由な商取引によってその権利が適法に譲渡されたとみなすことができる。資源国が農産物化した生物遺伝資源にまで利益配分を主張する場合は、生物遺伝資源付加価値税あるいは生物遺伝資源保護税のような税制を導入するのが混乱を招かない安定した合理的な方法であると考える。

［注］

270　Garrett Hardin: "The Tragedy of the Commons,"; *Science*, **162**:1243-1248 (1968).

271　菅豊「コモンズとはなにか？」『本郷』**61**、二七－二九頁、吉川弘文館、二〇〇六年一月一日 http://suga.asablo.jp/blog/2006/02/01/235056.

272　ここでいう伝統的知識とは生物遺伝資源に関する取り扱い方法（効能・効果など）であり、それを具体的にどのように取り扱うかを決めることを慣習、規律という意味で用いる。

273　岸上伸啓『先住民資源論序説：資源をめぐる人類学的研究の可能性について』www.minpaku.ac.jp/research/sr/11691053-01.pdf.

274　ブリティッシュコロンビア州の原住民であるスパロー氏が法令に違反する方法でサケ漁を行い逮捕さ

れた。スパロー氏の反論はこの法令こそがカナダ憲法が保障する「原住民族の権利」を脅かすものだと主張し、カナダ高等裁判所はこの主張を認めた。(http://www.ccrh.org/comm/river/docs/sparrow.htm)

275 http://www.minpaku.ac.jp/research/sr/11691053-03.pdf.

276 Matrick Maundu, Peris Kariuki and Oscar Eyog-Matig: "Threats to Medicinal Plant Species–an African Perspective" in Proceedings of a Global Synthesis Workshop on 'Biodiversity Loss and Species Extinctions: Managing Risk in a Changing World' Sub Theme: Conserving Medicinal Species-Securing a Healthy Future.

277 http://www.aso-sougen.com/index.html.

278 民法による入会権を所有する資格として以下の条件がある。

(1) その土地の維持管理（公役（くえき））に従事する義務を果たすこと

(2) その地域に定住する者であること

(3)（阿蘇の場合は）入会地を畜産に利用していること

279 Kerry ten Kate, Laura Touche and Amanda Collis; "Yellowstone National Park and the Diversa Corporation" Submission to the Executive Secretary of the Convention on Biological Diversity by the Royal Botanical Gardens, Kew, 22 April 1998.

280 TITLE 15 SEC. 3710a Cooperative research and development agreements

(a) General authority

Each Federal agency may permit the director of any of its Government-operated Federal laboratories, and, to the extent provided in an agency-approved joint work statement, the director of any of its Government-owned, contractor-operated laboratories

(1) to enter into cooperative research and development agreements on behalf of such agency (subject to subsection (c) of this section) with other Federal agencies; units of State or local government; industrial organizations (including corporations, partnerships, and limited partnerships, and industrial development organizations); public and private foundations; nonprofit organizations(including universities); or other persons (including licensees of inventions owned by the Federal agency); and

(2) to negotiate licensing agreements under section 207 of title 35, or under other authorities (in the case of a Government-owned,

contractor-operated laboratory, subject to subsection (c) of this section) for inventions made or other intellectual property developed at the laboratory and other inventions or other intellectual property that may be voluntarily assigned to the Government.

281 36CFR2.1(c)(3) The following are prohibited:

(i) Gathering or possessing undesignated natural products.

(ii) Gathering or possessing natural products in violation of the size or quantity limits designated by the superintendent.

(iii) Unauthorized removal of natural products from the park area.

(iv) Gathering natural products outside of designated areas.

(v) Sale or commercial use of natural products.

282 Sec. 2.5 Research specimens.

(a) Taking plants, fish, wildlife, rocks or minerals except in accordance with other regulations of this chapter or pursuant to the terms and conditions of a specimen collection permit, is prohibited.

(b) A specimen collection permit may be issued only to an official representative of a reputable scientific or educational institution or a State or Federal agency for the purpose of research, baseline inventories, monitoring, impact analysis, group study, or museum display when the superintendent determines that the collection is necessary to the stated scientific or resource management goals of the institution or agency and that all applicable Federal and State permits have been acquired, and that the intended use of the specimens and their final disposal is in accordance with applicable law and Federal administrative policies. A permit shall not be issued if removal of the specimen would result in damage to other natural or cultural resources, affect adversely environmental or scenic values, or if the specimen is readily available outside of the park area.

(c) A permit to take an endangered or threatened species listed pursuant to the Endangered Species Act, or similarly identified by the States, shall not be issued unless the species cannot be obtained outside of the park area and the primary purpose of the collection is to enhance the protection or management of the species.

(d) In park areas where the enabling legislation authorizes the killing of wildlife, a permit which authorizes the killing of plants, fish or wildlife may be issued only when the superintendent approves a written research proposal and determines that the collection will benefit science or has the potential for improving the management and protection of park resources.

(e) In park areas where enabling legislation does not expressly prohibit the killing of wildlife, a permit authorizing the killing of plants, fish or wildlife may be issued only when the superintendent approves a written research proposal and determines that the collection will not result in the derogation of the values or purposes for which the park area was established and has the potential for conserving and perpetuating the species subject to collection.

(f) In park areas where the enabling legislation prohibits the killing of wildlife, issuance of a collecting permit for wildlife or fish or plants, is prohibited.

(g) Specimen collection permits shall contain the following conditions:

(1) Specimens placed in displays or collections will bear official National Park Service museum labels and their catalog numbers will be registered in the National Park Service National Catalog.

(2) Specimens and data derived from consumed specimens will be made available to the public and reports and publications resulting from a research specimen collection permit shall be filed with the superintendent.

(h) Violation of the terms and conditions of a permit issued in accordance with this section is prohibited and may result in the suspension or revocation of the permit.

Note: The Secretary's regulations on the preservation, use, and management of fish and wildlife are found in 43 CFR 24. Regulations concerning archeological resources are found in 43 CFR 3.

283 海洋法に関する国際連合条約（国連海洋法条約）平成八年七月一二日 条約第六号、平成八年七月二〇日 施行、平成八年七月二〇日 外務省告示三〇九号 (http://www.geocities.co.jp/WallStreet/7009/m0008330.htm).

284 第一三六条　人類の共同の財産〝深海底及びその資源は、人類の共同の財産である〟。

第一三七条　深海底及びその資源の法的地位

1　いずれの国も深海底又はその資源のいかなる部分についても主権又は主権的権利を主張し又は行使してはならず、また、いずれの国又は自然人若しくは法人も深海底又はその資源のいかなる部分も専有してはならない。このような主権若しくは主権的権利の主張若しくは行使又は専有は、認められない。
2　深海底の資源に関するすべての権利は、人類全体に付与されるものとし、機構は、人類全体のために行動する。当該資源は、譲渡の対象とはならない。ただし、深海底から採取された鉱物は、この部の規定並びに機構の規則及び手続に従うことによってのみ譲渡することができる。
3　いずれの国又は自然人若しくは法人も、この部の規定に従う場合を除くほか、深海底から採取された鉱物について権利を主張し、取得し又は行使することはできず、このような権利のいかなる主張、取得又は行使も認められない。

285 http://www.sof.or.jp/ocean/newsletter/136/a01.php.
286 http://www.jamstec.go.jp/jamstec-e/bio/bv/bvforum2.html#hajime.
287 http://www.aist.go.jp/aist_j/research/patent/2005/06_1/index.html.
288 農林水産省ペルー『060117、急増するカムカムの対日輸出』、http://www.maff.go.jp/kaigai/topics/f_peru.htm.
289 日本カムカム普及協会（http://blog.canpan.info/camucamu/archive/5）.
290 珈琲市場『コーヒーの歴史』、http://www.e-coffee.jp/page/5.
291 臼井隆一郎『コーヒーが廻り世界史が廻る　近代市民社会の黒い血液』中央公論一〇九五、一九九二年一二月。
292 Garrett Hardin; “The Tragedy of the Commons,”; *Science*, **162**:1243-1248 (1968).
293 http://www.ddsindia.com/, www/WHOSEBIODIVERSITYANDKNOWLEDGEISIT.htm.
294 National Diversity Authority India, “FREQUENTLY ASKED QUESTIONS ON THE BIOLOGICAL DIVERSITY ACT, 2002”, http://www.nbaindia.org/faq.htm.
295 Exemption for certain biological resources normally traded commodities (Section 40)(1) The Central Government in consultation with the related Ministries and on the advice of the Authority may exempt certain biological resources, normally traded commodities, from the purview of the Act by publishing a notification in the official gazette. http://www.elaw.org/resources/text.asp?id=1756.
296 特定非営利活動法人フェアトレード・ラベル・ジャパン、『フェアトレード（公平貿易）とは』、http://www.fairtrade-jp.org/About_Fairtrade/About_Fairtrade.html.

# 第4部　伝統的知識と生物遺伝資源に対する資源国の取り組み

ライフサイエンス産業上のニーズの増大を受けて、多くの企業では機能性天然物素材の探索が大きな研究対象となっているが、この活動を抑制する法的規制として生物多様性条約や生物遺伝資源提供国の国内法令等がある。これらの法的規制を正しく理解し遵守するということがますます重要な課題となっている。

第四部において、生物多様性条約を最も早く国内法規として取り入れ、さらに特許法を改正して生物遺伝資源の規制強化に乗り出したインドと、同様の方向性を歩み始めている中国に注目し、その概要を理解するとともに、これらの規制に対して日本企業がいかに対処すべきかを論じる。これらの二国の規制は、日本の産業界が注目している東南アジアの国々に重大な影響を与えると考えられ、常にその動向に注視する必要がある。

# 第1章　インドにおける生物遺伝資源関連法規制

## ❖インド生物多様性法の概要

生物多様性条約のインド国内法であるインド生物多様性法（Biodiversity Act＝ＢＤＡ）の実施[297]概要は以下のようになっている。ＢＤＡの具体的な実施のため、中央政府レベルで生物多様性局（National Biodiversity Authority＝ＮＢＡ）が設置されている。州政府レベルで州生物多様性評議会（State Biodiversity Boards＝ＳＢＢ）、地方自治体レベルで生物多様性管理委員会（Biodiversity Management Committees＝ＢＭＣ）が設置されている。これらの生物多様性関連機関の承認対象事項は、外国人、非居住インド人、インド国内に活動拠点を持たず登録していない法人あるいは組織、および登録はしているが出資者や経営陣の中にインド人以外が参加している組織はＮＢＡによる事前の承認なしには生物多様性に関連する活動を行うことはできない[298]というものである。さらに、インド原産またはインドから取得された生物遺伝資源に関する研究結果を、ＮＢＡの事前の承認なく前記の人や組織に移転することが禁じられる[299]。また、インドから得られた生物遺伝資源に関する生物学的調査または情報に基づく発明について、インド内外で知的財産権を申請する者はすべてＮＢＡの事前の承認を得ることが要求される[300]。また、承認を受けた者は、生物遺伝資源またはそれに関連する情報をＮＢＡの許可なく移転することはできない。ＮＢＡは取引条件に関し、承認申請者、関係地方団体と利益主張者との間で相互に合意する条件に基づいた衡平な利益配分を確保する。特定の共同研究計画について、政府の承認が得られれば、前記の要件のうちいくつかが免除される。これらの規定の違反者には罰金刑、禁固刑あるいはその両方に処せられるなどの条文も盛り込まれている。以上のように、インド生物多様性法はインド国外から生物遺伝資源へのアクセスに関して厳しい規制を課しているため、生物遺伝資源探索をインドで行うことは、インド国外の私企業にとってリスクを負うことになる。インド国内で製造された生物遺伝資源はＢＤＡによって規制されないコモディティとなるので、探索を行うより、インドで製品化された生物遺伝資源をコモディティとして購入するほうが、リスクは少ないと考えられる。インドにおけるコモディティのリスト化は現在ＮＢＡが作成中である。

インドの特許法[301]では、「発明そのものや、その作用・用途、およびその実施の方法を十分かつ詳細に記述することができないような生物学的材料が明細書に記載されている場合」あるいは「当該材料が公衆にとって入手できない場合」は当該生物学的材料の出所および原産地を開示することを規定している[302]。本規定はブダペスト条約に加盟する際に追加・修正された規定である。インドにおいてブダペスト条約の解釈を拡大して運用しており、微生物に限定せず生物材料全般について国際寄託機関に寄託しなければならない。したがって、インド特許法では、生物多様性条約の規定にある生物遺伝資源のみならず特許上の生物学的材料を、ブダペスト条約上の規定に基づいて出所開示を求めていることに注意しなければならない。出所開示の具体的規則はないが、国際寄託機関への寄託が基本となると考えられる。日本の特許法の審査基準[303]によれば、「植物（動物）の寄託および分譲において、自体、部分、作出、利用に関する発明で発明の詳細な説明に当業者がその植物（動物）を製造することができるようにその創製手段を記載することができない場合には、（中略）植物（動物）自体、親植物（動物）（その種子、細胞、受精卵等）を出願前に寄託し、その寄託番号を出願当初の明細書に記載する。」とされている。詳細は微生物の寄託および分譲に従い、信用できる保存機関への保存等の手続を採ることが望ましいとされている。したがって、植物あるいは動物関連特許を出願する場合は日本の特許法審査基準に従った寄託を行い、出願明細書に出所を開示すればよいと考えられる。ただし、資源国を中心に現在検討されている生物遺伝資源出所開示の要求では、「遺伝資源の入手容易性」や「十分かつ詳細な基準がされているか否か」と関係なく、「発明が生物材料に関係しているか、または使用している場合」が対象となっており[304]、ブダペスト条約の精神とはかけ離れた考え方を導入しようとしている。

インドの国立生物多様性局（NBA）が特許出願に関与することが大きな問題となっている。つまり、インドでは、生物遺伝資源へのアクセス時にNBAへのアクセス許可の申請をして承認を得る必要がある。しかし、その後承認された生物遺伝資源を用いて研究開発を行いインドで特許出願する場合、再びNBAに対してその生物遺伝資源をもとにした発明を特許出願することについて許可申請をしたのち、ようやくインド特許庁への特許出願が可能となる。このNBAへの特許出願許可申請プロセスを特許付与までの間に行わなかった場合、インドでは特許出願が認められない。インドNBAが特許付与の権限を有することになり、特許制度において

表 15　インド特許出願における生物遺伝資源の出所開示要件

| | 生物多様性法 | 特許法 |
|---|---|---|
| 根拠となる条文 | 第 6 条 NBA の承認を得ない知的財産権の申請の禁止 | 第 10 条（4）（d）（ii）（D）発明に使用されているときは，明細書において生物学的材料の出所および原産地を開示していること |
| 手続き | 国立生物多様性局（NBA）への特許出願許可申請 | ブダペスト条約に基づく国際寄託機関への寄託 |
| 申請要件 | 特許付与までに申請・認可<br>細則は未公表 | ブダペスト条約に基づく寄託・分譲規定<br>細則あり |
| 罰則 | 罰金刑、禁固刑 | 特許付与されない |

特異な仕組みであるといわざるを得ない。しかし、ＮＢＡの特許出願許可申請について詳細な規則・細則が決められているわけではなく、どのような要件が許可申請に必要であるかは今後の発展を注視するしかない。

インド特許出願において、生物遺伝資源の出所開示に加えて、特許規則様式１の「Declaration」欄には、「特許明細書で開示されている発明はインドで入手した生物学的材料を使用しており、特許付与の前までに権限ある当局（ＮＢＡ）からの許可を得る」との記述があり、出願人に生物遺伝資源の使用とＮＢＡからの許諾を得る旨、宣言させる形態となっている[305]。

以上まとめると、インドでは生物多様性法と特許法の規定により、生物遺伝資源についての特許出願に対して出所開示要件が決められている。

## ❖インド生物多様性法の現状

インド生物多様性法[306]については、国内産業の保護、環境保護の観点から外国企業により厳しい条件を課すことは

表 16　インド生物多様性法のもとでアクセス承認された案件数[307]

| | 第 5 回 NBA 会議 1/20/2006 | 第 7 回 NBA 会議 7/2/2006 | 合計 |
|---|---|---|---|
| 研究目的 | 4* | 3 | 7 |
| 研究の移転 | 3 | 1 | 4 |
| 研究の移転 | 3 | 1 | 4 |
| 特許出願 | 1 | 3 | 4 |
| 第三者移転 | 3* | 1 | 4 |
| 共同研究 | — | 9 | 9 |
| 却下 | 6 | 4 | 10 |

* アクセスと資源分譲のみ

ある程度理解できる。しかし、国内産業の規制もある程度行わないと生物遺伝資源の枯渇、環境破壊はまぬかれない。また資源保護の観点から植物資源の栽培化等の手段を研究開発しなければならないし、そのためには利用国の先端技術の応用を促進する共同研究・開発も行わなければならない。栽培化等が成功してある程度安定供給ができるようになった生物遺伝資源は産業化をより奨励するために、供給制限を緩和する政策的努力も常に求められる。その結果、生物遺伝資源が保護されるだけではなく、人類の継続的利用に貢献することができる。

実務レベルでは、当局の許可について運用基準が明確でないなど多くの不安要因があるので、当面は実績を注視していくことになる。特に生物遺伝資源のデータベースの完備が急務となるし、生物遺伝資源に入らないコモディティ資源の明確化も求められる。インド生物多様性法はインド国内法であり、国内産業優先の立場は変わらないであろうから、外国企業に対するインセンティブはなかなか認められないであろう。

インドでこの制度が運用可能かどうかは実績によって判断される。この制度が経済上不都合になれば制度を利用するものは減少するであろう。現在報告されている承認数は表16の通りである。この制度を利用しているのはインド国内の大学等研究機関が圧倒的であり、商用目的の利用は少ない。また承認拒否された案件が多いのも特徴である。制度が浸透していないのか、要件に合わないのかは不明である。

インドの生物多様性法には四つの例外規定がある。第一に、インド国内でローカルコミュニティに属する人は自由に生物遺伝資源にアクセスができる。第二に、生物遺伝資源の育成者やその利用者であるVaids and Hakimsと呼ばれる人々は例外である。第三に、生物多様性法の範囲内で通常商取引されるコモディティは例外と認められている。第四に、インド政府あるいは政府認可研究機関を通じて行う共同研究は例外となっている。ここで問題となるのはコモディティをどのように定義して規制からはずすかであるが、インド政府からはまだコモディティの最終リストは公表されていない。ただし、生物遺伝資源を抽出、混合、加工などして製造された香料などの高付加価値品は取扱い者が強く反対したため例外リストに入れられた。したがって、Chyawanprash, Isabghol, Pudin Hara, Turmeric creamsの香料などは自由に商取引によって輸出されるので、一種の国内産業保護ということができる。

## ❖インドのアユルヴェーダ薬局方の試み

インド中央政府ではインド伝統医薬に対する標準化政策が進んでいる。インド保健福祉省の中にインド伝統医薬局（AYUSH）がある[308]。AYUSHではインド伝統医薬の標準化を進めている。製造に関してGMP基準を作り、薬理試験を行い、さらに伝統医薬のリスト化を行っている。薬局方委員会がインド医薬化粧品法に基づきインド伝統医薬の標準化を決定している。インドには四つの異なった伝統医薬（Ayurveda、Homoeopathy、Unani、Siddha）が存在するので、それぞれに対応した薬局方委員会がある。現在伝統医薬二五八種類について薬局方標準が定められている。基本となるインド伝統医薬のそれぞれについて処方を記したリストが作成されている。このような伝統医薬の標準化が確立すれば、製品の品質が一定になり価格も安定することになる。その結果、伝統医薬の取引も拡大すると考えられる。

## ❖インド企業の実情と意見

日本国際知的財産保護協会が二〇〇五年八月にインド企業にアンケートを実施した結果がある[309]。その報告によれば、Emergent Genetic India（インド種子関連会社）が、「遺伝資源の出所開示制度について、将来の正式な判定システム（identification system）を構築し、企業の遺伝物質侵入を防ぐという意味では賛成である」と意見表明している。法律制定以前は遺伝資源・多様な種の交換が自由になされていたので、原産地の特定が難しい遺伝資源が実際には多いのが実情である。国をまたがって遺伝資源の交換が行われてきたため、遺伝資源の原産地をピンポイントで特定することは非常に困難である。過去に入手した生物遺伝資源について出所が不明なものがある。国際的な穀物研究所から入手してから品種改良がなされた素材については、原産地を特定することは困難である。制度が悪用され、訴訟が多発する可能性もあり、産業発展が遅延することも考えられる。インドの企業はインド生物多様性法の影響をあまり受けないにもかかわらず、産業の停滞が起こるのではないかと危惧している。特に生物遺伝資源の原産地の同定は困難であるとの見解を持っていることから、実務上混乱を招く可能性があり、原産地の確定を巡って訴訟が起こることもあることを予言している。

# 第2章　中国中央政府の生物多様性条約関連法規制と専利法の改正

中国では生物多様性条約に関する取り組みを強化している。中国の国家環境保全総局は二〇〇二年三月に環境保全について通知を出し、中国全国に『全国生態環境保全「十五」計画』の実行を求めた[310]。その中で主要な目標として生物多様性の保護能力を高めるとしている。具体的には、生物多様性保護の条約履行メカニズムを改善し、森林、草原、海洋、内陸水域、農業と乾燥・半乾燥地帯の生態系における生物多様性保護業務方案を制定・実施することとしている。さらに、生物遺伝資源のアクセスと利益配分メカニズムの研究を展開し、その管理を強化するとしている。生物多様性保護監督管理能力をさらに強化し、生物の安全管理を強化し、関連法規を完備させ、技術的基準と規範を制定し、リスク評価と管理の制度を制定するとしている。管理強化策として、生物多様性モニタリングネットワークを組織・建設し、生物多様性の評価を展開し、国家生物多様性データバンクと情報調和センターおよび情報交換所を立ち上げるとしている。

中国の環境保護・自然保護国内法でアクセスと利益配分についての条項は少なく、わずかに家畜法（二〇〇五）や人遺伝子保護法（一九九八）に記載があるのみである。アクセスと利益配分については考え方が統一されておらず、日本式のやり方をとるかインド式にするか明確なコンセンサスは今のところ見当たらない。二〇〇四年から二〇〇六年の間に、五〇〇万ドルの予算で中央環境保護局（State Environmental Protection Administration: SEPA）の主導により、生物遺伝資源と少数民族の伝統的知識に関する調査を行った。二〇〇五年末に中国中央政府は〝Enhancing Environmental Protection by Carrying our Scientific

Development View”を発表し、アクセスと利益配分について規制法制定の方針を示した。この方針に基づき、生物遺伝資源についていくつかのプロジェクトが組織され、調査、研究が開始された。その中で知的財産と関係あるのが、“National Strategy for IPR of Biological Resources”と“National Strategy for IPR of Traditional Chinese Medicine”である。このプロジェクトの中で、中国専利法と生物多様性条約の関係を再調査し、新しいアクセスと利益配分と特許の関係を構築する。さらに、不正輸出法にアクセスと利益配分とその管理を付け加えることにより、現行法をより厳しくするという方向である。

さらに中国中央環境保護局は、アクセスと利益配分に関する規正法の作成を二〇〇五年から開始した。まず関係省庁から委員を集め委員会を組織し、その下に専門家の委員会を組織し、条文の検討を行う。その後、実際のアクセスと利益配分業務を行う国立遺伝資源局を設立し、事前の情報に基づく同意（ＰＩＣ）の審査などを行う。条文の骨子として明らかになっているのは、まずアクセスについては科学的調査と商用アクセスに分類し、商用アクセスには事前の情報に基づく同意と試料移転契約（ＭＴＡ）を必須とすることである。さらに、商用アクセスには中国国内の共同パートナーを得ることが望ましいし、契約当事者はアクセス者と中央政府であるが、当事者が入ることもあるとしている。

### ❖中国の生物遺伝資源の知的財産保護条例

中国では伝統的医薬について「漢方品種保護条例」が制定されている[311]。この法律は漢方薬の品質向上のために、標準品質とその製造方法を定め、低品質のものを市場から駆逐するためである。貴州省では二〇〇五年一一月から「貴州省発展中医薬条例」が施行された[312]。その中に漢方薬の知的財産権に関する条文が盛り込まれている。条例は全三一条であるが、その条例の第一九条で、「県レベル以上の政府は地方の知的財産権部門を管理し、漢方薬に関する知的財産権の管理および保護を強化しなければならない」と規定されている。また、漢方薬の製造プロセス・技術の特許出願も奨励されており、特許化が困難な技術については、技術秘密として保護すべきであるとしている。さらに、漢方薬に関する知的財産権および漢方薬の調合技術の移転・譲渡は認められるが、「特許保持者の許可なく特許事項を記載する書籍を出版してはならない」としている点が特徴的である。この条例は、中国でも未開の地が多い貴州省に残っている伝統的な漢方薬を保護し、奨励しようという試みと理解される。しかし、本条例の具体的な内容が不明であるので、今後の管理・運用を注視しなければならない。

### ❖中国専利法改正案について

全国人民代表会議に向けた中国専利法の第三次改正案が二〇〇八年八月二九日に発表された[313]。この改正案には生物遺伝資源の出所開示が盛り込まれている[314]。その趣旨について、「遺伝資源が一つの国の持続的な発展を支える重要な戦略資源になっている。」との認識のもと「遺伝資源の保護に複数のメカニズムの相互作用が必要」と認識され、生物多様性条約を実行するためには知的財産法を関連付ける方向にある。つまり中国は生物遺伝資源保有国としての立場をとっていることが明らかである。

特に第五条は「遺伝資源の取得、利用が関連の法律・法規の規定に違反したものは、専利権を付与しない。」と規定されているので、特に重要である。さらに「関連の法律・法規」との記述があるが、関連法規についての詳細な説明はないが、おそらく生物多様性条約に関連した遺伝資源管理関係の法律規制を別に検討しているので、それらの法律が制定されれば、明確になるものと思われる。中国関係者の説明によれば、「生物多様性条約の情報に基づく同意と利益配分の要求に適合しないもの」は専利権を付与されないとしている。これは専利法の精神と範囲を越えたものである。どのような法律が制定され、なにが法律違反になるか不明であるため、産業界としては不安な状況にある。中国の説明によれば、「遺伝資源の取得と利用の関連法規制への適合判定は専門的な認定プロセス」であり、専利権審査とは別のプロセスで認定される。そのプロセスには行政処置または司法訴訟も含むので、専利権付与には複雑な審査と裁定がなされることになり、中国における生物遺伝資源関連の専利権取得は困難を極めることになると予想される。

中国専利法改正案第二七条において「出願者が明細書においてその遺伝資源の直接的由来と原始的由来を申告しなければならない」とする案が提案されている。すでにブダペスト条約に基づく制度が遺伝資源の出所を示す一つの方法として国際的に認められている。現行専利法第二六条三項でもブダペスト条約の精神が活かされており、「明細書は特許または実用新案に関して、その所属技術分野の技術者が実現できるよう、明確で完全な説明を行わなければならない。」とされている。今回の追加条文は、さらにこの上に生物多様性条約の原則を実行するため生物遺伝資源関連の発明にさらに厳しい条件を付加することになり、特定分野の特許出願に大きな負担をかけることになる。さらに、「発明創造の完成が遺伝資源の取得と利用に依存する」場合は「明細書に同遺伝資源の二つの由来を記述」することになるが、中国中央政府の説明によれば、「発明創造の形成はある遺伝資源の取得と利用に依存するが、完成された発明創造の実施には同遺伝資源に対する利用が必要とされない」場合も含むとしている。つまり、生物遺伝資源から新規物質を発見し、それを医薬品とした場合でも特許には出所開示が必要としている。生物遺伝資源の誘導体、派生物にまで出所開示を求めることは、出願

表 17　中国特許出願における生物遺伝資源の出所開示要件

| | 生物多様性条約関連法規 | 専利法改正案 |
|---|---|---|
| 根拠となる条文 | 未定 | 第2章 特許権付与の条件 第5条第2項<br>遺伝資源によって完成された発明創造については、該当する遺伝資源の入手あるいは利用が、関連する法律、行政法規に違反している場合は、専利権を付与しない。<br>第3章 特許の出願 第27条6項<br>遺伝資源により完成された発明創造について、出願者は専利出願書類上でその遺伝資源の直接的由来と原始的由来を申告しなければならない。出願者が原始的由来について申告できない場合はその理由も説明しなければならない。 |
| 手続き | 関連法規制への適合判定は専門的な認定プロセスによる行政処置または司法訴訟 | ブダペスト条約に基づく国際寄託機関への寄託（26条3項） |
| 申請要件 | 未定 | 専利法実施細則と「審査指南」に明記予定、誘導体、派生物を含む |
| 罰則 | 未定 | 特許付与されない |

者の出願負担を増大させるだけでなく、特許による利益配分でもリーチスルーを誘引する可能性があり、出願者に不利な制度となることが予想される。

### ❖中国専利法第三次改正案の影響

中国では漢方薬の振興のためには近代化とグローバル化が必要とされており、その両方に共通する中心的課題である知的財産権保護に注力している[315]。漢方薬の研究開発を行うため「中薬（漢方薬）現代化発展要綱」に基づく研究センターが設立された。中国科学技術省は、衛生省など関係部門と共同で、一〇年の間に漢方薬産業の近代化を図り、重点産業への発展を推進していく。国際社会で競争するには、漢方薬の製造方法の標準化、GMP化が必要となる。そのためには、製法開発、品質保持についての研究開発成果を国際社会で保護する知的財産権を確立する必要がある。さらに、薬草などに含まれる有用成分の研究開発を振興し、知的財産権を確保することも求められる。

漢方薬産業の強化のためには、産業界での知的財産権保護意識を強化すること、漢方薬知的財産保護の枠を定め、専門的な機関を設置、漢方薬知的財産権理論研究を進め、専門的な国際経済貿易における漢方薬の知的財産権保護を実行する人材を養成し、国際規則の制定に参加し、国際社会に常にリンクすることを認識し行動することが必要である。このような認識のもと、中国中央政府は生物多様性条約と専利法を利用して漢方薬の保護に乗り出しており、専利法改正を初めとして関連法規の改正に取り組んでいる。生物多様性条約関連の法規の内容はまだ明らかにされていないので、今後中国においてどのように生物遺伝資源が管理されるか不明である。しかし、中国は遺伝資源国であると同時に遺伝資源利用国の側面も持っている。漢方薬は中国内で重要な国内産業であると同時に国際的な発展を目指している。このような状況において、生物遺伝資源保護を強化し、知的財産権を厳格に運用すると、中国国内の漢方薬産業が制限を受けることになりかねない。このような事態を避けるためには、生物遺伝資源保護と利用のバランスを考えた法体系を構築することが必要になる。

最近の情報によれば、生物遺伝資源の保護と利用について中国政府内では、隔離された少数民族の伝統的医薬を保護する方向性と、国際的に流通した伝統的医薬には内容表示などの国際的商習慣に従って利用する方向性の両側面から取り組む姿勢を見せている。

# 第3章　その他の資源国における生物遺伝資源関連法規制

資源国では、生物多様性条約に対応した国内法を制定することにより生物遺伝資源とそれに付随する伝統的知識の保護をめざしている。特に近年では、資源国の国内法に利益配分を明記した例が多くなっている。アンデス共同体（ボリビア、コロンビア、エクアドル、ベネズエラ、ペルー）は生物多様性条約の国内法制定のためにアンデス共同体決定486を二〇〇〇年一二月から発効させた[316]。その内容は生物多様性条約を十分反映しているわけではないが、生物遺伝資源あるいは伝統的知識に関する知的財産権を規定している。アンデス共同体諸国の原住民が保持する伝統的知識に基づいてなされた特許出願は、伝統的知識使用許可あるいはライセンス許可を示す書類のコピーを添付しなければならない。生物遺伝資源や伝統的知識を利用したことを示す証拠を含まない特許は無効にされる。

ペルーの伝統的知識保護法（Law No 27811）は伝統的知識の管理を目的として作られている。この法律により、伝統的知識のライセンスあるいは補償のルールが明確にされ、伝統的知識の法的保護が達成できると期待されている。二〇〇二年に発表された伝統的知識保護法の修正法[317]では「集団的知識から得られた製品あるいは製法について特許を取る場合、出願人はその集団的知識が公共物でない限り、その知識の出所との契約内容を示す書類を提出しなければならない。この手続きをしない場合特許出願は拒絶される」と規定されている。ペルー政府は法律No. 28216[318]を二〇〇四年五月に制定し、ペルーの生物多様性の保護と原住民の集合伝統的知識の保護のため反バイオパイレシー委員会を設置した。反バイオパイレシー委員会は生物遺伝資源や伝統的知識の保存登録の推進、ペルーの生物遺伝資源や伝統的知識を用いた外国特許出願の発見と追跡、外国特許の技術的解析、外国出願特許の無効化、ペルーの生物遺伝資源や伝統的知識の保護・防衛の方法について提案書のまとめなどを行う。カムカムをめぐる日本での出願特許の調査は、反バイオパイレシー委員会が行ったものと推定される。

コスタリカの生物多様性法（Law No. 7788）は生物遺伝資源と伝統的知識の起源について開示を求めた法律である。その第八〇条では、国立種子管理事務所と特許庁が生物多様性に関連する発明の保護として特許を承認する場合、生物多様性について問題ないか国立生物多様性管理委員会に照会することが強制されている。国立生物多様性管理委員会は、すべてのケースについて出所の保証書を発行するかどうか判断する。もし国立生物多様性管理委員会が発行を拒否した場合、特許は無効となる。コスタリカでは、その生物多様性法の第八二条において特別な（sui generis）地域社会知的財産権を設定している[319]。そこでは特別な地域社会知的財産権の重要性が法的に認識されている。この認識をもとに第八三条では特別な地域社会知的財産権設定の方法、プロセスを決定しており、第八四条においては特別な地域社会知的財産権の決定と登録を定めている。また、第八五条では特別な地域社会知的財産権の使われ方、権利者を定めている。

メキシコでは、生物遺伝資源アクセスと利用法[320]の制定を目指して現在国会で審議中である。この法案では原住民の伝統的知識の持続性ある使用とその商用使用による利益の衡平な配分を意図している。第一一条では生物遺伝資源と伝統的知識の商用利用により得た利益の衡平な配分を定めている。例えば、標本・サンプルへのアクセス料の創設、生物遺伝資源アクセスにより得られた科学的成果の移転、商用利用から得られる利益に対するロイヤリティの支払いなどが定められている。第三一条は知的財産に関する条項である。生物遺伝資源や伝統的知識に基づく特許出願をする際はその原産国証明の提示が必須である。第三二条では、メキシコが原産国である場合原産国証明がないと出願特許は認められない。またメキシコ特許庁と環境資源省が協力し情報交換することも規定されている。第四八条では罰則規定がある。特に許可証明書なしの生物遺伝資源の移動、輸出入には厳しい。第五二条ではその罰則が具体的に示されており、違反者には一〇〇から五万日に相当する罰金の支払いか、二年から最長一五年の拘置となる。

ブラジル政府は生物多様性を保護する目的で、無許可で伝統的知識を使い利益配分を行わないものを処罰する反バイオパイレシー法[321]を二〇〇五年六月に発効させた。

二〇〇六年三月、アフリカのコンゴでアフリカ連合と世界保健機構（ＷＨＯ）が薬用植物知識保護法について議論した[322]。ＷＨＯによれば、伝統的医薬に関する知的財産保護のためのシステムをアフリカ諸国で構築しようとする運動である。アフリカ連合はすでに加盟国の合意のもと連携し伝統的医薬の知的財産保護の仕組みをＷＩＰＯで認めさせる運動を続けている。合意文書[323]によれば、この合意文書の目的は、（1）伝統的医薬に関する合理的な知的財産制度を作ること、（2）その制度を促進させ保護する国際的組織と協力する組織の役割を明確にすること、（3）伝統的医薬とアフリカの薬用植物の多様性を保護する国内法制定のガイドラインを作成することである。現在ワーキンググループを組織し、モデル法案[324]を作成中である。モデル法は、生物遺伝資源あるいは地域社会の伝統的知識へ先進国のアクセスを規制する法律であるので、原住民や地域社会が使用する伝統的知識には及ばない。特許やその他の知的財産を出願することは禁じられている。研究開発の協力者に対し利益配分をしなければならないし、契約が適正に実行されているかどうか確認するための監査人を選定しなければならない。

カメルーンでは生物将来法[325][326]が制定されている。生物遺伝資源へのアクセスを許可する環境森林省では、輸出関税を課すことによって利益配分を決定することができる。本法では強制的な利益配分の考え方はデザインされておらず、供給契約、ロイヤリティを交渉する考え方もない。カメルーンの知的財産法によれば、特許などとともに文化伝承、伝統的医薬知識などの知的財産も保護される。しかし、権利保護はカメルーン国内に限られる。また伝統的知識の改良による発明は特許として認められている。

フィジーの議会で提案されている生物将来法案[327]では、自然保護・自然公園局が生物多様性関連研究を行うものにアクセス許可を与えることができる。フィジーの生物遺伝資源を商用目的で使用する場合は、合理的で公平な利益配分をしなければならない。また研究によって得られた情報は生物遺伝資源の保持者と共有にする必要がある。

# 第4章　資源国内でのその他の取り組み

資源国では、伝統的知識あるいはそれに関連する生物遺伝資源への先進国のアクセスを制限あるいは禁止しようとする動きがでている。その一つの動きとして原住民による伝統的知識のノウハウ化・営業秘密化[328]運動が見られる。伝統的知識をカタログ化し、データベースとして保存することは公開データベースと同じであるが、このデータベースへのアクセスを制限することで原住民の伝統的知識が守られるとの考えに基づく方法である。また宗教的理由により家族あるいは周辺の少数の原住民でしか伝統的知識の伝承が行われないところもある。中国貴州省や雲南省の少数民族であるトン族やミャオ族でこのことが報告されている。この伝統的知識の営業秘密化によってもその価値を保護することは可能である。原住民の中で競争による価格戦争の危険性を避けるため、原住民コミュニティ内でなんらかの取り決めを結び営業秘密を守る取り組みを行う必要がある。利害関係が生じると秘密性の保持が困難になる。結局、政府の介入が必要となり、自主的な取り組みはできなくなると予想される。

タイ政府は、一九九九年一一月よりプエラリア・ミリフィカをタイ希少植物と認定し、原料の輸出を禁止している[329]。一九九九年にプエラリア・ミリフィカからなる特許は伝統的知識が先行文献として認められたため無効となった。その結果、タイ特許庁の審査官が審査中にタイの伝統的知識を調べなかったことが特許査定につながったとの反省があり、これ以後特許審査に伝統的知識(Luong-Anusarnsoontorn)を引用するようになった。タイ公衆衛生省[330]はプエラリア・ミリフィカを保護植物リストに掲載した。それまで、プエラリア・ミリフィカはホルモン代替や美白用への使用が増加しているため絶滅の危機にあった。保護植物令は公衆衛生省の省令であるが、主な目的は研究を行う際の植物保護であり、保護植物の商用促進を図るためでもある。プエラリア・ミリフィカがこの植物保護令に加えられると植物の所持が制限され、研究用には二四〇kgまで、医薬用には一二〇〇kg以下しか持つことができない。違反者は一万バーツの罰金と六カ月の禁固となる。この植物保護令により、プエラリア・ミリフィカの密輸が減るであろうと予想されている。外国人はアクセス許可をもらわなければプエラリア・ミリフィカを取り扱うことはできない。

# 第5章 「特別な制度（sui generis）」という考え方の現状

ＷＩＰＯの「生物遺伝資源、伝承の知識およびフォークロアに関する政府間委員会」（ＩＧＣ）の場で、伝統的知識の保護の仕方として著作権と異なる「特別な制度（sui generis）」を用いることが一九九〇年代から検討され続けている。しかし、いまだ明確な結論、国際合意は得られていない。その理由は、現在考えられている伝統的知識の包括的な保護制度は現行の知的財産法制度と異なるため、整合性をとることが難しいためである。

ＷＩＰＯにおいては、個人の知的財産権を保護する考え方が有力であり、公共のものになった知識、特に伝統的知識の保護はまだ未整備である。しかし、多くの新しい知識、発明、発見はこれらの公共知識から生まれる可能性が高いことを認識しなければならない。そうすれば公共知識の保護に力を注ぐようになる。伝統的知識を新規性の考え方から再検証する必要がある。もし、伝統的知識が実験室における発明発見を促進するなら、伝統的知識の現代科学による「焼き直し」は発明とはいえないのではないか。

どのように公共の知識を保護し、アクセスするかを規定するモデルが多く提案されている。Sui generis 制度とは、伝統的知識の原住民社会の権利を積極的に認めるための法制度である。もしコミュニティベースの知的財産権が認められれば、伝統的知識から生じる利益を衡平に配分することが可能になる。Sui generis 制度の難関であった伝統的知識の文書化、データベース化が進めば、伝統的知識の知的財産化モデルに一歩近づくことになる。

Sui generis 制度は国の事情に合わせて異なった条項を制定することや、単に伝統的知識だけではなくアクセスと利益配分まで定めることもできる。その場合、sui generis 制度は国際的な調和がとれず、認識度が低下する恐れがある。しかしそれでは効力が低くなるので、sui generis 制度の国際的な認知が必要となる。すでにインドあるいは南アフリカが国際的認知に向けた運動を展開している。伝統的知識を国際的に認識させるには、西洋の近代文明に基づく法的制度である知的財産制度でもって保護することが必要なのである。そうでなければ、西洋文明は伝統的知識を同等のものと認めることはない。

Sui generis な制度に関する議論において、sui generis な制度の要素として原住民の慣習法があげられている。この点については、不文法である慣習法の法としての認定の問題や、慣習法間の効力関係、成文法（制定法）との効力関係の問題が検討されなければならないであろう。Sui generis システムはフレキシブルでなければならない[331]。特定の課題について一定の範囲内で目的を達成するようにデザインすることが必要である。強制的な国際的ルールや基準に従うものでもない。したがって、sui generis システムは非常に多様なものになる。例えばある特殊な薬草と関連する伝統的知識の保護から、伝統的知識や生物遺伝資源から生まれた知的財産権に対する提案まで幅広い。効果的な sui generis システムを構築するには、まずその目的を明確にする必要がある。その達成するべき姿を明確にすることにより sui generis システムの範囲が明らかになる。その基本的解決手段は、伝統的知識の保護と活用に際しては独占権を認めるべきではないということである。伝統的知識は共通の財産であり、その活用に関してはオープンアクセスが基本的考え方であるべきである。商用活用に際しては伝統的知識の保有者の倫理的側面を考慮すべきであると考える。

残念ながら適切な sui generis システムを構築してもその効力の範囲は国内に限られ、国際間の問題について解決を与えるものではない。Sui generisシステムを活用したとしても、伝統的知識保有者がその地域以外で権利行使するのは不可能である。したがって、国際的な協議が必要であり、国際的問題に対処するより広いシステムへと拡大しなければならない。

# 第6章　小特許（Petty Patent）システムの導入について

小特許（Petty Patent）制度（日本では実用新案法の考え方にあたる）によって伝統的知識を保護しようとする試みがある。ノウハウやアイデア、特に薬用植物からの抽出物の作り方などを法律で保護することである。抽出方法には新規性はないけれども有用性が認められ、公知の知識とは進歩性があると考えられる場合に権利が与えられる。特に薬用植物の抽出物単独では認められなかった相乗効果が確認された場合や、副作用低減効果がある場合に進歩性は確実にあるとみなされる。このように、小特許（Petty Patent）モデルは伝統的知識を保護するのに有効な法的手段である[332]。しかし、この制度はごく少数の国でしか認められず、国際的な法制度になっていない。現在では、伝統的知識を国際的に認知させるのに本制度を用いることは困難な状況である。

小特許は新規性を必要とするが、新案の詳細は必要ない。独占権が与えられるが、その期限は短く通常四～六年であり、その後は公共物となる。

TRIPS協定には記載されていないが、いくつかの国がこの制度をTRIPSに入れようと運動している。伝統的知識の知的財産的保護に小特許制度が相応しいのではないかという意見もある。小特許制度によって少なくとも独占権を一定期間得ることができるようにする。ただし、伝統的知識を記載する必要があり、秘密として保持することはできない。独占期間が短くその期間が過ぎれば公共のものとなるという課題もある。

SRISTI（Society for Research and Initiatives for Sustainable Technologies）は ANIL K. GUPTA らによって作られた HONEY BEE NETWORK によって一九九三年から運営されている組織である[333]。SRISTI の目的は、伝統的知識の知的財産権を保護することにある。そのための政治的な運動を国別あるいはグローバルに展開している。集積された伝統的知識を分析、宣伝し、伝統的知識に基づく発明を保護する取り組みを実施している。また、伝統的知識に基づく発明のインセンティブを高め、その発明の報酬を認識させるようなモデル研究を行い、伝統的知識に基づく発明の価値について評価している。小特許制度もその一つである。

このような趣旨のもとで、SRISTI は二三〇〇のインド国内の原住民集落から五三〇〇の非公式伝統的知識を収集した。この活動を通じて、伝統的知識の知的財産化に関する課題を提出している。伝統的知識の公共化と知的財産とは相容れない関係にある。このジレンマは伝統的知識の概要公表という形によって解決される。その間に詳細な研究によって産業利用可能な形で伝統的知識を知的財産化することが可能である。伝統的知識の公開・出版による新規性の喪失問題については、伝統的知識の国立機関あるいは国際機関への登録という形で解決することが可能である。特許の登録制度と同じように、登録された伝統的知識は独自の登録番号が発行され権利として認めることができ、さらに新規性も保持できる。この考え方がさらに発展し、INSTAR（International Network for Sustainable Technological Applications and Registration）モデルが小特許制度の中心になった[334]。小特許制度には新規性、進歩性、有用性が要求されるが、詳細は必要なく審査も簡単である。しかし、権利は認められる。この小特許制度を導入することにより、伝統的知識の保持者に情報公開の動機付けを与えることになる。伝統的知識の保持者には登録された伝統的知識を自由に実行する権利が与えられ、その権利は知的財産権として保護される。最大のメリットは、他のものがまねをして同じような特許を出願できなくなることである。

伝統的知識を知的財産権として認めるためには、伝統的知識の公開・出版によって知的財産権が消尽するという基本的考え方を改め、伝統的知識を原住民社会の外へ公開する動機付けが影響されないようにすべきである。伝統的知識保有者の周りの社会以外ではその伝統的知識は知られていないので、新規なものであるはずである。また過去五年間に発表された伝統的知識はグレースピリオドとして考え、小特許として救済するべきである。

小特許制度の権利は五〜八年とすべきである。もし、発明が商業的に有用であるなら、更新することを可能にして長くしてもよい。小特許制度は低コストであるべきである。もし申請内容について争いがある場合、その解決も簡単で効果的でなければならない。争いは原住民社会に限られる場合が多いので、その場合、原住民社会の自主的組織で解決すべきである。

登録されたすべての小特許はデータベース化される。その際、地理的情報や原住民社会情報が付加されコード化される。出願された小特許に新規性、非自明性、有用性が認められる場合に権利が与えられる。出願された小特許は登録承認されなくてもデータベースに保存され、除外されることはない。小特許は個別あるいは集合的伝統的知識の承認のためである。草の根発明家に知的財産権を与え、その権利から何らかの利益配分を受けることは必要である。知的財産権を与えることにより起業家や資本家と接触し資金援助を受けるチャンスが生まれる可能性がある。

ケニアの工業所有権法一九八九（Industrial Property Act）におけるUtility Modelsでは、生物遺伝資源、薬用植物、伝統的栄養組成物なども登録されれば一〇年間権利を受けることができる。ケニアの工業所有権法二〇〇一では、ケニアでは伝統的知識は著作権法あるいは意匠法によって法的保護を受けている[335]。民話、おとぎ話、民謡、民俗音楽、民俗舞踊、民俗絵画、手細工、織物なども含まれる。出所不明な伝統的知識ははじめて出版された時から五〇年間保護される。植物育苗権は工業所有権法の第五八条二項[336]に規定されており、ケニアあるいはその市場にあるものあるいは輸入されたものには及ばないとされている。ケニアの工業所有権法のもとで設立されたケニア工業権協会が知的財産権の管理を行っているが、植物育苗権はケニア農業開発省のケニア植物衛生管理部局が管理している。

# 第7章　利用国の倫理・社会的責任に基づく保護のあり方

## ❖米国国立衛生研究所の伝統的医薬に関する考え方

米国は生物多様性条約を批准していないが、生物遺伝資源へのアクセスには独自の考え方・政策を持ち、独自に取り組みを行ってきた。米国国立衛生研究所（ＮＩＨ）[337]の下部組織である国立癌研究所（National Cancer Institute＝ＮＣＩ）[338]の天然物部は、癌探索研究をより効率的に行うためにいろいろな試みを行っている[339]。一九五〇年頃から制癌剤探索研究の一環として、米国のみならずカナダ、メキシコ、南米、アフリカ、ヨーロッパに分室を創設し、生物遺伝資源から新しい制癌剤の研究を実行してきた。一九八〇年代には、熱帯地域の天然物を採取する取り組みを開始した。一九九〇年代になり、ＮＩＨはみずから天然物の採取にでかけることはなく、資源国の研究者と協力し、研究者からサンプルの供給を受けるようになり、現在では資源国の研究者が提供した研究サンプルを用いてＮＩＨの研究所で制癌剤研究を実行している。現在ブラジルとは五つの研究開発契約が結ばれている。さらに同じような契約が、オーストラリア、バングラディッシュ、中国、韓国、メキシコ、ニュージランド、コスタリカ、フィジー、アイスランド、ニカラグア、パキスタン、パナマ、パプアニューギニア、南アフリカ、ジンバブエとも締結されている。このような仕組みによって、資源国では、自国内で有用な制癌剤を発見する可能性があり、特許を取ることも可能である。ＮＩＨは単に活性を測定するだけなので発明に関与することはない。有望な化合物が発見され特許化された場合、その権利がライセンスという形で製薬企業に渡され、制癌剤として開発・販売されれば、資源国、製薬企業、癌患者、ＮＩＨとも win-win の関係になることができ、生物多様性条約の理想の姿に近づくことができる。

ＮＩＨは生物遺伝資源へのアクセスと利益配分について基本的考え方を発展させてきた。その考えの中で、資源国に対する短期的な利益配分が生まれるように配慮しているし、新しい発見の情報に透明性を持たせている。非金銭的な利益配分として、資源国の研究者をＮＣＩや米国大学で訓練し、技術移転を行うことも含まれる。しかし、ＮＩＨは制癌剤の開発、販売を行う機関ではないので、ＮＩＨの研究成果は製薬企業へライセンスされなければならない。その場合、ライセンスされた製薬企業は改めて資源国と利益配分について交渉する必要がある。

ＮＣＩを中心とする米国生物多様性国際協力グループ（International Cooperative Biodiversity Groups ＝ ＩＣＢＧ）[340]が活動し、生物遺伝資源に関する問題の解決に取り組んでいる。ＩＣＢＧの目的は、有用医薬品の発見を通じて人類の健康を向上させることにある。生物多様性の保護も目的としている。ＩＣＢＧの活動を通じて持続性のある経済発展を追及する。そのため、伝統的医薬保持地域の訓練や組織構築を行い、その地域の研究所を助成し、生物多様性の長期的維持を目指している。しかし、原住民の間ではＩＣＢＧの活動は不評で、メキシコやペルーで紛争になり、プロジェクトが中断に追い込まれた[341]。メキシコの場合は、米国政府が十分な情報提供を関係原住民に行わず、法律的な手続きを優先したことにより、相互不信に陥ったのが原因であると解釈されている。本組織を資金的に支えているのは、国立科学機構（ＮＳＦ）や米国農務省の海外農業サービスである。ＩＣＢＧは医薬品探索と生物多様性の間を調整するためにＮＩＨ内の組織から構成されている。ＩＣＢＧの具体的目的は、①新規な医薬化合物に関する事項、②天然資源の諸特性の解明による生物多様性保全への応用、③開発途上国の経済的発展への援助、④開発途上国での科学教育、開発途上国への科学技術移転等の国際協力の推進、である[342]。有用植物成分や微生物代謝産物の研究に対して研究助成しており、予算は年間六〇〇万ドルである。ＩＣＢＧは現在ラテンアメリカ、アフリカ、東南アジア、中央アジア、太平洋諸島で研究活動を行っている。研究成果として五〇〇〇種以上の動植物を採取して保存しており、一九の活性測定システムで解析している。

## ❖米国バイオ産業協会の作成したバイオ探索ガイドライン

米国のバイオ関連企業の集まりである米国バイオ産業協会（ＢＩＯ）[343]は、バイオ探索に関するガイドラインを制定した[344]。本ガイドラインでは、生物多様性の保存と長期に渡る生物多様性の利益を認識し、生物遺伝資源へのアクセスと利益配分についての考え方を共有化し、持続可能な利用を促進することを目的としている。主にバイオテクノロジー産業向けのガイドラインである。そのセクションⅣにおいて、伝統的知識や原住民集団の保護方法が記載されている。生物遺伝資源を入手する場合、原住民あるいは地域社会の習慣、伝統、価値観、固有の慣行を尊重すると定められ、原住民あるいは地域社会から、実施した生物遺伝資源の取り扱い、保存、移転について情報提供を要求された場合は答える義務が課されている。しかし、原住民あるいは地域社会から秘密保持のもとに提供された情報については公開しないことも考慮する。秘密情報の取り扱いはコミュニティによって指定された方法に従うべきであり、その具体的指示は契約に含まれるべきであるとしている。生物遺伝資源の伝統的使用を妨害するような商用利用を行ってはならないとしている。

日本のライフサイエンス業界における自主規制も検討されている。すでに日本のバイオインダストリー協会では、ボン・ガイドラインの業界内での徹底を図るため、二〇〇五年に「手引き」[345]を作成し、普及に努めている。

## ❖利用関係者団体の倫理規定による自己規制とガイドライン

博物学を専門とする生物遺伝資源研究者あるいは研究団体は、自己規制による生物多様性条約遵守の取り組みを行っている。これらの自己規制はソフトアプローチと呼ばれ、法的な強制力はないものの、学会等における入会時の誓約という形で自主的に会員の守るべき取り決めとしている。ただし、知的財産の保護をその考え方の基本においているわけではなく、規則は研究者自身の自主判断によって作成される場合が多い[346]。その場合、重要な役割を果たすのが国際学会である。国際学会で発表された伝統的知識に関する論文が参加者の関心を集め、同時にそれを保護しようという機運が盛り上がるからである。その結果、学会において定められた伝統的知識保護のルールが学会員のみならず学会外へと広がっていく効果を持つ。よく例にあげられるのが、英国Royal Botanical Gardens, Kewを含む二八の植物園団体が作成した生物遺伝資源へのアクセスと利益配分に関する原則[347]である。Royal Botanical Gardens, Kew は、さらにこの原則の上にアクセスと利益配分に対するポリシーも制定している[348]。

### ❖利用国民間企業が自主的に決めたガイドライン

伝統的知識を商用利用している利用国私企業に、社会的責任に基づく自主宣言を出すところが増えている。その中で、製薬会社を中心に、いくつかの企業が生物遺伝資源と伝統的知識へのアクセスと利益配分について企業の社会的責任の観点から宣言を公表している。

Bristol-Myers Squibb は二〇〇一年に発表した持続的成長レポートの中で、原住民の権利とバイオ・医薬品探索について考え方を発表している[349]。それによれば、効果的な新しい化合物を探索するのが製薬企業の使命であり、この活動の過程で有用な動植物やその他の生物遺伝資源を採取し、そこから新規化合物を見出すことは製薬企業のごく一般的な活動である。Bristol-Myers Squibb は対象地域の風俗や習慣を尊重し、必要な手続きを取ることを約束し、さらに関連する地域、国、原住民、地域社会、あるいはその他のグループに合理的な補償を行うことを宣言している。また種の保存に関する国際的な条約、例えばワシントン条約（CITES）などを遵守することを謳っている。

デンマークの Novozyme は世界各国の土壌から新しい微生物を分離し、新規な有用酵素を分離することを事業としている。したがって、生物多様性条約には関心が高く、積極的な問題解決に取り組んでいる。企業としての取るべき社会的責任についてすでに公表し、生物多様性条約関連の活動に対してガイドラインを定めている[350]。それによれば、生物多様性条約を遵守し生物遺伝資源保有国の権利を尊重すると宣言している。さらに生物遺伝資源へのアクセスを承認する権利は資源国政府にあり、国内法により事前承認が必要であることを認めている。生物遺伝資源の利用によって得られる利益は、公正かつ衡平に資源提供国に配分することを約束している。

二〇〇四年一〇月に開かれたJBA/UNU-ISシンポジューム[351]において、次のような提案をNovozymeは行っている。公共機関あるいは企業での微生物分離あるいは評価の段階において、集めた生物サンプルは自由に使用できるのが好ましい。この段階において、資源国が受けるべき利益は、研究サポートあるいは技術移転等がある。開発あるいは販売段階に研究が進行すれば、生物多様性条約の規制に従うべきであり、資源国が受けるべき利益は、金銭的な利益（ロイヤリティなど）があるが、それは資源の貢献度、売り上げ、コスト等に基づいて決めなければならない。生物多様性条約において資源国への利益還元を補償する国際的な基金を設けるのが好ましい。生物遺伝資源へのアクセスは、事前の情報に基づく同意（ＰＩＣ）と物質移転契約（ＭＴＡ）を通じて行われるべきであり、望ましくは研究者間の共同研究という形で行うべきである。事前の情報に基づく同意（ＰＩＣ）取得には、企業倫理に基づいたwin-win関係の交渉が必要である。またＭＴＡは国際的に認められた見本を用いるべきである。このようにNovozymeの提案はwin-winの関係を目指した基本的な提案ということができる。生物多様性条約において、資源国への利益還元を補償する国際的な基金を設ける提案は目新しい。ただし、詳細な提案がないため概念的にならざるを得ない。

資生堂は、天然の化粧品素材を求めて資源国と関わっている。そのため生物多様性条約には関心が高く、資生堂の行動規範「SHISEIDO　CODE」にそのことが記されている[352]。第五章に『国の内外を問わず、すべての法令を守り、それぞれの国や地域固有の歴史、文化、慣習を尊重します。それぞれの国や地域の法令や慣習だけでなく、国際条約などの国際法を尊重し、人権侵害につながる児童の労働、強制労働などは、すべての国において絶対にしません。』と表明している。また、原材料の仲介業者に対して文書で生物多様性条約遵守の協力を求めている。その中で資生堂は、生物多様性条約に真摯に取り組むとし、関連ガイドラインの精神を尊重するとしている。さらに生薬原産国に関連法令、規則が制定されている場合にはそれを遵守すると宣言している。

［注］

297 最首太郎「インドによる生物多様性法の可決――バイオパイラシー防止のための法整備――」、『バイオサイエンスとインダストリー』61(8)、60～61(2003)。

298 インド生物多様性法第三条「ＮＢＡの承認を得ずに生物多様性に関連する活動を行うことができない者」

299 インド生物多様性法第四条「ＮＢＡの承認を得ずに調査結果を移転してはならない相手」

300 インド生物多様性法第六条「ＮＢＡの承認を得ない知的財産権の申請の禁止」

301 http://www.aippi.or.jp/Report/Report2005/Report2/Report_05_01_02.PDF.

302 インド二〇〇五特許法第一〇条(4)(d)(ii)(D)

第一〇条　明細書の内容

(ii)出願人が(a)及び(b)を満足する方法で記述できない生物学的材料を明細書に記載しており、かつ、当該材料が公衆にとり入手不能の場合は、当該出願については、ブダペスト条約の国際寄託機関へ当該材料を寄託することにより、かつ、次の条件を満たすことにより、完備されたものとする。

(D)発明に使用されているときは、明細書において生物学的材料の出所及び原産地を開示していること

303 特許・実用新案審査基準第Ⅶ部第二章生物関連発明、http://www.jpo.go.jp/shiryou/kijun/kijun2/tukujitu_kijun.htm#mokuji.

304 山名美加「インドにおける知的財産制度」、tokugikon 243 27-36、二〇〇六年二月九日。

305 前出297に同じ。

306 インド生物多様性法二〇〇二年

・外国人、外国法人が、資源国を出所とする遺伝資源または関連知識にアクセスする際には、資源国政府当局（国立生物多様性局＝ＮＢＡ）に事前申請をせねばならない。

・外国人、内国人を問わず、資源国で入手した遺伝資源に関する研究または情報に基づく発明について、資源国内において、知的財産権取得のために出願を行う場合にはＮＢＡに事前申請をせねばならない（ＮＢＡは、中央政府に代わって、当該知的財産権の成立を阻止することができる）。

・ＮＢＡは上記の承認を行うにあたり、利益配分または特許権使用料、あるいは、その双方、または、当該権利の商業的使用から生じる経済的利益の分配など、他の条件を課すことができる。

・これらの規定の違反者には罰金刑、禁固刑又はその両方を科す。

307 http://www.nbaindia.org/approvals.htm.

308 ＡＹＵＳＨ＝Department of Ayur veda. Yoga & Naturopathy. Unani. Siddha and Homoeopathy (http://indianmedicine.nic.in/welcome.html).

309 前出301に同じ。

310 国家環境保全総局『全国生態環境保護（保全）「十五」計画』に関する通知、環発［二〇〇二］五六号。

311 Protection of Varieties of Chinese Traditional Medicine.

312 http://news.searchina.ne.jp/disp.cgi?y=2005&d=1025&f=business_1025_011.shtml.

313 http://www.npc.90u.cn/npc/xinwen/1fqz/2008.08/29/content-1447388.htm.

314 第二章　特許権付与の条件　第Ａ二条　発明創造の完成が遺伝資源の取得と利用に依存されるものであって、その遺伝資源の取得、利用が関連の法律・法規の規定に違反したものは、特許権を付与しない。

第三章　特許の出願　第二六条　発明創造の完成が遺伝資源の取得と利用に依存されるものは、出願者が明細書においてその遺伝資源の出所を明記しなければならない。

315 http://jp.eastday.com/node2/node3/node12/userobject1ai24692.html.

316 http://www.twnside.org.sg/title/andean.htm.

317 Law Establishing the Regime for Protection of the Collective Knowledge of Indigenous Peoples Relating to Biological Resources, 10 August 2002.

318 IP/C/W/441/Rev.1; "Council for Trade-Related Aspects of Intellectual Property Rights - Article 27.3(b) - Relationship between the TRIPS Agreement and the CBD and Protection of Traditional Knowledge and Folklore - Communication from Peru - Revision", WTO, 19/05/2005.

319 ARTICLE 82- Sui generis community intellectual rights. The State expressly recognises and protects, under the common denomination of sui generis community intellectual rights, the knowledge, practices and innovations of indigenous peoples and local communities related to the use of components of biodiversity and associated knowledge. This right exists and is legally recognized by the mere existence of the cultural practice or knowledge related to genetic resources and biochemicals; it does not require prior declaration, explicit recognition nor official registration; therefore it can include practices which in the future acquire such status. This recognition implies that no form of intellectual or industrial property rights protection regulated in this chapter, in special laws and in international law shall affect such historic practices.

320 http://www.managingip.com/default.asp?Page=16&ISS=14230.

321 http://www.ictsd.org/biores/05-06-24/story3.htm.

322 http://www.scidev.net/dossiers/index.cfm?fuseaction=dossierreaditem&dossier=7&type=1&itemid=2766&language=1.

323 "Policy and legislative guidelines for the protection and promotion of traditional and indigenous medical knowledge in Africa" (http://www.afro.who.int/press/2006/pr20060327.html)

324 "Community Rights and on the Control of Access to Biological Resources." (http://www.twnside.org.sg/title/oau-cn.htm.)

325 Gerard Bodeker; "Indigenous Medical Knowledge: the Law and Politics of Protection"; Oxford Research Centre in St. Peter's College, Oxford on 25th January 2000.

326 "Regulation of bioprospecting"

327 http://www.worldwildlife.org/bsp/bcn/whatsnew/fijigov.htm.

328 Gerard Bodeker; "Indigenous Medical Knowledge: the Law and Politics of Protection"; Oxford Research Centre in St. Peter's College, Oxford on 25th January 2000.

329 http://express-press-release.com/20/Pueraria% 20Mirifica% 20Builds% 20Up% 20Safe% 20Natural% 20Breast% 20Enhancement.php.

330 Bangkok Post 17 Feb 2006.

331 Karin Timmermans; "Intellectual property rights and traditional medicine:policy dilemmas at the interface", *Social Science & Medicine* 57, 745-756 (2003).

332 Hansen, Stephen and Van Fleet, Justin; "Traditional Knowledge and Intellectual Property: A Handbook on Issues and Options for Traditional Knowledge Holders in Protecting their Intellectual Property and Maintaining Biological Diversity ; American Association for the Advancement of Science (AAAS) Science and Human Rights Program; AAAS;Washington, DC; July 2003.

333 http://www.sristi.org/cms/book/print/145.

334 World Intellectual Property Organization (WIPO) Draft Report on Fact-finding Missions on Intellectual Property and Traditional Knowledge (1998–1999) - Draft for Comment - July 3, 2000.（http://www.wipo.int/tk/en/tk/ffm/report/interim/docs/7-3.doc）

335 http://www.bio-earn.org/PDP% 20Assessment% 20report/kenya_3.htm.

336 The rights under the patent shall not extend to acts in respect of articles which have been put on the market in Kenya or in any other country or imported into Kenya.

337 National Institutes of Health (NIH).

338 National Cancer Institute: ＮＩＨの下部組織。

339 Jeanne Holden; "THE U.S. APPROACH:GENETIC RESOURCES, TRADITIONAL KNOWLEDGE AND FOLKLORE"; Focus on Intellectual Property; January 2006 (http://usinfo.state.gov/products/pubs/intelprp/approach.htm).

340 International Cooperative Biodiversity Groups: http://www.fic.nih.gov/programs/icbg.html.

341 バイオインダストリー協会編 「生物資源へのアクセスと利益配分企業のためのガイド」米国生物多様性国際協力グループ（International Cooperative Biodiversity Groups, ICBG）プロジェクト。http://www.mabs.jp/information/houkokusho/h15pdf/s03.pdf.

342 http://www.fic.nih.gov/programs/icbg.html.

343 Biotechnology Industry Organization (BIO).

344 Biotechnology Industry Organization; Guidelines for BIO Members Engaging in Bioprospecting;July, 2005.（http://www.bio.org/ip/international/200507guide.asp）

345 http://www.mabs.jp/information/oshirase/oshirase_004.html.

346 Darrell A. Posey and Graham Dutfield; “BEYOND INTELLECTUAL PROPERTY Toward Traditional Resource Rights for Indigenous Peoples and Local Communities”; IDRC 1996.

347 Principles on Access to Genetic Resources and Benefit-sharing for Participating Institutions.（http://www.rbgkew.org.uk/conservation/principles.html）

348 Royal Botanic Gardens, Kew; “Policy on Access to Genetic Resources and Benefit-Sharing"December 2004.

349 Bristol-Myers Squibb Company ; “On the Path Toward Sustainability”, 2001 Sustainability Progress Report.

350 http://www.novonordisk.com/old/press/environmental/er97/bio/biodiversity.html.

351 Andre Bergman; ABS Experiences and Future Vision from Enzyme Industry's Perspective: JBA/UNU-IAS Symposium on Access and Benefit-sharing of Genetic Resources – Experiences, Lessons Learned and Future Vision; Tokyo, 29 October 2004.

352 http://www.shiseido.co.jp/ideals/code/index.htm.

# 第5部　生物遺伝資源の持続的産業利用促進のための課題

生物遺伝資源の産業利用は、広範囲にわたって資源国のみならず利用国の企業が行っている。これらの企業は生物多様性条約に基づき、アクセスと利益配分問題を中心に多くの課題を解決しながら、生物遺伝資源の産業利用に努力している。さまざまな問題について、資源国の要求と自社の利益の間で企業としての事業判断を下していることになる。その判断の中には、中断という苦渋の選択もあり得るはずである。多くの問題を抱えながら、全体として生物遺伝資源の産業利用は拡大しているものと考えられる。本稿では、いままで生物多様性条約関連の問題について、利用国の企業や関係団体が取り組んだ結果、見出した解決方法について論述する。

# 第1章　生物遺伝資源アクセスと利益配分についての一般的な考え方

利益配分を決める場合、五つの要因を考慮する必要がある。すなわち（1）金銭的利益配分と非金銭的配分、（2）利益としての共有特許に対する考え方、（3）最終製品における遺伝資源の貢献度、（4）現在利益が明確なものと将来利益に対する考え方、（5）生物遺伝資源としての微生物と植物の違いである。以下に詳細に論じる。

生物遺伝資源へのアクセスと利益配分問題の中心的課題は、得られた利益の利益配分方法である。商取引において金銭的な利益配分と非金銭的な配分の方法が一般的である。生物遺伝資源の利益配分の場合、先進国の利用企業が生物遺伝資源の利用により得た利益の配分として直接資源国に金銭を支払うのではなく、国と国の間の援助を主体にする非金銭的分配を模索すべきである。すなわち非金銭的配分の重要性を認識し、それを積極的に推進すべきである。そのほうが生物多様性条約の精神からしても理想的な姿であると考えられる。また、利用国の企業が直接資源国に利益配分を行うことは困難であり、税法上からも贈与とみなされる可能性もある。最悪の場合、利益配分が利益隠しと疑われることも想定しなければならない。

生物遺伝資源保護を目的として「共同研究」を行い技術交流を中心とするプロジェクトも、利益配分の一つの形である。「共同研究」の形態として資源国の教育研究機関への人的、資金的援助が重要である。次に、政府と大学と民間の間の「共同研究」の場合もある。資源国に先進国の公共機関が共同施設をつくり、この機関が資源国と共同で種の保存に向けた取り組みを行う場合もある。公共機関の連携による成果について情報公開し、自由なアクセスを確保することが重要である。この場合得られた成果は公共の利益とすべきで、アクセスする利用者については無作為かつ無差別（random and non-discriminatory（RAND））が基本であり、原則として金銭的利益還元を伴わないＭＴＡのもとに生物遺伝資源の移動・利用を図るべきである。ＭＴＡはすでに多くの分野で確立されており、特に生物分野では米国国立衛生研究所のもの[353]が参考になる。

生物遺伝資源のアクセスと利益配分を目的とした二国間あるいは多国間の公共組織を作り、そこがアクセスと利益配分をコントロールする考え方がある。これはＩＴ・電気業界の特許ライセンスで行われているパテントプールの考え方に類似している。ＩＴ・電気業界のパテントプールでは、重要な技術の特許を各社が持ち寄りプールを形成する。プール内にある特許を利用したい企業はそのパテントプールからライセンスを受けることができ、パテントプールに特許使用料としてロイヤリティを支払う。生物遺伝資源のアクセスと利益配分の場合は、まず生物遺伝資源プールあるいはデータベースを組織し、利用者はその資源プールを利用し、ライセンス料をプールに支払うことになる。生物遺伝資源のプールへの供給割合に応じて利益が各資源供給国あるいは組織に配布される。生物遺伝資源プールとパテントプールの比較を表18にまとめた。

表 18　生物遺伝資源プールと IT・電気業界パテントプールの比較

| | IT・電気業界パテントプール | 生物遺伝資源プール |
|---|---|---|
| 組織形態 | 業界自主組織 | 2 国あるいは多国政府間下部機関（例えば特許微生物寄託機関、ATCC のようなもの） |
| 組織の参加基本原則 | RAND(random and non-discriminatory) の約束による公平なアクセスと分配<br>特許権者の選択：・フリーライセンス、・ロイヤリティライセンス | RAND（random and non-discriminatory）の約束による公平なアクセスと配分 |
| 供出 | 参加企業は保持特許を供出<br>必須特許の選別、審査 | 参加国あるいは団体は保持資源を供出。遺伝資源の選別、審査、タイプカルチャー化 |
| 利用 | 特許使用希望者は組織とライセンス契約 | Genetic resources 使用希望者は組織とライセンス契約 |
| 使用料 | ロイヤリティ | ロイヤリティ |
| 最大ロイヤリティ | MCR（Maximum cumulative royalty rate） | 取り決めは必要ない |
| 支払い方法 | 使用者からプールへ支払い<br>プールから各特許権者に支払い | 使用者から組織へ支払い<br>組織から遺伝資源登録国に使用に応じて支払い |
| 課題 | 1. プールに入らない特許権者の取り扱い（アウトサイダー）<br>2. フリーライセンスの増加<br>3. 特許範囲の考え方は確立している | 1. アウトサイダー問題（個人、利権者）が出るか<br>2. 派生物はどこまで認めるか |

## ❖利益配分としての共有特許の制度上の問題点とあり方

しばしば生物遺伝資源の利用によって得られた成果の配分として、特許権を資源国と利用国で共有することが推奨されることが多い。ボン・ガイドラインでも推奨されている。しかし、私有権を共有する場合、多くの問題が出てくることを認識しなければならない。特に特許権の場合の共有の意味は土地所有権の共有などとは異なることを理解しなければ問題が大きくなる。例えば共有特許権に関して、米国では他の共有権者の承諾なく持分をライセンス等の処分をすることが可能である。特許の排他性を弱める可能性があるといわれている。特許権とはそもそも排他的に発明を実行することであるから、共有者がいて特許権を行使すれば、特許権の独占は理論上あり得ないことになる。実務上、共有発明については他の共有者から共有権利を何らかの方法で確保しておくことが米国の場合望ましい。日本の場合、共有特許に関する特許法の規定は比較的厳しくなっている。まず、特許を受ける権利に共有関係が生じる場合、特許法三三条三項によって特許を受ける権利は譲渡することができないし、特許法三八条によって、特許出願は共同で出さなければならない。これらの条項に違反した場合は、特許法一二三条一項二号によって特許無効審判を請求することができるとされている。また実務上、共有特許を共同で権利化するのは困難を伴う。通常、出願から権利化までの間共有発明者あるいはその機関と特許明細書の変更、無効への対応、外国出願判断等が非常に煩雑になることは間違いない。出願費用の分担も問題となる。次に特許の審判請求を行う際にも特許法一三二条三項の規定により、共有者全員が共同して請求しなければならず、審判請求にも共有関係が生じる。共有者の協力が得られる場合は問題ないが、共有者が日本以外にいる場合、その協力を確認し、実質的な協力を求めることは大変な困難が伴う。特許権者以外が審判を請求する場合も共有者全員を被請求人として請求しなければならないので、実務上の困難さが同様に予想される。

共有特許を活用する場合にも多くの実務上の問題がある。特許法七三条第二項[354]の規定により、各共有者は対象である特許を共有者の同意なく全面的に使用することができるので、理論上共有特許権者同士の間で全く同じ特許を活用できる自由競争が行われる。原産国のA社と日本のB社が日本特許を共有した場合、原産国A社がB社と全く同じものを製造し日本に輸出することは法律上全く問題ない。しかし、実際には特許権の持つ排他性という大きなメリットが阻害されるのは事実である。その場合、企業の考えとしてある程度の排他性を確保する方策を取ることが明らかである。相手の持分を譲渡してもらったり、不実施補償を行い、優先的実施権を獲得したりするという方法がしばしば用いられる。共有特許は、特許法第七三条第一項あるいは第三項[355]により他の共有者の同意を得なければ、譲渡したり、専用実施権、通常実施権を設定したりすることができない。外国の共有特許権者と譲渡あるいは実施権設定について問題が発生した場合、交渉したり合意を得たりするのは困難かつ煩雑であり、時間がかかる。したがって、共有特許の他の共有者が原産国にいる場合、その意思を確認したり同意を取り付けたりするのは難しい。共有特許権の設定の際にどのように共有特許を取り扱うのかあらかじめ契約において定めない限り、共有特許をめぐる問題が発生した場合、その取り扱いが困難を極めることになる。そのような交渉の間にビジネスチャンスを失う場合も容易に想像できる。日本の判例では、共有特許を用いて差し止め請求、損害賠償請求または不当利得返還請求は単独ででき、他の共有者の同意は必要がないとされている。ただし、勝ち取った損害賠償額は共有者の持分に応じて分配しなければならない。このような問題の解決策として、共有特許とせずどちらかが特許を保有し、他方が無償の専有実施権あるいは通常実施権を保有すると契約する場合が多い。あるいは不実施補償を支払い優先的な実施権を確保することも行われる。

## ❖最終製品における遺伝資源の貢献度の考え方

生物多様性条約のもとで事前の情報に基づく同意を得るためには、資源国は前もって利用国側が生物遺伝資源をどのように使い、どのような利益が予想されるのか、その利益をどのように配分するのかを理解していなければならない。しかし利益の予想は困難を極めるし、できても正確性に問題がある。したがって事前の情報に基づいて将来の利益配分を決めることは非現実的である。最終的利益のもとになる製品の製造、販売形態の考慮、製品販売における遺伝資源の直接的貢献度、製品化までのリスクの大きさ（時間的経過度）を考慮する必要がある。

日本の職務発明制度あるいは一般のライセンス契約等で慣行として行われている貢献度と利益配分の場合との対比で考察する。なぜなら、これらの場合、一般的に利益配分を行う時、利益を受ける権利のある当事者が利益にどの程度貢献したか、貢献度で分配を決定する場合が多いからである。職務発明制度における発明者の利益配分を参考に、生物遺伝資源の供給者の受けるべき利益を仮想的に計算したのが次の方程式である。

生物遺伝資源供給側が受けるべき利益＝実際の利益　X　［一〇〇％—（事業体の貢献度％）］　X　（生物遺伝資源の貢献度％）

最終製品の製造販売を行い、利益を得ている事業体の貢献度が九〇％以上あると一般的に認識されている場合が多い。なぜなら生物遺伝資源に付加価値を付け販売し、さらに事業化のリスクをとって投資しているから

表 19　製品形態における生物遺伝資源の直接的貢献度

| 製品形態 | 利益の大きさ | 生物遺伝資源の利益への直接貢献度 |
|---|---|---|
| 一次加工品（そのものの利用、乾燥などの一次加工） | 小 | 大（50%） |
| 新規素材、抽出品など由来したもとの形が認識できないもの、あるいは加工品の混合品　例：漢方薬品、香粧品 | 中 | 中（10%） |
| 生物遺伝資源から新規物質、新規微生物等を発見する端緒となる場合　例：医薬品、香粧品、酵素 | 大 | 小（1%） |

である。次に、生物遺伝資源の貢献度は最終製品の形態によって大きく異なることになる。最終製品の形態と生物遺伝資源の貢献度の関係は表19の概念で表現される。最終製品の個々の形態によってその利益貢献度は変化するが、桁数が変わるほどのことはないと考えられる。

合理的かつ平等な利益配分を行う中で、最大累積ロイヤリティにみられるように利益配分の上限を決めるべきである。一つの事前の情報に基づき、多数の製品が創造され、複数の利益が出た場合、それぞれの製品が生み出す利益をすべて配分していれば、たとえばロイヤリティ率が非現実的に累積し、利益を生み出している側からすれば不公平感が出てくる可能性があるからである。したがって一つの事前の情報に基づく場合については Maximum cumulative royalty rate（MCR）という考え方を導入し、利益分配の上限を決めるべきである。

### ❖現在明確な利益があるものと将来予定される利益に対する考え方の違い

非金銭的利益配分として特許権があげられる場合が多い。確かに特許権は法的な所有権であり、譲渡あるいはライセンスという実施権の売買の対象ともなり、金銭的に価値評価されて高額で取引される場合もある。しかし、特許がどれだけの価値を生み出すか事前に予想することは困難であり、いかに精緻に価値判断したところであくまで将来に対する仮定でしかない。ライセンスで特許権が取引されたとしても、実際に利益を生み出す特許はごくわずかである。交渉の状況にもよるが、契約時における一時金で解決を図るか、将来の利益を予想してロイヤリティとして将来に利益を受け取るかという選択をすることになる。生物多様性条約は、資源国の生物遺伝資源を保護することが目的であり、資源国に資金援助することではない。この条約の趣旨からすると、研究開発成果、商業的利用から生ずる利益は、資源国と利用国との間で公正かつ衡平に配分することが基本である。さらに、還元された利益は生物遺伝資源保護、持続的な生物種の保存につながる方策に使うべきである。この目的からすれば、生物遺伝資源保護を目的とした研究開発への援助、生物遺伝資源保護に関わる専門家の育成、法的整備など非金銭的利益配分が最も有効かつ効果的であると考えられる。利益配分を議論するにあたって、まず利益とは何かというコンセプトに合意し、かつその利益を得るために誰がどれだけ貢献したかを明確にする必要がある。成果として得られた金銭的利益は明確ではあるが、生物遺伝資源の有効利用という経済活動によって、現実にはそれ以上の人類の幸福という価値創出が行われてきたはずであり、その価値を考慮して配分すべきである。また価値創出に関与する組織、機関の貢献度を明確に合意することも重要である。単に資源を供給するだけでは、価値創出への貢献度は低いと考えられる。

確かに貢献度をどのように決定するか難しい面がある。利益について明確なコンセプトを持ち、関係者の合意が得られたものでなければならないが、利益の価値判断は現在定説がなく、困難な問題である。何が利益なのか明確にして、その価値を判断し、最終的には数字の形に変換するプロセスの開発をやらなければ当事者の納得が得られない。利益配分は、基本的に金銭的利益と非金銭的利益に大別できるが、基本的な考え方として非金銭的利益の配分を重視するのが基本である。経済行為における公正かつ衡平な利益配分は商習慣からして当然のことであり、それを担保する法律・規制も資源国内外企業に平等に適用されるべきであると考えられる。したがって、利益配分を取り決めた契約は、外国企業を差別するような国内企業に優先的な扱い、契約内容にすべきではない。現状ではこのような考え方が資源国で受け入れられていない現状において、利用国企業にのみ不公平な利益配分を課し、資源国の国内企業には利益配分を求めない資源国のやり方は本条約の趣旨に反することであり、むしろ資源国企業による生物遺伝資源の濫用が懸念される。

生物遺伝資源へのアクセスの保障と利益配分の保障の議論は同時に関連付けて進め、両者の具体案を作成することが必要である。つまり、利益配分の制度だけを作成するのは不十分であり、両者のバランスを図らなければならない。アクセスの保障については、事前の情報に基づく同意というコンセプトが一般的であるが、事前の情報に基づく同意作成についても多くの課題を解決しなければならない。事前の情報に基づく同意契約という具体的な交渉の中で、生物遺伝資源とは何をさすのか供給側と需給側の相互理解がなければ、仮に契約で規定しても実効性がないし、衡平な契約が行われる保障がない。理解の相違による紛争が将来起こらないとも限らない。事前の情報に基づく同意の取得を義務化するためには、①事前の情報に基づく同意を証する書類の発行主体が明確であり承認権限（オーソリティ）があること、②事前の情報に基づく同意を証する書類の発行手続きが明確であり、重複したものでなく、手続きが公開されていること、③事前の情報に基づく同意を証する書類の発行が迅速で、手続き期間に国内外の差別がないこと、等が不可欠である。これらを実行するには、資源国側において、適切な国内体制の構築、専門家の養成等が必要であり、それには相当な時間とコストがかかると考えられる。「ケニア野生協会とP&GおよびGenencorの洗剤酵素利益の配分」問題の本質は、事前の情報に基づく同意契約段階におけるケニア野生協会内の正式な承認権限者の不明確が原因であり、事前の情報に基づく同意という考え方があったとしても、実務上の問題を解決できないのが現状である。特に利用国の企業として過去に締結した事前の情報に基づく同意が無効であると資源国から宣言され裁判を起こされても対処できない。

以上の考察から明らかなように、資源国と生物遺伝資源のアクセスと利益配分交渉において、事前の情報が交渉成功の要因になっており、不確実ではあるがその時点でベストと考えられる事前の情報を提供することが求められていることを認識すべきである。例えば派生物（derivatives）の取り扱いはあくまで慎重でなければならない。なぜなら派生物の定義が明確に合意されていないと混乱を招くことになるからである。また現実には、日本などの利用国では生物遺伝資源そのものを利用するのではなく、その派生物（たとえば抽出物など）を利用する場合が多い。植物から得られた新規抗がん剤などが派生物に入ると、その利益は非常に大きくなり不合理である。また微生物が生産する酵素が有用であり高価である場合も同様である。ただし、資源国は逆にこれらの派生物の利益に注目して要求してくるであろうから、利用者としては利益貢献度の割合などを議論の場に持ち出し、不利にならないような理論武装が必要となる。

### ❖微生物は生物遺伝資源としての性格が植物と異なる

植物由来の健康食品なども多くなってきているが、現在医薬品、あるいは酵素産業で成功している生物遺伝資源は主に微生物由来である場合が多い。微生物が発酵生産する新規酵素、新規化合物を利用するものである。前述した Genencor の洗剤用酵素もこの例にあてはまる。微生物由来の生物遺伝資源の利用と植物由来の生物遺伝資源の利用では大きく性格が異なる。微生物由来の生物遺伝資源にはまず伝統的知識が関与しない。なぜなら、生物遺伝資源国の原住民が土壌中の微生物を認識しているとは考えられないからである。微生物が伝統的知識の中で重要性を持って伝えられることもない。厳密にはきのこなどの菌類は伝統的知識が関与する場合があるが、現在工業的に利用されている微生物は、先進国の科学者が資源国で採取した土壌サンプルから分離・同定したものが多い。微生物を土壌サンプルから分離・同定するのはノウハウと技術が介在する。単に土壌を培養して微生物を分離しても有用な新規微生物を分離できる確率はきわめて低い。高温、高アルカリ条件で生育する微生物など目的に応じた分離方法の工夫が必要である場合が多い。また分離した微生物の生産物をスクリーニングするには膨大な費用と時間を消費しなければならない。これらのリスクをかけた投資を行うのは先進国の企業である。次に微生物遺伝資源を利用する場合、工業的生産は先進国の発酵技術を使って行われるため、工業化過程において資源国の関与は全くない。また、資源国から原料の供給を受けることがないので、資源国の環境破壊もほとんど考えられない。以上のことから微生物を生物遺伝資源とする場合、微生物同定者あるいは工業化を行った企業の貢献度が高く、資源国の貢献度は低いと考えるのが合理的である。微生物遺伝資源を利用して工業生産している製品について資源国側が利益配分を要求するのは過剰な要求であると思われる。

一方、植物遺伝資源を利用して産業化を行う場合、微生物と同様に薬草などの有用植物から有効成分を分離・同定する場合もあるが、植物体そのものあるいはその抽出物を食品・香料、化粧品原料として用いる場合が多い。食品関連では天然指向が強い。そのため、植物遺伝資源の場合、工業化が成功し製品として販売されたとしても資源国からの原料植物の供給を受けなければならない。Taxolのように医薬品であっても合成が困難な植物抽出物は、植物原料の供給なくして製品は成り立たない。したがって、植物資源の場合、工業化が行われている限り資源国の貢献度は大きな部分を占める場合が多いといわざるを得ない。また、原料の植物体を工業的に供給するのは困難が予想される。したがって、原料植物が栽培可能なら問題ないが、不可能ならば自然界から採取しなければならず、数十トンの供給が必要ならば自然破壊は避けられない事態となるであろう。植物を遺伝資源とする場合、資源国の貢献度は比較的高く、かつ資源国に継続的な供給努力と自然保護の義務が求められるであろう。製品の販売者は、このような資源国の努力に対して敬意を表し利益配分について考慮する必要があると考えられる。

# 第2章　生物多様性条約におけるアクセスと利益配分の新しい考え方

生物は、人類の生存を支え、人類にさまざまな恵みをもたらす。世界全体で生物の多様性を保護する問題に取り組む必要性から、一九九二年五月に生物多様性条約が国際条約として創設された。生物多様性条約には法的強制力はなく、締約国の関連国内法の制定が必要である。現在、資源国では国内法の制定作業が行われている。現在までの制定状況をみると、生物遺伝資源の利用を意図してアクセスを考える利用国にとって厳しい内容となっており、特に利益配分では資源国に有利になっている。伝統的知識の取り扱い、伝統的知識と生物遺伝資源との関係についても国際的な合意を得られていないのが現状である。

豊富な遺伝資源を利用して、資源国が利益を得ようとする試みが政府間交渉以外のビジネスの現場で頻繁に起こっている。特にＮＰＯ団体が先進国の生物遺伝資源の利用を非難するいわゆるバイオパイレシーと呼ばれる運動がよりいっそう問題解決を困難にしている。これらのＮＰＯによる運動は利害によらず純粋に環境保護・自然保護運動に根ざしたものが多いが、生物多様性条約上の不明確さ、国内法の未発達さ、生物多様性条約と特許制度の相反を取り上げる場合もある。資源国国内で生物多様性条約を所轄する政府機関の未発達、生物遺伝資源の出所証明の困難さなども問題を複雑化させている。しばしば資源国内の反政府運動と結びついた運動に発展したり、宗教運動に結びついたりすることがある。たとえばケニア野生協会/Genencor 洗剤紛争の事例は、明らかに野生協会内部の問題であると思われる[356]。これらの問題を解決するためには、資源国が法制度を整備し、生物多様性条約を取り扱う行政組織を明確にすることが早急に求められる。

またこれらの紛争の特徴として、資源国の産業保護のため生物遺伝資源の利用国における既存特許の無効を訴える場合がある。その場合、利用国にある環境団体などの支援・関与があり、不買運動などに発展することもある。特許無効紛争が起こる場合、利用企業では研究開発活動で得た成果である特許の地位が不安定となり、さらに開発に影響が出ることは明らかである。さらに訴訟自体に費やす費用と労力は並大抵ではない。特に米国特許紛争の場合、弁護士費用は多大となる。したがって、不幸にして訴訟になった場合、和解等の早期解決を図り、コストの削減を試みることもある。その発明あるいは特許を諦めて放棄することもあり得る。その場合、誰も訴訟から利益を得ることはできないのであるが、その事実を正しく認識している関係者は少ない。

資源国のＮＰＯなどが特許無効運動を起こす場合、市民を巻き込んだいわゆる市民運動となる場合が多い。特に、資源国では特許権を持つ企業の不買運動など先鋭的になることがある。日本の企業は資源国の法遵守について規定し、厳格に運用する場合が多いにもかかわらず、特許と生物多様性条約の関係を持ち出され、排斥キャンペーンが展開されると、事業として開発を進めることは困難になる。そのため、極端な場合、特許を取り下げ、開発を中止することによってキャンペーンの沈静化を図ることもある。この現象は明らかに利用国の利益を著しく損なうものであり、また資源国にも利益とはならない。また資源国と先進国の win-win 関係からは程遠い状態になるといわざるを得ない。

このような状態を打破するために政府の方針、政策が重要な意味を持ってくる。日本としてどのような政策を打ち出し、産業界の困難な状態を改善するか緊急の課題である。特許問題として出所開示[357]が取り上げられているが、特許庁がどのような方針を出すのか待たれる。知的財産推進計画二〇〇五ではこの問題について何の記述も見られないが、知的財産推進計画二〇〇六になりようやく国際ルール構築に貢献するとして、省庁間連絡会議等の検討体制を整備するとしている[358]。生物多様性条約の中で特にアクセスと利益配分については科学技術政策・産業政策とも密接に関係しているので、日本の基本的な考え方を明確にすることを切望する。

### ❖クリアリングハウス機構[359]（Clearing House Mechanism＝CHM）の設立

一方、ボン・ガイドライン[360]では、「各締約国は、アクセスと利益配分のための政府窓口を一か所指定し、その情報をクリアリングハウス・メカニズムを通じて利用可能にすべきである。」と定められている[361]。このボン・ガイドラインに沿った取り組みが望まれている。生物多様性条約に関連して、「生物の多様性に関する条約のバイオセーフティに関するカルタヘナ議定書」（カルタヘナ議定書）の日本での発効に伴い、日本版バイオセーフティクリアリングハウス（J-BCH）が環境省自然環境局によって運営されている[362]。このサイトでは、遺伝子組換え生物等（Living modified organism：LMO）の使用に関する国際的な規制の枠組みであるカルタヘナ議定書と、議定書を日本で実施するための法律である「遺伝子組換え生物等の使用等の規制による生物の多様性の確保に関する法律」（カルタヘナ法）[363]に関する情報を提供している。さらに、このサイトでは、カルタヘナ議定書やカルタヘナ法の内容、カルタヘナ法に基づいて日本国内で使用が認められているLMOのリスト等の情報も提供している。このように、バイオセーフティ・クリアリングハウス（J-BCH）は、情報交流の促進を目的とした情報機関としての役割を果たしているだけである。

電子商取引[364]などで発達してきた新しいクリアリングハウス・メカニズムを考えるべきであろう。そこでは単に情報交換の促進のみならず、各種契約の統合管理、利益配分の決済機構も備えた国際的な機構であるべきである。情報交換では、各国の生物遺伝資源情報、伝統的知識データベース、各国の法令、手続き等の情報があげられる。各種契約の統合管理においては、ＭＴＡなどのアクセス関連契約、共同開発契約、特許取り扱い契約、ライセンス契約などの利益配分契約などがあげられる。さらに実際の利益配分の決済について、利用国から払われるライセンス料などの利益配分と資源国の借款との相殺が行われることになる。決済は電子的に行うべきである。この新しいクリアリングハウス・メカニズムでは、管理運営は政府窓口で行われるべきであるが、研究機関、大学、一般企業の参加もできるような組織体が望まれる。

### ❖オープン・ソース・イニシャティブ（Open Source Initiative）[365][366]

オーストラリアの科学者団体ＣＡＭＢＩＡが始めたBiological Innovation for Open Society（BIOS）Initiative[367]は植物遺伝子工学[368]の特許問題を解決するといわれている。ソフトウェアで見られるオープン・

ソース・イニシャティブは特許の持つ排他性と公共の利益の間を調和させる試みである。オープン・ソース・イニシャティブの基本は、公共の利益を守るために科学者が自身のコア技術の特許をコミュニティで共有し、誰でも自由にアクセスできるようにすることである。同時に情報の共有化を図り、科学の発展を加速しようとするものである。また開発途上国の科学技術水準を向上させることも考慮している。植物遺伝子工学の分野で始まったオープン・ソース・イニシャティブ運動を、生物遺伝資源、伝統的知識の取り扱いに応用できるのではないかと考えられる。学会等で生物遺伝資源、伝統的知識のデータベースを作成し、これをオープンソースとし、この生物遺伝資源、伝統的知識オープンソースを自由に誰でもアクセス可能とすればよい。もちろん利用によって生じた利益は合理的に配分することは当然であり、利用によって生じた新しい知見・特許もデータベースに還元することも必要であろう。

この生物遺伝資源、伝統的知識オープン・ソース・イニシャティブにも問題はある。特に自国の生物遺伝資源、伝統的知識を他人にコントロールされたくないという意見は強く出されるであろう。また、公共性が強すぎて利益が得られないのではないかと考えるものも出てくる。しかし自国の生物遺伝資源、伝統的知識は、活用されなければ何の利益ももたらさないということを考慮すると、いかに活用するかを考えることの重要性を理解できるであろう。また、生物遺伝資源、伝統的知識オープンソースの公平性、公共性を追求すれば多くの課題が解決できると考えられる。

# 第3章　生物遺伝資源関連特許の出所開示問題の所在について

アクセスと利益配分の枠組みが明確になっていない状況で、特許の記載要件という問題の一部を解決しても全体の枠組みには影響が少ない。基本的には生物多様性条約フォーラムの中で利益配分の枠組みと同時に解決を図るべき課題である。資源国は遺伝資源の出所開示問題を突破口にアクセスと利益配分問題を有利に解決したいと考えるのであろうが、全体の枠組みの不確定さの中で突出した部分解決は無意味であり、全体の枠組みが変われば遺伝資源の出所開示の仕組みも変えざるを得ない場合も出てくる。特許出願時の遺伝資源出所開示問題に具体的な方向性、方針が出ていない状況下では、産業界としてリスク管理の観点から慎重に対応しなければならず、生物遺伝資源の産業上の利用が遅延あるいは停滞傾向にあるといわざるを得ない。企業が国際的な遺伝資源紛争に巻き込まれ、被害を受ける例が出始めているのも事実である。すでに医薬品産業分野では一九八〇～一九九〇年代に盛んであった微生物から有用化合物を見出す探索研究が停滞している。学術研究の取り組みは活発であるが、いくつかの民間企業が微生物遺伝資源へのアクセス事業を行っているのみである。これらの取り組みも明確な政府の支援がなければ存続、発展は困難であろう。一方、薬用植物へのアクセスは健康志向の高まりとともに増加していると思われ、ハーブ、化粧品、パーソナルケア製品等の原料としての生物遺伝資源の需要が拡大しているが、その原料調達に問題を抱えているのではないかと考えられる。

有限な遺伝資源を有効に活用するためには、生物多様性条約に関する国際間の問題について早急に方向性を打ち出す必要があろう。生物多様性条約の根本的問題はアクセスと利益配分であるが、その解決方法に国際的なコンセンサスは得られていない。アクセスと利益配分議論を進行させ国際合意を得ることが遺伝資源出所開示問題より先決事項であると考える。アクセスと利益配分について大枠の合意がなければ、部分的な課題解決はあまり意味のあるものとは考えられない。出願特許での遺伝資源の出所開示は、生物多様性条約締約国会議以外にWIPO、WTO／TRIPsなどのいくつかの国際フォーラムで議論されている点も問題であり、統一的な見解が得にくい状況にある。本来はアクセスと利益配分が問題の中心であるため、生物多様性条約フォーラムを通じて、あるいはそれに協調して同時並行的に出所開示問題解決に取り組むべきであると考える。

## ❖特許法上の開示要件からみた出所開示について

特許の基本思想は、発明者による発明情報の開示の引き換えに発明者に排他的な独占的私有権が付与されることである。発明情報に生物遺伝資源の出所開示を付加することが、発明者にどのような利益をもたらすのか明確にしなければならない。出所開示へのインセンティブはどのような形で行われるのか明らかにしなければならない。出願特許で開示された生物遺伝資源へのアクセスが発明者に独占的あるいは優先的になされるという考えはない。利益配分の減額が保証されることもない。おそらく、単に特許の将来紛争の防止策としての意味しかないであろう。生物遺伝資源の出所開示とは、資源国の利益確保の手段を主に日米欧の特許制度に組込む制度と考えられる。そこでは特許権者の利益を犠牲にして資源国の利益を守ることしか意味がないのではないか。微生物そのものを特許とすることが認められている。微生物特許による独占的私有権を得るために、ブダペスト条約に基づく微生物寄託制度があり、特許微生物の開示（寄託）が義務化されている。微生物特許の場合、独占権を得るために開示の義務を果すというメカニズムが機能している。生物遺伝資源の出所開示義務に対する特許出願人のインセンティブが明確にならない限り、義務だけを負うことは一方的であり出願の意思を失わせる。

生物遺伝資源の出所開示は、特許性（新規性、進歩性、産業上の利用可能性）判断に直接的な影響はないと考えられる。出願特許には発明の詳細な記述が記載要件であるが、生物遺伝資源の出所開示がはたして発明の詳細な記述に当たるかどうか疑問である。たとえば、ある国から採取した植物に含まれる物質を特許出願した場合、当該植物がなければ第三者がその発明を再現できないということはない。むしろ、発明に用いられた生物遺伝資源の状況例えば植物なら生育状況などの開示のほうが、生物遺伝資源の出所開示より発明の再現には必要である。

ＴＲＩＰｓにある特許の公平性と整合がとれないという疑問がある。ＴＲＩＰｓ協定二七・一条によれば、特許に関して技術分野で差別することなく特許権が与えられ、特許権が享受されると規定している。生物遺伝資源の出所開示要件が満たされないからといって出願特許を無効にするのは、特許の公平性に欠けＴＲＩＰｓ協定二七・一条に反することではないかと考える。

## ❖伝統的知識の出所開示のあり方に関する考察

伝統的知識は食品や健康に関連した有用な知識が多い。日本でも「匠の技」といった伝統に基づいたいわゆる秘密性の少ないノウハウといわれるものがある。しかし、特許制度上、これらの伝統的知識が特許権の成立要件である新規性、進歩性、産業上の利用可能性を満たすことは困難であり、あくまでノウハウとして伝承されるものである。したがって、伝統的知識を特許法で保護し活用するためには新しい概念が必要であろう。現実にはそのような仕組みがないので、伝統的知識の出所開示だけを求めても実際の運用は不可能である。

生物遺伝資源に比べて伝統的知識は無体物であり多くのバラエティがあるため、伝統的知識を特定することは困難になる。伝統的知識が著作物かどうかという認識や、法的保護を受ける情報として法体系が確立しているとはいい難い。インドや中国の伝統的知識のデータベース化が行われ、ある程度の正当性のある伝統的知識が存在するが、このデータベースを利用した場合、出所開示として表明するのではなく、単なる引用文献として取り扱うべきである。もちろんデータベースにある伝統的知識が正統であるという保証はなく、多くのバリエーションが存在することも容易に推定できる。正統性のある伝統的知識データベースがないその他の国で生物遺伝資源に伴う伝統的知識の出所開示を求められても対応は困難である。伝統的知識の事前の情報に基づく同意についても確立した方法がない中で、出所開示だけ突出して個別に解決することはできない。したがって、生物遺伝資源の出所開示と伝統的知識の出所開示は区別して解決を図るべきである。

伝統的知識の出所開示を義務化した場合、伝統的知識が先行文献として扱われ新規性の否定につながる紛争が多くなることが予想される。現在でもいくつかの特許が伝統的知識により特許性を否定されるケースが欧米の特許庁審査で散見されているし、今後は伝統的知識に基づく特許無効請求が増加すると予想される。伝統的知識により、ある程度の特許が無効になるのはしかたがないとしても、あいまいな伝統的知識により攻撃され多くの特許が無効になる事態は、発明者に特許出願の意欲を減少させることになる。伝統的知識と新規性の関係についてより明確な基準が必要と考えられる。

## ❖特許管理実務上からの出所開示を考える

生物遺伝資源の出所開示義務により特許権が不安定になり、権利行使が困難になり、権利無効のリスクも高くなる。生物遺伝資源の出所開示内容の正当性が確認されるまで特許は認められないのかという疑問もある。生物遺伝資源特許の場合、通常の特許性審査に加えて出所開示についても審査が必要になり、特許管理上のリスク項目が増えることになる。

アクセスと利益配分は個別の契約問題で、個別対応が本来のあるべき姿であり、契約は自由で企業秘密に属するものである。特許出願判断する場合、生物遺伝資源の出所という秘密条項を開示してまで特許出願を行うか、契約の秘密性を重視するかという判断がされなければならない。特許出願で生物遺伝資源の出所開示がなされていても、特許庁審査でその記載が正しいかどうか判断することは現状では不可能であると思われる。また、生物遺伝資源の出所開示を争点として特許無効紛争が起こったとき、生物遺伝資源の出所開示が正統であることを証明し特許権を防御する手段は少ない。生物遺伝資源の出所開示をめぐる特許無効裁判が起こされる場合、訴える側は主として資源国の利害関係者である場合が多いので、事前の情報に基づく同意を取得したとしてもそれは正統でないと主張される恐れが高く、それを覆す手段はない。

生物多様性条約の国際フォーラム上で、生物遺伝資源の出所開示に関するガイドラインを作成する試みが行われている。そのためには、国際的な生物遺伝資源の寄託機関、事前の情報に基づく同意の認証機関、利益配分機関の設立が必要ではないかと考える。特許法体系の整備の前に、コンセンサスの醸成とインフラストラクチャの整備が必要である。特にインフラストラクチャの整備については、特許記載要件と切り離して独自にかつ早急に検討すべき問題である。罰則付き要件を指向するよりも公平な証明を確定するのが原則である。ＥＵ

の提案書では「Clearing House Mechanism of the CBD」を提案している。生物遺伝資源の出所開示の正しさを審査する国際的機関の設立がまず第一歩として必要であろう。さらに、生物遺伝資源の出所開示の正しさを証明する一手段として特許に使われた生物遺伝資源のサンプルの寄託も必要となってくる。しかしどのような機関を作るにしても、生物遺伝資源の出所開示の正確性を証明することは至難のことであると予想され、ある程度のあいまいさを残した妥協が必要となる。

特許出願実務上からの考察は細部になりすぎ、全体の枠組み合意によって大きく変わる可能性があるので、ここでは課題となる項目についてのみ考察する。しかし、生物遺伝資源を用いる研究開発を行っている企業では、遺伝資源特許の出願に伴うさまざまな問題に対処していることは事実である。社会コンプライアンスを基本としている企業がほとんどなので、出所開示問題についても特許担当者を中心に研究者、企画部門を巻き込んだ取組を行っている。このような取組を国レベルに格上げし拡大して、国としての姿勢を明らかにすることが問題解決の端緒となると考える。

特許出願の実務上から出所開示の課題として以下のことがあげられる。まず、現在議論されている出所開示の方法については、定義のあいまいさがあり、実効性に乏しい。例えば、原産国と採取国と提供国の意味の違い、不知や派生物の範囲の不明確さ、罰則の中身と効力などである。各国の法律の違い、考え方の違い、運用の違い、担当窓口の特定などについて、資源国内で運用の統一性が取れていない点は重要な課題である。各国の法制度が違うと不公平になり、安易な資源国に流れやすい。政府あるいは政府高官が変わると考え方が変わるなどアクセス契約とその運用の不安定性が容易に予想できる。事前の情報に基づく同意を資源国のある機関と結んでも、他の機関がそれを無効と主張するなど資源国内の行政問題もある。生物遺伝資源を資源国と利用国の間で仲介する業者の信頼性や継続性に問題がある。伝統的知識の出所開示の場合、直接聞いた現住民そのものなのか、種族代表なのか、地域政府なのか、国なのか当事者が不明の場合が多い。アクセス許可取得までの時間浪費、チャンスの喪失、秘密漏洩の恐れがある。薬用植物を原産国ではなく別の国で生産する場合、事前の情報に基づく同意取得と実際の生産国が異なる。生物遺伝資源の出所開示は単なる出所だけを示し、実際の工業生産は異なるので利益配分をどちらにすべきか混乱を招く。最初のアクセス国を特許出願の出所開示するのか、実際の生産国を出所開示するのか明確な判断基準はない。

### ❖出所開示問題についてヨーロッパ提案に対する考察

ＥＵから、出所開示を特許記載要件とすることに条件付き賛成の案が提出された。特許記載要件に出所開示を含めることとは、次の点から、特許権の安定性を減じることになりかねないので賛成できないとする意見がある。今回のＥＵ提案では、特許出願における出所開示の記載要件の理論的・法的根拠が示されていない。意図について下記のように記載されているのみである。

「creates a level playing field for industry and the commercial exploitation of patents, and also facilitates the possibilities under Article 15（7）of the CBD for the sharing of the benefits arising from the use of genetic resources.」

つまり、（1）特許の活用に一定の共通認識を醸成することができること（2）利益配分の機会を加速することという趣旨である。特許権活用の公平な取り組みが、特許出願の記載要件の理由になるのは論理の飛躍だと考えられる。特許権活用には権利の安定性が重要であることは当然であるが、権利の活用においては特許記載内容以上のビジネス的な取り組みが必要になるので、特許実施権の活用で問題が生じた場合、不正競争防止法や民法などで解決を図るのが一般的である。特許権活用の一部を特許記載要件で解決できるとは思えない。

利益配分を加速する手段として特許記載要件を重視するのは、特許出願者にとっては何のメリットもなく、逆に出願時の負担と審査手続が増えるだけである。特許成立要件として出所開示は不要なものであると考えられる。特許に記載するかどうかは出願者の自主的判断であって、強制的な要件とする理由が見当たらない。原産地開示については古くから微生物利用特許のように自主的に行われてきた。例えば、ある出願特許の課題を解決するための手段の項目に次のような記載がある。「本発明者らは、その結果、秋田県の森林内にて採取したナラタケ属に属する菌株を分離することに成功し」とあるように、原産地を簡単に記載しているが、その根拠を示すこともなくこの程度の記述でいままで問題になったことはない。特許の再現性を確認するのにあまり重要な項目と考えられていないからである。微生物を利用した特許を取得するための要件として、当該微生物を指定された機関に寄託するブダペスト条約第三条「微生物の寄託の承認および効果」に基づく微生物寄託制度がある。この微生物寄託制度が微生物を利用した特許を取得するための特許法上の要件となる理由は、発明の完成の証明と、第三者がその発明を再現できる技術の公開を保証するためである[369]。微生物寄託制度にも多くの問題点が内在しているが、発明の完成の証明と技術の公開という原則から判断して微生物を利用する特許の出願には要件としての必要性を認識し同意しているのである。生物遺伝資源の出所開示が要件として必要とされる理由は、発明の完成の証明と技術の公開ではない。特許には発明の詳細な記述が記載要件としてあるが、出所開示がはたして発明の詳細な記述に当たるかどうか疑問である。例えば、ある国から採取した植物に含まれる物質を特許出願した場合、当該植物がなければ第三者がその発明を再現できないということはなく、まして出所開示がないと第三者がその発明を再現できないということはない。

前述したように、微生物を利用した特許を出願する場合、微生物寄託を行わなければ特許出願が受理されない。微生物から新規有用物質を単離して特許出願する場合、微生物寄託が必要な場合がある。その場合、微生物を採取した出所開示を要件とすることは、他の特許出願に比べて、出所開示と微生物寄託という二重の要件となり出願労力が二倍かかる。微生物寄託制度の最近の運用基準変更により微生物特許出願が遅延する場合もあり、不衡平感は大きい。もし出所開示が特許要件となった場合、不衡平感がさらに増大することになり、特許の衡平性を著しく損なう事態となる。

出所開示問題の一つは、出所開示の内容をどのように確認するか、また確認まで特許は認められないのかということである。特許出願に出所開示がなされていても、特許庁ではその記載が正しいかどうか確認できる方法はない。また虚偽の開示を行ったとしても、それが虚偽であるかどうか証明することは不可能に近い。なぜなら、生物遺伝資源がある国に限定して存在していることを証明することはDNA鑑定を使ったとしても不可能に近いからである。原産地を事前の情報に基づく同意取得国に限定することはできない。原産地と事前の情報に基づく同意を取得した国が異なる場合はどちらを開示するか明確でない。原産地と宣言している国が二か国以上ある場合もあるであろう。一方の国を出所開示したとしても、他方の国が虚偽の出所開示であるとして特許無効を申請する場合もあり得る。出所開示に疑問・異議を唱えるものが出てきて、当該特許の無効を虚偽の出所開示に基づき申請した場合、どのような仕組みでこれを解決するのであろうか？　特許を付与しないという罰則が検討されているが、公正な証明がなければ罰則を設定することは不衡平感を増長するだけである。

国際的な生物遺伝資源の寄託機関、事前の情報に基づく同意認証機関の設立が必要ではないかと考える。原産地開示の正しさを審査する国際的な公平機関がなければ罰則を設けることもできない。さらに、原産地開示の正しさを証明する一手段として特許に使われた生物遺伝資源のサンプルの寄託も必要となってくるであろう。しかしどのような機関を作るにしても、出所開示の正確性を証明することは至難のことである。特許法上、出所開示の詳細な要件が明確ではない点も問題である。例えば、原産地の定義にしても問題が多い。「出所（Source）」なのか原産国（Country of Origin）または提供国（Providing Country）では大きな違いがある。原産地が不明で提供国しかわからない場合どのような取り扱いをするのか不明である。さらに、伝統的知識について定義および範囲があいまいで各国の認識が統一されていない。国際的な特許に対して定義および範囲が統一されておらず明確でないなら、特許に記載するのも困難である。事前の情報に基づく同意は一方が公的機関であっても他方は私企業である場合が多く、事前の情報に基づく同意契約は秘密事項である。それにもかかわらず事前の情報に基づく同意情報を開示することにより秘密情報を開示しなければならないのは産業界としては受け入れられない。事前の情報に基づく同意をどの程度開示するかは当事者間の問題である。

以上に論じたように出所開示を特許記載要件とする提案には多くの問題点が含まれており、罰則付きの記載要件とするには特許法体系の整備の前に、コンセンサスの醸成と体制の整備が必要である。特に体制整備については、特許記載要件と切り離してクリアリングハウスなどが独自にかつ早急に検討すべき課題である。特許記載の出所開示の正確性を証明するのは困難を伴うからである。

# 第４章　Fairtrade labeling コーヒーなどの農産物の認証制度とその利益配分の考え方

## ❖はじめに

生物多様性条約（ＣＢＤ）のアクセスと利益配分問題の議論が続いている。議論の一つとして取り上げられている認証制度は原産・出所・法的由来に関する国際認証[370]と呼ばれ、基本的にアクセスと利益配分が利用国で適切に行われているかどうかを認証する制度である。二〇〇二年に制定されたボン・ガイドラインの「Ｖ・その他の規定」のＤ・検証手段にも認証制度が取り上げられている[371]。その目的は、アクセスと利益配分に関する利用国での約束が遵守されているかを検証するメカニズムである。生物遺伝資源のアクセスと利益配分に関する具体的な国際認証に関するシステムとして各国で合意が得られているものはないが、いくつかの国から案が出されている。現在最も合理的で実現性が高いといわれるオーストラリア北部準州案では、生物遺伝資源へのアクセスが許可されたら法的由来証書（Certificate of Provenance）が発行される。法的由来証書の発行は、提供者の事前合意を得ており、かつ、利益配分契約が合意されていることを認証している。法的由来証書が発行されると、生物遺伝資源に関する基本情報がデータベース化され、資源国からチェックすることが可能になる。この場合、生物遺伝資源のアクセスと利益配分がデータベース化され公開されるということが最も重要な点である。オーストラリア北部準州案では、資源保有者と資源利用者が同一国内にいることが前提となっており、国際間の保有と利用について未熟であると思われる。また、実際の利益配分についての考え方を示した基準が不明確である点も問題である。

一方で、環境保護問題の解決の一手段として発展した農産物等における環境・品質保証の認証制度は、農産物の国内あるいは国際流通の保障制度の一つとして発達している。ここでいう認証とは、認定基準の規格に適合しているかどうかを第三者が審査し保証することである[372]。農産物の場合、流通される農産物の仕様を定めた製品規格に適合しているかどうかを認証する。多くの認証制度が政府や民間団体によって作られていて、例えば農林水産庁のＪＡＳ規格法に基づく有機食品の認証制度があるが[373]、本章においては民間団体で発展してきた規格・基準に基づく認証制度に限定して取り上げている。

生物遺伝資源の持続的な利用には、アクセスと利益配分の問題が大きく限定要因となっている。また、農産物ではサステナビリティーとトレーサビリティが食の安全・安心における課題である。農産物等における出所・品質の認証制度は、ほとんどは生産方法などを認証する生産者側から発展し、安定市場を確保するための認証制度に発展してきた。消費者の環境問題や食の安心・安全問題への意識の高まりを受け、認証制度をプレミア化することにより流通の差別化、価格安定化を図る試みも活発である。

農産物の認証制度から発展してきたプレミア価格制度が、一種の利益配分の新しい形として資源国および利用国にも受け入れられるのではないかと考える。そこで、農産物等の認証制度を取り上げ、その成立過程の中で農産物のプレミア化、価格の維持安定化の仕組みがどのように行われているかを明らかにする。さらに、生物遺伝資源のアクセスと利益配分の仕組みとして、農産物の認証制度の中の価格制度が解決策を提供できるかどうかを論じる。

## ❖農産物等で実行されている持続的生産の認証制度の発達

農産物の認証制度の目的は、農産物など植物性食品素材の持続的な生産・流通の管理制度の維持にある。さらに、環境、低開発国援助の観点からの取り組みが付加され、最初、環境保護団体などが始めたが、農産物の生産、流通、消費に関係する民間企業が参加するようになり、より広範な国際的な取り組みになっている。最近の食品の安心・安全問題を解決する手段として、生物遺伝資源の出所、流通、消費の認定に対する認証も含まれている。このように農産物の認証制度が発達すると、農産物の安全と安心でより高い品質が認識できるようになる。その結果、一般流通の農産物と高品質の点で区別されるようになり、それが一種のプレミアム状態となって、高価格で取引されるようになる。

現在農産物は需要と供給のバランスに基づいて価格が自由市場で決定されるため、取引は金銭的決済が多く、微生物資源のように将来産むかもしれない価値に対するロイヤリティのような将来支払いという考え方は存在しない。特にコモディティ化した農産物の利益配分は売買契約で決済されている。売買以後は農産物の生産者あるいは生産国の権利は消尽していると考えられている。しかし、このような考えは資源国では受け入れられていない。その理由として、農産物の価格は自由市場にあっても利用国によって低く抑えられており、資源国の農民への利益配分が不衡平であるという考え方があるからである。

## ❖ T'ikapapa 運動

ペルーにはジャガイモの原種が約三〇〇〇種あるといわれているが、ほとんどは利用されていない。ペルーの T'ikapapa 運動は、ペルー原産のジャガイモ原種の消費を拡大するための、ペルー農民、流通、スーパーマーケットなどの共同体の運動である。この運動の目的は、高アンデスにある四〇地域に住む四〇〇家族一六〇〇人の原住民の生活向上であり、アンデスの環境保護、地域の生物多様性保護を促進するためである。この運動のおかげで、約三〇〇人の高アンデス地域の農民は約三割収入が増加したと報告されている[374]。このような野生のジャガイモの生物多様性に基づき新しいモデルのビジネスを開拓し、地域の向上に貢献している。

T'ikapapa 運動は野生ジャガイモを再評価し、国際市場に売り込むための運動ということができる。この運動はペルーにある国際ジャガイモセンター（International Potato Center = CIP）が主導しているが、スイス政府の資金援助七二万五〇〇〇スイスフランを受けている。この運動の特徴は、ジャガイモ処理・運送会社と地域のスーパーマーケットチェーンが参加していることである。流通と消費に関連する会社が参加することにより、零細な原住民の集まりであっても、技術共有や品質標準化を通じてジャガイモの収量増加を促進することができる。確実な販売が保証されているので販売から得た利益の流れも確保されることになる。原住民の間で団結とマーケティング志向が刺激されることになる。

T'ikapapa 運動の中心的役割を担っているのが CAPAC PERU[375] である。CAPAC PERU は二〇〇三年にペルーで結成されたが、その目的は低開発地域の農産物の商業化を促進し、それらの価値向上を図ることである。これを自立的に地域社会の協力を得て行っている。その結果、利益配分が生産者である農民に行き渡ることになる。特に力を入れているのが流通と販売組織の開拓である。ジャガイモの生産者とそれらの販売チェーンを結びつけることにより、利益をコントロールしようとしている。生産に対してはその生産方法、品質の標準化を図ることにより生産価格の安定を目指している。品質保証ラベルなどを作成して流通チャネルを監視すると同時に差別化、高付加価値化を図っている。このラベルの取得は規則によって管理されており、ラベル委員会の許可が必要である。流通・販売の拡大のために、研究機関や私企業との共同開発を組織、管理している。管理されたサプライチェーンを確立することにより、消費の拡大を図ると共に利益の増大にも配慮した取り組みということができる。

## ❖自然保護を基本とするRainforest Allianceの認証制度

自然保護あるいは環境保護運動から発達した認証制度は多く存在する。生産者が環境保護のためになすべきことを決め、それを遵守しているかどうかを認証する運動である。多くの場合はＮＰＯや環境団体などが自主的に基準等を作成している。利用国の消費者は、環境保護運動に参加するという意識の高揚により、一種のプレミアとしてこれらの認証ラベルの付いた商品を買うことにより、本システムが成り立っている。しかしこの認証制度では価格管理を行うことはない。価格は市場価格より若干高い場合もあるが、あくまで市場での取引に任されている。したがって資源国側の利益の割合が高まるのは購買者の意識に依存している。ここでは、コモディティ化した農産物であるコーヒーの生産・流通で発達している認証制度を取り上げる。

Rainforest Allianceは米国の非営利環境保護団体Sustainable Agriculture Network（ＳＡＮ）によって、一九八七年に設立された[376]。その活動は主にコーヒー農園の保護を目的とした認証制度である。「持続可能な農業の基準」[377]を設定し、それに基づいて認証を行う。この基準に合致するように生産農家を指導し、技術向上を図っている。この団体の運営は、認証を受ける際の手数料や年間認証費用によってまかなわれている。

この基準に合格した生産者の作ったコーヒーには、認証ラベルを付け、サステナブル・コーヒーとして売ることができる。ＳＡＮ団体に加盟することにより、地域社会改善、生産農民向上、自然環境保護などの社会的な活動を自主的に実行し、生産農家が団結するきっかけを作っている。しかしコーヒーの価格決定を行うような強い組織には成長していないし、買い手側との価格交渉に参加することもないようである。利益配分の見方からすれば、Rainforest Allianceは初期形態ということができる。

## ❖競争入札を価格設定とする認証制度

ブラジル・スペシャルティ・コーヒー協会（Brazil Specialty Coffee Association＝BSCA）はコーヒーの品質認証制度を創設し運営している[378]。BSCAのコーヒー認証制度の目的は、コーヒーの持続可能生産、自然環境の維持・保全の上に成り立つ農業の維持である。さらに高品質コーヒーの生産・供給と価格の維持という目的も持っている。品質認証基準に合格した生産農家はBSCAコーヒー認証とそのシールがもらえる。コーヒーサンプルの品質評価はCOE評価基準方式といわれる方式で評価され、八〇点以上を獲得した時のみ、その特定のロットはスペシャルティコーヒーであると判定され証明書が発行される。その認証コーヒーが生産された農園の名前、袋数、生産された地域名、木の品種、生産処理方式、収穫年度、スクリーン・サイズ、タイプ（見かけ上の欠点数）と仕向け港名を列記した特定ロットの完全な履歴追跡を示す『シール』が発行される。『シール』にはBSCAのロゴを表し、同時に『品質証明』の文言と連続番号が表示される。消費者でもインターネットを通じて『シール』番号にアクセスすることにより、その特定ロットの情報をインターネットで検索することができる。

このような認証制度によって品質と出所開示が認証されるため、スペシャルティコーヒーは高い評価を受け、高価格で取引されることが可能になる。取引にはオークションという形式をとっており、競争入札による価格維持・上昇を図っている。オークション結果も詳細に公表されており、生産農場名、落札価格、落札者も知ることができる。このような履歴情報を公開することにより、高い品質を維持し、その結果高価格で取引されることが可能になっている。オークションという形でプレミア価格が成立することになる。プレミア価格は一種の利益配分ということができるが、そのプレミア部分が生産者に直接配分されるため、公共の利益となっているかは不透明なところがある。

### ❖固定価格を基本とするフェアトレード制度

欧米では農産物のフェアトレード制度が発達している。フェアトレード制度は、資源国の農民の立場に立ち、農民に対する市場アクセスと利益チャンスを付与することを目的とし、そのために市場において、農民側に有利な取引条件を確立するために任意に作られた民間団体である。Fairtrade Labeling Organizations International（ＦＬＯ）は近年欧米を中心に活発な活動を行っている農産物フェアトレード運営団体で、一九九七年に設立された非営利会員制包括組織である。農民に有利なように熱帯作物（コーヒー、バナナ、綿花など）の取引制度を設立しており、その基本的考え方はフェアトレード基準[379]に示されている。フェアトレード基準には、公正取引基準、公正取引商工業者認証およびモニター、公正取引システム管理などが決められている。

ＦＬＯの運営はフェアトレードラベルライセンス料による収入でまかなわれている。これは一種のライセンス料で、加盟する会社が販売商品に添付するラベルの使用料である。たとえば、オーストラリアではライセンス料は通常ラベル製品売上の二％となっている。オーストラリアの二〇〇六年のライセンス料収入は約二万一〇〇〇ＡＵドルである。米国では、ＦＬＯ加盟団体であるTransFair USAが園芸用花卉輸入に一本当たり一・五セントのライセンス料を設定している。英国のＦＬＯ団体では二〇〇五年八月より表20のようなフェアトレードマークライセンス料を設定している。

表 20　英国フェアトレードマークライセンス料

| フェアトレード認証製品の年間売り上げ | フェアトレードマークのライセンス料 |
|---|---|
| 最初の 1000 万ポンド以下 | 1.8% |
| 1000 万から 2000 万ポンドの間 | 1.4% |
| 2000 万ポンド以上 | 1.0% |

フェアトレードラベルライセンス使用料は、半分はＦＬＯの国内活動企画やＦＬＯ認証および観察評価コストとマーケティング・意識向上費用などに使われる。残りの半分は広報活動に使われる。TransFair USAは、ラベルライセンスで一八九万ＵＳＤの収入を得ている。そのうち一七〇万ＵＳＤは四〇人の職員のための給料、会議、出版等に使われており、意識向上に使う費用が少ないという批判もある。

ＦＬＯが認証しラベルを添付した製品の二〇〇五年の取引高は一七〇〇億円で、二〇〇六年は二六〇〇億円に増加したと報告されている。スイスにおけるフェアトレード普及率は、消費者一人当たり約三〇〇〇円のラベル製品年間消費額になり、イギリスでは約五〇〇円の消費額である。しかし、日本では約三円と普及が遅れており、一般消費者の認知は低い。

ＦＬＯが他の認証制度と異なる点は、農産物の市場価格とは異なる一定価格を製品価格として設定しており、さらにプレミアという上乗せ金とＦＬＯ運営維持のためのラベルライセンス料を追加していることである。例えば、コーヒーのＦＬＯ価格設定は、先物取引相場価格によらずＦＬＯのフェアトレード最低価格で取引することが義務付けられている。フェアトレード最低価格とは、持続可能な生産に必要なコストをカバーし、市場アクセス可能な価格である。もし市場価格が最低価格より高ければ市場価格が優先し、市場価格が最低価格より低い場合はフェアトレード最低価格で取引される。フェアトレード最低価格制度では、その価格は常に市場価格より高い取引価格となっている。

具体的にコーヒー価格決定のメカニズム[380]は次のようになっている。コーヒーのアラビカ種はニューヨークC価格を参照してフェアトレード最低価格（約定価格：現在一二六USD／ポンドFOB）と決められており、ロブスタ種はロンドンLCE価格を参照してフェアトレード最低価格（約定価格：一一〇USD／ポンドFOB）が決まっている。カシューナッツやバニラビーンズのフェアトレード最低価格[381]は次のようになっている。カシューナッツのフェアトレード価格は有機認証の場合三・五USD／ポンドFOBと固定されており、バニラビーンズのフェアトレード価格は、インドとスリランカ産の有機認証製品が四三・八三ユーロ／kg農園渡しであり、東アフリカ産の有機認証製品は四六・二USD／kg農園渡しである。バナナのフェアトレード最低価格は農園出荷時の価格であり、生産者が出荷するのに必要な費用を含んでいる。バナナのフェアトレード最低価格は、生産者間の価格競争が過度にならないよう最低二年ごとに見直しが行われる。バナナの二〇〇二年のフェアトレード最低価格は、Windward Islands産地の有機バナナの場合、一箱一八・一四kg当たり五・七五USD、ドミニカ共和国の有機バナナの場合五・五〇USD、ドミニカ共和国の通常バナナの場合四・五〇USDである。したがって、有機バナナのプレミアムは一・〇〇USDである。

フェアトレードプレミアム[382]は、フェアトレード最低価格から分離した特別な価格で、生産組織、そのメンバー、地域社会の発達などに投資するために作られた価格である。プレミア価格の一部を表21に示した。農産

表21　各種フェアトレード認定農産品のプレミアム
（加算奨励金、価格調整金）

| フェアトレード認定農産品 | プレミア価格 |
|---|---|
| コーヒー | 10 US セント / ポンド |
| 有機コーヒー* | 20 US セント / ポンド |
| カシューナッツ | 10 US セント / ポンド |
| バニラ（インドとスリランカ産） | 5.87 ユーロ /kg |
| バニラ（東アフリカ産） | 5 US ドル /kg |
| 有機バナナ（ペルー原産）* | 1.75 US ドル / 18.14kg（箱） |

＊: 有機農産物の場合通常のプレミアム価格より高い有機プレミアム価格が設定される。

物の価格自体によってプレミア価格は決定されるようである。生産者協同組合がある場合、フェアトレードプレミアム価格全体が生産者組合の銀行口座に振り込まれ運用される。雇用された労働者に依存しているバナナプランテーションの場合、フェアトレードプレミアム価格のうち〇・七五ＵＳＤが生産者組合の口座に振り込まれ、一・〇〇ＵＳＤについては別個に労使共同体組織の口座に振り込まれる。

プレミアム価格はＦＬＯの大会総会で決定される。例えばコーヒーのプレミアムは、二〇〇七年三月ＦＬＯの代表者会議で決定されて二〇〇七年六月から実施された[383]。プレミアム価格の使い道は、ＦＬＯ加盟団体の強化とメンバーや地域社会に貢献するプログラムの実行のため、個々の農民、あるいはコミュニティでの継続的な投資に使われる。その使途についてはＦＬＯ組合員により民主的に決定される。地域社会の健康、教育、飲料水施設などの改良、市場知識の教育、ビジネス方法の改良、自然環境の保護などに使われているようである。

フェアトレードプレミアム価格の管理運用については公開し、その使途については所定基準の必要事項を報告書に記載しなければならない。FLO団体はフェアトレードプレミアム価格による年間の事業計画、並びに事業予算を立てなければならない。英国のフェアトレード財団では、フェアトレードプレミアム価格の使途について、小さな橋や道路の補修工事費に充てる予定であるとしている。また、種苗や、農業にかかる経費、教育、医療面、結婚式やお祝いなどといった生産者の家計費をまかなうために、返済可能な程度の利子で分割払いができるローンの資金とする場合もある。

FLOの一つである米国TransFairのデータによれば、"organic fair trade"とラベルされスーパーマーケットで売られている三・五オンスのチョコレートバーは三・四九USDであるが、ココア生産農民が受け取るプレミア金額は三セントである[384]。"fair trade sugar"としてスーパーマーケットで売られている砂糖は一ポンド当たり三・七九USDであるが、生産者が受け取るプレミア金額は二四セントである。ペルーからの有機栽培バナナのフェアトレード報奨金[385]（プレミアム価格の一種）は一箱一八・一四kg当たり一・七五USDである。そのうちビジネス支援金〇・七五USDは、最低限の規範の遵守維持、並びにフェアトレードとして販売されなかった製品に対する補助金支給としての用途を含んでいる。ビジネス支援金の使用には経営者が最終決定権を持つが、管理と報告責任もある。フェアトレード報奨金のうち、社会、環境、ビジネス発展金が一・〇〇USDあり、生産者組合に支払われる。ビジネス発展金はインフラ設備充実、製品の品質改善、ビジネス拡大、人的資本開発などに使われる。労働者の代表団が受け取り、労働者代表がこの使途の管理、報告を行う。

一方、消費者側では、一般市場価格より高いフェアトレードラベル製品を購入することになる。たとえば、英国のスーパーマーケットであるテスコ社の例が報告されている[386]。テスコ社ブランドのバスマッティ米の小売価格はオーガニックの場合五〇〇グラムで一・一八ポンドとなっているが、フェアトレードマークのついた

表 22　認証制度と価格管理制度による利益配分の向上

| 認証制度 | 市場・価格 | 利益配分向上策 | 例 |
|---|---|---|---|
| なし | 市場開拓 | なし | T'ikapapa |
| あり | 自由競争 | 消費者意識 | Rainforest Alliance |
| あり | 競争入札 | プレミア化 | ブラジルコーヒー協会 |
| あり | 固定価格 | 一定割合 | Fairtrade Labeling Organization |

バスマッティ米の小売価格は一袋五〇〇グラムで一・六九ポンドとなり、自社ブランドのオーガニック米の一・四倍の値段である。

ヨーロッパを中心に米国でも価格の高いフェアトレードラベル製品の売り上げが伸びているが、これは消費者の食品の対する安心と安全、環境保護などの意識が高まったためであると思われる。消費者にとって食品の出所が明確になり、無農薬が認定され、環境を保護した生産方法などを評価したために高い値段を受け入れているものと思われる。高価格品購入のインセンティブは、消費者の環境保護や低開発国援助に参加しているというモチベーションに支えられている。この認識を保持・発展させていかなければフェアトレード制度は定着しないと思われる。

## ❖認証制度の発展と価格コントロールへの展開

野生種の作物を流通させるのは容易なことではない。生産、流通、販売の仕組みを作らなければならないし、品質保証制度を確立する必要もある。認証制度の初期形態として、ペルーにおけるT'ikapapa運動の市場創設の取り組みを示した。ここでは、農産物の市場での認知が先決であり、価格設定、価格交渉を行う余裕はない。この状態では市場への安定供給と安心・安全の対策を講じることが必要である。T'ikapapa運動では、生産者とスーパーマーケットが協力して市場開拓を行い、消費者の認知度を向上させているのが特徴である。

新しい農産物が栽培化され市場に安定供給されるようになると、他商品との差別化が行われ、高価格化を目指すことになる。まず、差別化と品質の向上のため多くの品種改良が急速に行われ、高品質あるいは無季節性などの工夫によってプレミア化が図られる。高品質の維持・管理には品質基準が設定され、基準に基づく認証が行われるようになる。Rainforest AllianceやＢＳＣＡのプレミアムコーヒーをこれらの典型例として取り上げた。

## ❖フェアトレード価格の問題点

認証制度では、基本的に価格管理を強く行うことはなく、あくまでも品質管理の手法である。しかし、その制度に価格管理を積極的に組み込んだ新しい形態が出現する。コーヒー豆やバナナなどで設定されているフェアトレード最低価格は、取引市場価格との連動性を持たない価格である。プレミアコーヒー豆の場合、取引市場価格が設定価格より高い場合は取引市場価格に連動するが、取引市場価格が低い場合は取引市場価格より高い一定の設定価格で、常に市場より同等か高価格になっている。これはコーヒー豆の取引市場価格が下落した時でも、生産農民の収入を維持・向上させるために考案された方法である。

しかし設定価格は適切な値であるかという問題がある。ＦＬＯのフェアトレード最低価格の設定条件は公表されていない。市場での価格を参考にするとの条件はあるが、重視しているのはフェアトレード最低価格が市場価格を下回った時に、市場価格に合わせる時だけである。どのような根拠に基づいてフェアトレード最低価格を設定しているか明確でなければ、消費者に対する説明責任が果たされておらず、合理性、納得性は得られないと思われる。

フェアトレード最低価格とプレミア性によって市場の囲い込みあるいは価格統制が起こるとは思えない。たとえば、FLOコーヒーはスペシャルティコーヒー[387]分野で成功するかもしれないが、世界コーヒー市場でマーケットの主流にはならないであろうという意見がある[388]。社会的貢献が今後コーヒー市場の規模拡大の要因になる可能性はあるが、市場の支配までには至らないと思われる。

### ❖プレミア制は消費者購買の動機付け

取引市場における価格決定メカニズムを無視した価格体系が今後維持可能かどうかは、消費者の購買動向により左右されると思われる。取引市場価格より高い値段で消費者に売る場合が多いわけであるから、自由選択の中で消費者がその価格を受け入れ、高い価格の商品を購入する動機付けがなければならない。品質が同等であれば、消費者は価格が安いほうを買うのは自然の行為である。フェアトレード製品は一般商品に比べて高価格になることから、消費者がフェアトレード運動の目的を正しく理解し賛同していないと、購買意欲が低下し、市場の成長を期待することはできない。したがって、フェアトレード運動の拡大には、フェアトレード商品に対する消費者の認知を深めることが重要なマーケティングとなる。

最近の環境保護運動あるいは健康意識の高まりにより、環境保護問題に関心の高い消費者が増えて、環境管理された農場で生産された農産物を好んで買う傾向が強く、プレミアコーヒーが増えているのも事実である[389]。また流通業界あるいはコーヒー小売店では消費者の要求に答えて、環境保護運動に対する協力を表明し、宣伝、表示を積極的に行うところが増えている。二〇〇一年の調査によれば、五六%の流通業者あるいは小売業者の七〇%が有機コーヒーを取扱っており、そのうち三六・八%がフェアトレードコーヒーである[390]。しかし、問題はフェアトレードコーヒーの品質が消費者の望むものと一致しているかどうかという点である。よりよい品質の商品を求めるのは消費者の常である[391]。環境保護意識だけではフェアトレードコーヒー購入の動機付けとしては長続きしない。認証制度の運用を誤れば、消費者の安心と安全に対する不安感を助長し、購入の意欲の減少を招くかもしれない。したがって、FLOシステムの存続にはFLO組織の認証の自己規律あるいはチェック機能を強化することが必須の要件となると考えられる。

## ❖フェアトレード価格制度による生産農民の利益配分

フェアトレード制度のプレミア価格部分が生物多様性条約のいう利益配分の一形態とみなすことはできる。しかし、実態は利益配分といえない面もある。特に、末端の生産農家に対して実感のある利益配分にはなっていないと思われる。これを改善しなければ、生産農家のモチベーションが低下し、システム全体が崩れることになる。旧来の慣習による流通機構を改善し、生産者に直接すべての利益が適切に配分される制度を構築することが必要であろう。

二〇〇六年のフェアトレードコーヒー豆を生産している農民団体は世界で約五六〇になり、二〇〇六年米国が輸入したフェアトレードコーヒー豆は約六五〇〇万ポンドに達している[392]。長く続く価格低迷から脱するため、コーヒー豆生産者は安定した収入が得られるフェアトレードコーヒー豆の生産を拡大するようになっている。その結果、フェアトレードコーヒー豆の過剰生産の可能性が指摘されるようになってきた[393]。フェアトレードコーヒー豆の過剰生産を解消するためには、その品質を向上させることが重要であることは前に述べた。あるいは生産調整、他の高価値植物の混植などの手立ても考えられている。ただし高品質コーヒー豆を生産するモチベーションがなければ高価格を維持できない。

フェアトレードのプレミア価格は生物多様性条約のいう利益配分の一形態であるといるかという疑問がある。フェアトレードのコーヒー豆価格はアラビカ種で一・二六USD／ポンドであり、これにプレミアム価格（加算奨励金＋オーガニック加算金）として一〇USD／ポンド、割合にして〇・〇八％が取引価格に付加される。さらに「Fairtrade Mark」ライセンス料（売上の二％程度）が付加される。「Fairtrade Mark」ライセンス料の用途はこのシステムの運営費として使われるので、経費として考えるのが妥当であるが、プレミアム価格より数段高いため、経費が高すぎるとの批判が起こる可能性はある。プレミア価格は生産農家に配布されるので、金銭的利益配分の一種ということもできる。しかし、そのように考えると、その割合は〇・〇八％であるので、バイオ探索研究などで通常の支払われる利益配分に比べ低いと思われる。もちろんコーヒー豆の売買そのものによる利益は当然あるものの、生物多様性条約の利益配分と単純に考えられない。

コーヒー豆の流通には多くの仲介業者が介在することが知られている。果たしてプレミア価格は正しく分配され、農民の生活向上に役に立っているかという疑問もある[394]。プレミア価格部分が名目上利益配分とされても、その分配の方法によっては、直接生産農民にいき渡る割合は少なくなる。特にコーヒー豆の場合、長い間その流通が政府により管理されているので、末端の農民の利益配分の割合はますます少なくなるのではないかと思われる。BBC News[395]によれば、ペルーのフェアトレードコーヒー生産農家には一日一〇時間労働で約三・〇〇USDが支払われるが、一般のコーヒー労働者の賃金の約二・四〇USDから比べると高いというほどではない。これが実態であれば、末端の生産農家の受ける恩恵は期待するほど高くはないということであり、生産農家のフェアトレード制度維持のモチベーションとなりにくいということもできる。したがって、現状ではフェアトレード制度におけるプレミア価格が単純に生産者への利益配分ということはできない。フェアトレード制度における価格体系のの改良が望まれる。

# 第5章　生物遺伝資源の国際認証制度

## ❖生物遺伝資源アクセスと利益配分制度としての認証制度

認証制度は、利用者が海外から生物遺伝資源を取得した行為の正当性を証明するため利用国内で作られる国際的なトレーサビリティシステムである。生物多様性条約の枠組みの中で、認証制度を検討するための専門家会議を設置することが、第八回締約国会議（ＣＯＰ８）において決議されている。認証制度で最も重要なのは、その認証評価を行う機関は当事者である資源保有者とその利用者とは利害関係のない第三者でなければならないという点である。つまり「生物遺伝資源が特定の要求事項に適合していることを独立の第三者が文書で保障すること」である[396]。認証を行う機関の独立・公平性を確保するために、認証機関の承認を与える機関として認定機関が必要になる。

しかし、実際に生物遺伝資源を利用している企業からすると、認証制度の必要性・実効性に疑問がある。企業は生物遺伝資源にアクセスするために資源国との事前の情報に基づく同意を取得しなければならない。生物遺伝資源を用いた発明を特許として出願する場合にも出所表示を義務化する提案がなされているが、出所開示義務に加えてさらに認証を受けなければならないという制度は過剰であり複雑である。生物遺伝資源利用者にとって義務化されたステップが多く負担を増大させるだけで、利用者のインセンティブにはならない。

生物遺伝資源の利用で重大な問題は、情報公開によって生物遺伝資源の利用が他社に明らかになり、他社と競合状態になる可能性が高まることである。資源国内の仲介業者が供給量を理由に生物遺伝資源の価格を上げる可能性も高まる。その認証制度が特許制度と同じく公開を原則とするなら、特許制度における独占権のようなインセンティブを与えなければ不公平となる。理由は公開のリスクを負うことになるからである。事前の情報に基づく同意は私企業と資源国との間の交渉であるので、その内容のみならず交渉自体を秘密裏にしておきたいのが企業の基本的考えである。

インセンティブで一番必要なのは、資源国との事前の情報に基づく同意交渉が認証を受けることにより有利になることである。認証があれば事前の情報に基づく同意は容易に結べ、問題が発生したら認証機関に対応してもらえるような仕組みを認証制度に入れるべきであろう。認証制度によって申請者の活動が公開され、NGOなどの第三者が企業活動全体を批判するリスクも高まる。企業の社会的責任を基本としている場合が普通なので、このような自社の評判を下げるような活動や批判は耐え難いことである。利用国で認証制度を作っても最終製品でない限り消費者の認知・選択は少ないであろう。したがって、利用企業が認証を取る利益にはならない。

資源国の国内企業が事前の情報に基づく同意なしで利益配分もない生物遺伝資源の産物を利用国に輸出した場合、利用国でどのような認証を行うかは議論されていない。利用国の企業が事前の情報に基づく同意を取り利益配分を行い、認証を取ったのと同じ生物遺伝資源が同じ市場において資源国の事前の情報に基づく同意もなく利益配分も必要ない生物遺伝資源には太刀打ちできない。事前の情報に基づく同意もない資源国国内企業の製品が利用国に輸出された場合、利用国での認証はどのようにして行うのか技術面で困難さが予想される。

認証を受け責任を持つ当事者の範囲を検討しなければならない。つまり認証を受けない二次、三次の間接関係者はどのような責任を負うべきであるのか明らかにしなければならない。生物遺伝資源を入手する場合、当事者自らアクセスし採取する場合は微生物を除き可能性は少なく、通常は原産国における複数の採取者が集め、集荷する仲介業者から輸出業者に渡る複雑な流通経路を経て、実際の利用者に渡る場合が多い。この場合、生物遺伝資源の利用者は原産国の採取者を管理監督することは不可能である。それぞれの流通チェーンの各部分のチェックポイントで認証を取るシステムにしなければ機能しない。認証制度の法的確実性、公平性、信憑性を確保する手段も検討しなければならない。認証に関しての運用基準が明確で、かつ恣意的な運用等が行われないような法的確実性が担保されなければ公平性が保たれない。事前の情報に基づく同意の申請を義務付けられる利用国企業とそうでない提供国企業で、利用国側に不利になることが生じないよう、資源国内外無差別性が確保されなければならない。資源国内で無差別性を確立する場合、資源国内におけるコモディティと非コモディティをどのように区別するか困難である。伝統的使用はコモディティなのか非コモディティなのか区別できない場合が出てくるからである。

オーストラリア北部準州では生物遺伝資源の起源について認証を与える法案[397]が検討されている。起源の認証（Certificate of Provenance）の運用基準が明確でないので今後の展開に注目したい。事前の情報に基づく同意は当事者間の私的契約であり、その存在自体も秘密にしたい場合が多いので、事前の情報に基づく同意事項あるいはその内容が公表されるのは経済活動上困難である。問題の多くは、当事者よりも公開情報を見た競合者が起こす場合が多いからである。事実の如何にかかわらず新聞等で公表されるだけで企業イメージがマイナスになる場合もある。もしオーストラリア北部準州の法案に事前の情報に基づく同意内容の公開が含まれるのであれば、公開の代償となるインセンティブ制度が必要であろう。例えば、特許の公開性の代償である独占権付与と同じ考え方で、同じ植物サンプルについては一定期間の独占的な取り扱いを認めるべきである。実務的には特定した生物遺伝資源サンプル（抽出物を含む）の定義が難しい。例えば、日本でよくやられる微生物スクリーニングサンプルなどはどのように取り扱うのか不明である。

## ❖認証制度に対する産業界からの提案

起源の認証を考える前に生物遺伝資源についてデータベースを構築することが必要と考えられる。インドの伝統的知識デジタル・ライブラリー（TKDL）のような生物遺伝資源のデータベースの整備が世界規模で必要となる。日本においても、小規模ながら生物遺伝資源のライブラリーを設立している例がある。例えば、農林水産省所轄のジーンバンク事業が知られている。農業資源について独立行政法人農業生物資源研究所が行っており、探索・収集した稲、麦、豆類などの植物遺伝資源を二三万六〇〇〇点（平成一七年現在）保存している。生物遺伝資源の配布も行っており、平成一七年の実績は五九〇〇点となっている。独立行政法人製品評価技術基盤機構は細菌、酵母、糸状菌を中心に約二万八〇〇〇株の微生物を保有している。

生物遺伝資源の取り扱いに、コモディティ化と消尽の考え方を導入すべきである。生物遺伝資源のうち、日常的な商取引の対象となっているものはコモディティとして実際に取り扱われている。一方、契約等を締結し、取引を行う生物遺伝資源は非コモディティとして区別している。しかし、コモディティと非コモディティの間に明確な判別基準があるわけではなく連続的である。非コモディティが条件の変化によってコモディティ化する場合もある。例えば研究開発段階では生物遺伝資源として取り扱っていても、それが商用段階になると、定常的に一定量が必要になり、生物遺伝資源というより栽培によって供給しなければならない状況になる場合もある。このようにコモディティと非コモディティの区別があいまいであるため、中間的な位置づけにある生物遺伝資源の取扱いについて混乱が生じる。通常の経済原理のもとでは、生物遺伝資源が利用される場合にはコモディティに変化していく可能性が高いといえる。その場合、通常の商取引によってコモディティ化された生物遺伝資源は金銭的に取引されるわけであるから、本来生物遺伝資源にある権利が消尽するのが当然と考えられる。一方、資源国側にすれば商取引によって直ちに金銭的利益が得られるメリットがある。

通常、生物多様性条約関連で検討されているのは生物遺伝資源と規定されているものは、商取引上非コモディティとして取り扱われている。一般的にコモディティ化された生物遺伝資源は農産物として扱われる。しかし、紛争が起こるのは農産物化された生物遺伝資源が多いのも事実である。農産物化されれば金銭的価値が高くなるからである。例えば、漢方、ターメリック、ヤーコン、カムカムなどは栽培化され農産物として通常商取引されている。紛争が起こる場合、コモディティ化に伴い資源国内で価格が上昇したり、品物が手に入らなくなったりした場合、NGOなどが輸出との関連で騒ぎ出すのである。また、コモディティの価格に対して資源国側に不満があったり、資源利用国側が不正に買い取り価格を操作したりするのも問題である。この場合、生物多様性条約上の問題とはいい難く公正取引上の問題ということができ、商取引を行う当事者間で解決すべき問題である。

コモディティ化された生物遺伝資源の取引の場合、一般的に金銭によって決裁され、生物遺伝資源に伴う権利は取引によって消尽していると考えられる。つまり、生物遺伝資源に対するいわゆる利益配分は金銭決裁で済んでいるとの考え方である。すでに金銭の支払いによって所有権が移ったためであるともいわれている。したがって、このようなコモディティ化した生物遺伝資源について認証制度を導入しても意味があるとはいえない。

生物遺伝資源がコモディティ化するのは、一般的に商用使用になった場合である。研究開発段階では依然として生物遺伝資源は非コモディティとして取り扱うべきである。研究開発段階では、大学・研究機関等における研究目的が多くなるため、データベース的な取扱いが求められる。この場合、公共性を考えると公開が最も望ましい形である。データベースの中では認証そのものの必要性は少なく、現在でも行われているカルチャーコレクション的な取扱いで十分であると考える。

# 第6章　生物遺伝資源の持続的利用の促進のための伝統的知識

植物遺伝資源から有用な健康機能素材を見出し、それを健康栄養あるいは美容等に応用することを目的として伝統的知識を利用することが、先進国を中心に行われている。一般的に、食物とは可食性のものの中で、長い伝統的知識に基づいて食べるようになったものと考えられる。地球上で食べることが可能な植物種は五〇〇〇種類くらいあるが、食物として伝統的に日常食しているのはその一％程度である。その他は食べることができても、長い伝統のもとでは食物になることはなかった。たとえばゴキブリは中世英国では食物であったが、日本ではそれを食物とする習慣は全くない。世界の食に関する伝統的知識が広く知れ渡ることにより、食物の範囲が広がる可能性がある。伝統的知識をきっかけとして健康栄養素材の探索を行っているのはこのような理由による。植物の場合、健康食品として植物体そのものあるいは植物抽出物を食品として利用する。まずそれが食べられることが重要であり、長年伝統的に食用に供されていることが、食品と認められるためには必須の要件となる。未知の植物体が食用になるかどうか判断する材料を伝統的知識に求めることが多い。先進国において健康食品ブームが出現し、多くの伝統的知識に基づいた健康食品素材を資源国から利用国に、生物遺伝資源としてあるいはコモディティ商品として輸出され、それが産業として広まっているのが現状である。しかし、伝統的知識に基づく健康食品素材に関連する生物多様性条約を産業界が正確に認識し、伝統的知識に対して何らかの行動を取っている企業はほとんどないというのが現状である。

このように健康食品素材、化粧品素材などの利用は、ライフサイエンス関連産業界で重要な位置づけにある。その中で、いくつかの製品の研究開発に当たり、伝統的知識に集積された知恵が貢献しているのは間違いない。利用国の産業界は、将来、未利用の生物遺伝資源を探索するために、よりいっそう伝統的知識を活用することになると考えられる。

伝統的知識はそれ自体では著作権的な価値しかないが、それが自然界に存在する物質あるいは自然現象と結びついた場合、産業的価値が生まれる場合がある。例えば、伝統的知識が植物などの有用性を示唆する場合、そこに産業が成立する可能性がある。現住民の間で培われた薬草などの伝統的知識は、まだ近代医学では知られていない有用なものもある[398]。しかし、伝統的知識に基づく有用な生物遺伝資源が現代産業で利用され利益を生むためには、その情報を利用する利用国側の企業の開発がなければ困難である。原住民のみの限定された地域での流通では利益を生むことは少ない。原住民の伝統的知識と先進国の研究開発努力が結びついてこそ伝統的知識に財産的価値が生じるのであり、どちらかが欠けても利益を得ることはできない。

利用国の企業が行っているのは、未利用の生物遺伝資源から産業上有用なものを発見することである。ターゲットとする機能あるいは能力を持つ生物遺伝資源を選択するために伝統的知識をヒントとする。しかし、あくまでヒントでありターゲットになるものが同定されれば、あとは科学的知識を用いて対象物を同定していく。企業が追求する新製品を効率的に発見する段階においてのみ伝統的知識が使われることを強調したい。伝統的知識は、新しい機能あるいは物質の発見過程の中で初期段階において貢献するが、全体の開発に対する貢献度はそれほど大きくない。伝統的知識は情報としての価値を持っているが、その価値は一種の学術文献あるいは公知文書と同様と考えるのが一般的である。このような考え方を持っているため、生物遺伝資源から新規な機能を発見しそれを特許出願したとしても、出願特許の明細書に伝統的知識を記載することは稀である。また、伝統的知識そのものを製造に利用することはほとんど考えられない。伝統的知識を用いた製造方法を採用したら、その製造方法は非効率的であり、とても市場の要求を満たす製品を供給することはできない。利用国の市場ニーズを満たすためには大量生産の方法を講じなければ、販売し利益をあげることはできない。もし伝統的知識をそのままの状態で利用することがあるとすれば、販売に用いる宣伝で伝統的知識を情報としてそのままを伝えることが考えられる。現実に多くの健康栄養食品では「天然」あるいは「伝統」をことさら強調した宣伝が見られる。したがって、伝統的知識を用いて、ある特定の生物遺伝資源から産業に有用な物質を発見した場合、伝統的知識がその発明に対して特別な意義を持ち貢献したと認識することは困難であると考えるのが産業界に共通した見方である。伝統的知識は公共財として先行技術あるいは先行文献の形で利用する。このような利用形態にある場合、伝統的知識に利益配分をしなければならないという意識を利用者に植え付けることは困難である。また伝統的知識を公知情報として利用したとしても、その情報をそのまま特許出願することは新規性を考慮すると稀であり、何らかの改良を加え進歩性を出すのが実態である。以上のことから、先進国の産業界では、伝統的知識を先行文献として利用し新たな発明を成した場合や改良発明をした場合、それは正常な産業活動であり、先行文献に特別の敬意を払うことは通常考えられない。

しかし、伝統的知識には経済的価値があるという考え方が生物多様性条約で決められ、資源国がそのような考え方を持っているのも事実である。また利用国と問題を起こしている。この課題を解決する方法として、伝統的知識が現代産業にどの程度の貢献をするのかが重要な判断ポイントである。原住民の間では金銭的な価値判断は行われないが、ひとたび現代産業に応用される場合、伝統的知識の価値が具体的な金銭的価値として表れる。したがって、利益配分を考えるとき、伝統的知識の製品価値にどの程度貢献度があるかが重要性を増してくる。また伝統的知識はあくまで原始的な知識であるので、近代社会において価値を持ち利益を得るまでには相当な改良、開発が必要になる。その場合、伝統的知識が最終製品形態になった場合の貢献度の割合を考慮することも重要な課題となる。たとえばある伝統的知識に基づいた医療方法が考案されたとしても、それが認可を受けて売れる状況になるには相当の開発資金と年数がかかることは明らかである。

生物多様性条約では、第八条(j)で生物遺伝資源に関連する伝統的知識について活用促進と衡平な利益配分の奨励が明記されている[399]。本来、現住民・地域社会の権利保護が目的であったが、第八条(j)では生物遺伝資源とリンクしない伝統的知識については取り決めがなく、伝統的知識の保護は生物遺伝資源アクセスの要件へと変化している。すなわち、伝統的知識の権利は生物遺伝資源アクセスを制限する手段として使われ、生物遺伝資源から得られる利益配分の根拠として使われるように変質している。

伝統的知識の知的財産価値を考える場合、二つのケースがある。すなわち生物遺伝資源と密接に関連した伝統的知識の価値と、あまり関係しない伝統的知識である。生物遺伝資源に関連した伝統的知識の場合、生物遺伝資源という有体物が常に存在するため識別が比較的可能である。またその有体物の価値が判断しやすいため、伝統的知識の価値も計算しやすくなる。しかし、生物遺伝資源と関連性が低い伝統的知識の場合、全体の価値に対する伝統的知識の貢献比率を求めることは困難である。たとえば天候、地理に関する知識、農業方法などは原住民の間では大切な儀式であっても、産業への応用は難しいし、たとえ応用されたとしても、その貢献度を計算することは困難である。そこで、生物遺伝資源と関連性の低い伝統的知識の保護の方法として、伝統的知識のデータベース化と登録制度が各国で実行されている。

原住民側は、このような伝統的知識の登録自体よりも、この情報管理が国家によるものであることに明白な反対の意思を表明することがある。特に伝統的知識に宗教的要素が強い場合、原住民の関係者以外にその宗教的習慣が伝わり産業に利用されることに強い抵抗感があるためである。またこの問題は、原住民地域社会の権利の性質に関する議論や、伝統的知識の利用から生じる利益配分に関する議論とも関連してくるため解決が困難であると考えられる。このような状況を勘案すれば、伝統的知識に知的財産としての権利保護を認めるには、現行の知的財産制度を拡大し、より広い概念の制度を創設することが必要になる。いわゆる「特別な制度（sui generis)」の考え方である。

原住民のために伝統的知識データベースを構築しようという運動を通じて、原住民社会において改めて伝統的知識の重要性を認識させる教育を行うことが必要である。それと同時に、伝統的知識の利用者の正当性を確保し、さらに利益の配分を適切に行うための手助けとなるように設計されなければならない。しかし、データベースには弱点がある。データベースはあくまで死んで固定化されたデータでしかない。生きた伝統的知識を保存すると同時にそれをデータベースの中で更新する取り組みも継続的に必要である。そうでなければ、記録された時点で同じ伝統的知識であっても、年月を経れば実際の生きた伝統的知識は変化していくが、データベース上の伝統的知識は記録された当時のままであり、現実の世界と一致しないことになる。

伝統的知識のデータベース化は、伝統的知識の保持者の了解をとりながら行われていくことになる。また特許の場合において、特許の是非を決める審査官は、申請内容をデータベース上の伝統的知識と照会して審査する。すでにインドではアユルヴェーダなどの伝統的知識についてデータベース作りを進めている。大きな伝統的知識のデータベースは世界銀行のプログラム[400]にもある。世界銀行のデータベースにはすでに約三〇〇件の伝統的知識データが格納されている。このデータベースの目的は原住民の間で伝統的知識を普及させ、情報交換を容易にすることにある。そのために、適切な伝統的知識の収集方法、データベース化、情報伝達方法、ネットワーク化なども開発している。その結果、原住民の間で伝統的知識の重要性に目覚めてもらい、継承をしてもらえるようになると期待されている。

## ❖「共有地」への回帰

伝統的知識は、原住民の持つ知識が集合され継承された長い時間の中で「共有物」として作られたものである。知的財産の観点からすると、芸術性があるので著作権として保護されることはあっても、伝統的知識は新規性がないので現行制度下で特許として保護することは困難である。そのため、伝統的知識の伝承者を保護する方策が限られ、伝統的知識が消失する恐れがある。逆に生物遺伝資源の保有国の伝統的知識保持者は知的財産権の価値、利益について全く理解できないため、その知的財産権を死蔵するだけかあるいは他者に利用されるだけになる。いずれの場合においても伝統的知識の保持者は現代社会から利益を得ることはできず、伝統的知識が無形資産である限りその金銭的価値を高める方向に進化していくことは困難になる。つまり、伝統的知識保持者である原住民の精神的被害に対して現行の知的財産制度は保護を与えるようにデザインされていない。伝統的知識により高い付加価値を付加することができるのは、先進国の社会においてであり原住民ではない。付加価値を見出し、付加価値を上げるものが衡平な価値基準あるいは倫理基準を持ち、人道的立場を貫くことしか解決の方法はないのではないか。そのための第一歩として、国際的に認められた一定のガイドラインを作成し、それを実行することが必要となろう。

伝統的知識は原住民の間で集合的な知識の中から自然発生的に生まれ、その起源を特定することも現在の所有者を特定することも不可能であると考えられる。集合的知識であるので「共有物」を形成し、所有権という概念は入り込む余地はなかった。また明確な所有権が存在しないため、伝統的知識に対して必要なときに必要に応じて誰でもアクセスし使用できる状態にある。しかし一八世紀以降の先進国の影響により、「共有物」として機能していた原住民の伝統的知識は、商用目的のために「非共有物」へ変質した。先進国の考え方に基づき、多くの伝統的知識が個人の所有する権利となり囲い込みが進行した。逆に、多くの先進国文明の価値観に基づいた伝統的知識が新たに創造されたと考えられる。特に中南米に見られる民族芸術の多くは先進国の影響を受けて形成されたと考えられている。

「共有物」であった伝統的知識の「非共有物」化による弊害は、多くの生物遺伝資源の提供国内で見ることができる。伝統的知識の商用化により伝統的知識が私有物として認識され、関連生物遺伝資源の私有化も進行する。その結果、「共有物」とされてきた生物遺伝資源の枯渇、さらに自然破壊が進んでいる。また「非共有物」化により原住民の共同社会が崩壊し、階級社会と変化している。先進国文明の移入により金銭経済社会となり、伝統的知識が権利化され、その権利の活用による富の偏在化が起こり社会の階級化が進行する。このような状況において、生物遺伝資源の提供国における伝統的知識と関連生物遺伝資源の「非共有物」化を是正しない限り、伝統的知識の保護・保存はできないのではないか。そのためには、生物遺伝資源提供国において「非共有物」の「共有物」化を推進しなければならない。つまり、伝統的知識を保護しかつ活用するためには、伝統的知識のある部分は「共有物」化し公共所有物として保護すべきであり、「非共有物」とのバランスをとることが必要である。両者のバランスを取るやり方として、倫理的・社会的責任に基づいた自主的な取り組みがある。例えば、伝統的知識の保持者に人格権あるいは倫理権を与えようという考え方がある[401]。これは伝統的知識の保持者に尊厳を与え、社会的地位を高めることにより伝承を確実なものにするという意図がある。

［注］

353 http://ott.od.nih.gov/newpages/UBMTA.pdf.

354 特許法七三条二項　特許権が共有に係るときは、各共有者は、契約で別段の定めをした場合を除き、他の共有者の同意を得ないでその特許発明を実施することができる。

355 特許法七三条一項　特許権が共有に係るときは、各共有者は、他の共有者の同意を得なければ、その持分を譲渡し、又はその持分を目的として質権を設定することはできない。

特許法七三条三項　特許権が共有に係るときは、各共有者は、他の共有者の同意を得なければ、その特許権について専用実施権を設定し、又は他人に通常実施権を許諾することはできない。

356　Genencor 社はケニアの塩湖から採取された土壌から異常条件下で生育する微生物を分離することで、洗剤に利用できる有用酵素を発見した。Genencor 社はその有用酵素を生産しP&Gに酵素を供給。有用酵素の販売はP&Gが行っていたが、ケニア野生協会は洗剤酵素についてロイヤリティを要求した。問題はケニアから土壌を持ち出したのはGenencor 社ではなく、英国公立研究機関であったことである。つまり、Genencor 社は共同研究で（微生物分離に）参加し、一部サンプルを英国公立研究機関から入手したものであるから、事前の情報に基づく同意取得者と発明者が異なることになったのである。また事前の情報に基づく同意発行者不明確で決定権のある権威者は誰かわからなかった。英国公立研究機関はケニア野生協会から事前の情報に基づく同意を受理したが、現在のケニア野生協会では誰が与えたのか明確になっていない。

357　利益配分の実効性を確保するため、特許出願において生物遺伝資源の出所等の開示を義務づけるべきだとする主張。

358　知的財産戦略本部「知的財産推進計画二〇〇六」、五二頁、二〇〇六年六月八日。

359　クリアリング・ハウス・メカニズム（CHM）の定義：「情報の交換の仕組み」の整備
各国が有している生物多様性に関する様々な情報を交換し、共有化することによって、生物多様性の保全と持続可能な利用に関する各国の施策をより充実したものにしようとする趣旨。生物多様性条約第一八条（技術上及び科学上の協力）の三項（締約国会議は、その第一回会合において、技術上及び科学上の協力を促進し及び円滑にするために情報の交換の仕組みを確立する方法について決定する。）で決められている。（http://www.mofa.go.jp/mofaj/gaiko/kankyo/jyoyaku/bio.html）

360　「遺伝資源へのアクセスとその利用から生じる利益の公正・衡平な配分に関するボン・ガイドライン」の一般的条項には「生物多様性条約第八条(j)項、第一〇条(c)項、第一五条、第一六条および第一九条の規定に特に関連したアクセスと利益配分についての法律上、行政上または政策上の措置、また、アクセスと利益配分に関する相互に合意する条件に基づく契約およびその他の取り決めを起草および策定する際の参考例を提供することができる。」とされている。（二〇〇二年九月五日JBA訳）

361　Ⅱ．生物多様性条約第一五条に従ったアクセスと利益配分における役割および責任
A．政府窓口（National focal point）
13．政府窓口は、事前の情報に基づく同意および利益配分を含めた双方が合意する条件を取得するための手続き、権限ある国内当局、関係する原

住民・地域社会、利害関係者に関し、クリアリングハウス・メカニズムを通じて遺伝資源のアクセス申請者に情報を提供すべきである。（ボン・ガイドライン）

362　日本版バイオセーフティクリアリングハウス（J-BCH）：http://www.bch.biodic.go.jp/.

363　環境及び開発に関するリオ宣言の原則15に規定する予防的な取組方法を再確認し、現代のバイオテクノロジーが急速に拡大していること及び現代のバイオテクノロジーが生物の多様性に及ぼす可能性のある悪影響（人の健康に対する危険も考慮したもの）について公衆の懸念が増大していることを認識し、環境及び人の健康のための安全上の措置が十分にとられた上で開発され及び利用されるならば、現代のバイオテクノロジーは人類の福祉にとって多大な可能性を有することを認識し、また、起原の中心及び遺伝的多様性の中心が人類にとって決定的に重要であることを認識し、改変された生物に係る既知の及び潜在的な危険の性質及び規模に対処するための多くの国、特に開発途上国の能力は限られていることを考慮し、貿易及び環境に関する諸協定が持続可能な開発を達成するために相互に補完的であるべきことを認識し、この議定書が現行の国際協定に基づく締約国の権利及び義務を変更することを意味するものと解してはならないことを強調し、このことは、この議定書を他の国際協定に従属させることを意図するものではないことを了解して、次のとおり協定した。

364　青柳武彦『電子商取引と法律制度的環境の整備』一九九六年。http://www.glocom.ac.jp/lib/aoyagi/denshisho.html

365　Aileen Constans: Open-Source Initiative Circumvents Biotech Patents: The Scientist; Volume 19 (8). 32. April 25. 2005; http://www.the-scientist.com/2005/4/25/32/1

366　W Broothaerts et al. "Gene transfer to plants by diverse species ofbacteria." *Nature* **433**: 583-4. Feb. 10, 2005.

367　http://www.bios.net.

368　植物遺伝子工学　遺伝子工学的手法を用いて植物の品種改良を行うこと。農薬耐性とうもろこしなどが実用化されている。米国モンサント社など大手企業が技術を独占している。

369　「微生物の寄託（特許法施行規則第二七条の二）」及び「微生物の分譲（特許法施行規則第二七条の三）」

370　An internationally recognized certificate of origin/source/legal provenance.

371　D.　検証手段：57.　生物多様性条約のアクセス規定および利益配分規定、並びに遺伝資源を提供する原産国の国内法令の順守を保証するために、任意の検証メカニズムを国レベルで策定することができる。

58．任意の認証制度は、アクセスと利益配分のプロセスの透明性を検証する手段として利用できる。その制度は、生物多様性条約のアクセスと利益配分規定が順守されていることを認証することができる。（http://www.mabs.jp/cbd_kanren/guideline/index.html）

372 社団法人日本適合性認定協会『認定と認証はどう違うのですか』 http://www.jab.or.jp/faq/faq-20050831-2.html.

373 農林水産省『食品表示とＪＡＳ規格』http://www.maff.go.jp/j/jas/index.html.

374 Swiss Agency for Development and Cooperation, "T'ikapapa - Peruvian native potato initiative wins international award", http://www.deza.ch/en/Home/Projects/T_ikapapa_Peruvian_native_potato_initiative.

375 CAPAC Peru, ¿ Qué es CAPAC PERU ? http://www.capacperu.org/capac.htm#comonace.

376 Rainforest Alliance,http://www.rainforest-alliance.org/japanese/ra.html.

377 Sustainable Agriculture Network,"Sustainable Agriculture Standard", November 2005.

378 ブラジル・スペシャルティ・コーヒー協会、http://www.bsca.jp/index.html#.

379 http://www.fairtrade.net/producer_standards.html.

380 Fairtrade Labeling Organizations International、『フェアトレード基準—コーヒー』、http://www.fairtrade-jp.org/About_Fairtrade/standardcoffee.pdf.

381 "WAKACHIAI Project" http://www.wakachiai.com/information/2007/2007_11_12.html.

382 加算奨励金あるいは報奨金とも呼ばれているが、ここではプレミアムとする。

383 FLO International, "FLO announces increase in Fairtrade Premium and Organic Differential for Coffee", March 20th 2007., http://www.fairtrade.net/single_view.html?&cHash=3ffdd5067d&tx_ttnews% 5BbackPid% 5D=168&tx_ttnews% 5Btt_news% 5D=17.

384 Jennifer Alsever, "Fair prices for farmers: simple idea, complex reality", http://www.urban-renaissance.org/urbanren/index.cfm?DSP=content&ContentID=15065.

385 Fairtrade Labelling Organizations International,『雇用されているバナナ栽培労働者のためのフェアトレード基準書』、二〇〇四年二月。

386 小坂　伸行、奥田芽衣子　農林水産省海外農業情報　『Sub: 英国、050818、着実に拡大している英国のフェアトレード市場』、http://www.maff.go.jp/kaigai/2005/20050818uk53a.htm.

387 スペシャルティコーヒーの特別な定義はないが、米国スペシャルティコーヒー協会によれば、理想の気候条件と基準に基づく生産方法をとったコーヒーのことをいう。マーケット規模はまだ小さくニッチマーケットと呼ばれる。（http://www.scaa.org/）

388 Brink Lindsey,"Fair Trade Coffee: Answering Peter Singer", http://www.cato-at-liberty.org/2006/05/08/fair-trade-coffee-answering-peter-singer/.

389 Coffee Network,『サステイナブル・コーヒーについて　レインフォレスト・アライアンスの持続可能農業の認証』、http://www.coffee-network.jp/sustainable/04.html.

390 Daniele Giovannucci, "Sustainable Coffee Survey of the North American Specialty Coffee Industry", July 2001.

391 Michael Giberson, "Rewarding Small Producers for Quality Coffee", http://www.knowledgeproblem.com/archives/001552.html.

392 Transfair USA　Fair Trade Almanac1998-2006, http://www.swivel.com/data_sets/show/1006001.

393 Brink Lindsey, "Grounds for complaint? 'Fair trade' and the coffee crisis," Adam Smith Institute, London 2004.

394 Brendan O'Neill, BBC News: "How fair is Fairtrade?", 7 March 2007, http://news.bbc.co.uk/1/hi/magazine/6426417.stm.

395 注20と同じ。

396 http//www.jisc.go.jp./acc/outline.html.

397 オーストラリア北部準州法案

* 遺伝資源へのアクセス申請を許可した後、特定した生物資源サンプル（抽出物を含む）に関するCertificate of Provenanceを発行する。
* Certificate of Provenanceの発行は、提供者の事前合意を得ており、かつ、利益配分協定がすでに交渉済みであることを示す。
* Certificate of Provenanceは、Certificateの特定番号(unique identifier)、その発行日、サンプルに関する記載、サンプルの特定番号(unique identifier)、サンプルの採取場所、採取日、採取量、サンプル採取許可証の番号及び許可条件に関する情報を含む。
・Certificate of Provenanceの情報を登録簿（register）に登録する。

398 http://tla.nomolog.nagoya-u.ac.jp/seika/houkoku/0307kenhoukoku/chapter5.html.

399 生物多様性条約第八条(j)：自国の国内法令に従い、生物の多様性の保全及び持続可能な利用に関連する伝統的な生活様式を有する原住民の社会及び地域社会の知識、工夫及び慣行を尊重し、保存し及び維持すること、そのような知識、工夫及び慣行を有する者の承認及び参加を得てそれらの一層広い適用を促進すること並びにそれらの利用がもたらす利益の衡平な配分を奨励すること。

400 http://web.worldbank.org/WBSITE/EXTERNAL/COUNTRIES/AFRICAEXT/EXTINDKNOWLEDGE/0,menuPK:825562~pagePK:64168427~piPK:64168435~theSitePK:825547,00.ht.

401 World Intellectual Property Organization (WIPO); "Draft Report on Fact-finding Missions on Intellectual Property and Traditional Knowledge (1998-1999) - Draft for Comment"; July 3, 2000.

# 第6部　日本の利用企業の取り組むべき姿勢と課題

生物遺伝資源を利用した産業を興すにはさまざまなプロセスがあり、製品を販売して利益を得るまでには多くのリスクが積み重なる。現在、生物多様性条約関連の議論で重要なのは製品を製造する場合である。製品を製造するにはその原料の安定供給が必須であるが、生物遺伝資源の場合、原料入手は野生種あるいは栽培種であっても不安定にならざるを得ない。製品販売を安定させるためにはこの原料供給問題の解決が最も重要であろう。

現在議論の焦点となっているのは、研究開発段階での生物遺伝資源へのアクセス問題であり、それに付随する特許出願時の出所開示問題である。アクセス問題を論じる際によく取り上げられるのが利益配分であるが、研究開発段階で利益を論じることは困難で予想し難い。研究開発段階では将来の予想がつかないし開発が成功する確率は一般的に低く、製品販売までに時間と開発者の資金が必要である。

研究開発段階で製品の利益率と貢献度を正確に判断することは困難であるが、一般的にいって、健康食品と医薬品ではその利益率は大きく異なり、生物遺伝資源の製品への直接寄与度の差も考えることができる。おそらく製品形態と利益配分は表9のように考えることができるであろう。そうした場合、一定の相場観によっておのずと合理的な利益配分も明らかになっていくと考えられる。

# 第1章　生物遺伝資源を利用する企業のとるべき姿

## ❖生物遺伝資源の利用と企業の社会的責任（Corporate Social Responsibility ＝CSR）

日本の企業がまず取り組むべき課題は社会的責任のもと遵法精神に則り、生物遺伝資源へのアクセスを合理的、合法的に行うことであろう。「企業の社会的責任（ＣＳＲ）」の観点から遺伝資源利用を考えると、一義的には、例えばボン・ガイドラインを参照しながら、生物遺伝資源へのアクセス・利用の際に伝統的知識の保護や利益配分を行うことで責任ある行動をとることである。しかし利用者側措置（特に自主規制）へもたらす意味合いが何であるかを考えると、生物遺伝資源アクセスに際しての指針や考慮すべき項目というより、より積極的なステークホルダーとの良好な状態の確保であり、また、生物遺伝資源アクセス問題というより、生物遺伝資源アクセスを伴う活動を通じて、社会とどのような状態を築くのかという問題である。つまり、ボン・ガイドラインの規定にあるようなものはアクセスしてすべきことを単に示しているにすぎない。

ＣＳＲとは、企業が原住民・地域社会の権利への意識に対してどのように振舞うかを考える問題であると言い換えられるであろう。企業自らが他者による規定を伴って存立していると認識すること、そして規則を守るのではなく、規則を乗り越えて自ら創造していくことが必要であろう。

原住民・地域社会の権利への配慮とは、原住民、地域社会とともに何をやっていくかを企業自ら考えることである。そのための企業の選択能力を課題化することが重要であると考える。ＣＳＲに関する指針や指標が「遵守」されるべき「規範」と化し、ＣＳＲ気分にくるまれることが一番危険である。企業は、どのように「社会的責任を果たす」ことが可能なのかを不断に考え続ける必要がある。

ある日本企業では「①生物多様性条約およびその関連国際ガイドラインの精神を尊重すること、②生薬原産国内に関連法令・制度が制定されている場合にはそれを遵守すること」というようにＣＳＲの中に生物多様性条約等の遵守を明記している。しかしＣＳＲ遵守にも課題が多い。企業としてはＣＳＲを守って行動するのは当然であるが、仲介業者にまで影響力がなかなか及ばない。仲介業者が勝手な行動をしている場合が多く、そのような場合にどうするか、今後の解決課題である。

### ❖遺伝資源へのアクセスから製品化までの研究開発と知的財産活動

企業が未利用の生物遺伝資源を利用するモチベーションは、未利用遺伝資源から産業上有用なものを発見できるのではないかという期待があるからである。具体例として以下のようなものがある。お茶から茶カテキン、ミラクルフルーツのミラクリンなどの有用な健康栄養素材、香粧品のラズベリケトンのように植物資源由来の有用物質、異常環境土壌から耐熱、耐塩酵素のような特殊酵素、抗生物質、制癌剤など新規医薬関連物質を土壌微生物から見出すことである。

一九八〇年代以前から、微生物から有用な医薬化合物を見出す取り組みが盛んに行われてきた。それが、日本の医薬品業界が世界に示した一番の強い分野であった。こうした取り組みが現在では低下・停滞してきたといわれている。一方健康食品ブームが近年高まり、植物遺伝資源から健康によいものを選別する試みが多くなってきたし、多くの健康食品が販売される状況になってきた。

これらの生物遺伝資源を利用して産業上有用な製品を開発する過程では多くの研究開発段階があり、各段階に応じた知的財産活動も必要である。生物遺伝資源へのアクセスから製品までのプロセスとそれに応じた知的財産活動をまとめたのが図４である。

まず、生物遺伝資源にアクセスしなければならないが、アクセスには資源国との交渉が必要であり、その交渉に合意すれば契約であるＭＯＵ／ＭＴＡ[402]を結んで、生物遺伝資源を受け入れて、そのデータベースを作成して、その中にいろいろな情報を保存しておく必要が出てくる。その理由は、後で特許出願をする時の出所開

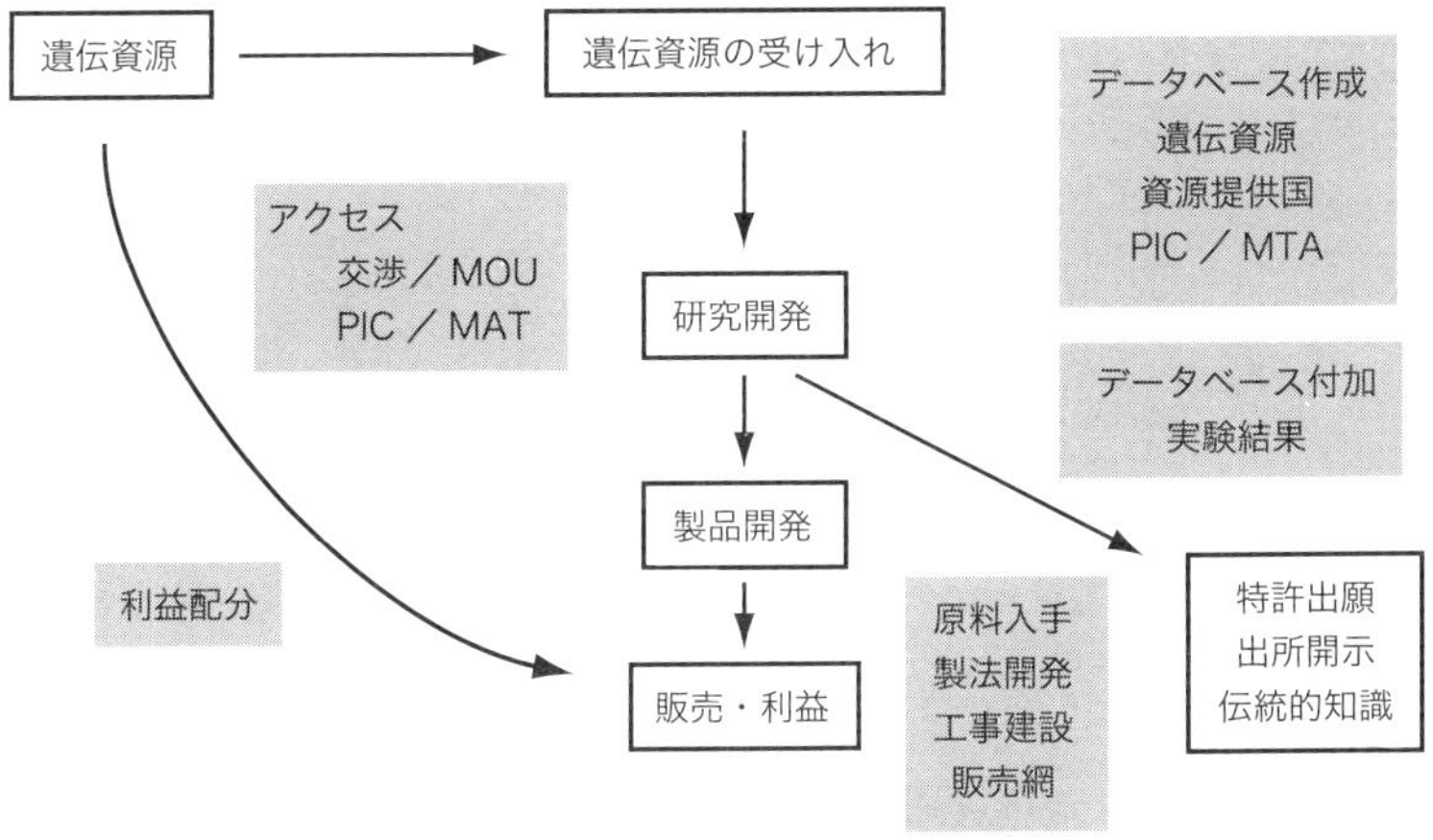


図４　遺伝資源へのアクセスから製品までのプロセス

示に必要になるためである。無事に生物遺伝資源を入手して研究開発を行いその成果が出た場合、そのデータをデータベースに付加する。さらに、そのうち、特許性のあるものについては特許出願を行うが、その際にデータベースからいろいろな情報をピックアップして出所開示が必要ならば行う。加えて、伝統的知識が関与する特許出願ならば、そのようなものを含めて開示しなければならない。

こうした研究開発が一段落しても、次の段階の製品開発は続いており、生物遺伝資源を使って製品を作り、それを消費者に届けるためには、いろいろな課題がある。例えば、微生物の場合には特に問題がないが、大量の製品を生産しなければいけない場合には同じ品質の原料をいかに安定的に入手するか、あるいは製法の開発や工場建設等の問題を解決しなければ販売まで至らず利益が得られないことになる。こうした企業側の活動には、膨大な時間と費用と人知が必要となる。

### ❖企業が生物遺伝資源を用いる研究開発の各段階でチェックすべきこと

生物遺伝資源を用いる場合には、以下に示すように、開発ステージごとにいろいろな調査またはチェックを行わなければならない。研究開発開始前にしなければならないことは、社内調査として伝統的知識調査、法的調査、産業状況調査、権利関係調査、政治情勢調査等がある。社内だけでは調査できないので、日本での情報収集は経済産業省や（財）バイオインダストリー協会（ＪＢＡ）に問い合わせることが有用である。そこで、関連法規調査、アクセス窓口政府関係者の同定、事前の情報に基づく同意取得交渉の方法を知ることができる。その結果、相手国のアクセス窓口と事前の情報に基づく同意について交渉し、うまくいけば研究開発を開始できる。研究開発中では、原料調達（自己調達、委託生産、輸入）と販売戦略（マーケット地域、製品展開）が重要な取り組みになる。研究開発が終了すれば、できるなら特許出願して権利確保を図ることになるが、後の出所開示要求に備えて記録を保管する必要がある。製品化される見込みが立つ時期に資源国と利益配分の交渉を完了させなければ利益を確定することができないため販売計画を作ることもできなくなる。

この中の特に伝統的知識の調査は、言うのは簡単であるが、行うのは難しい。例えば、モンゴルの植物を利用したときに、モンゴルの伝統的知識に何があるかを調べることは並大抵ではない。さまざまな文献を紐解いて行うことになるかもしれないし、すべてを網羅することは不可能に近いと思われる。それだけならまだよいが、伝統的知識を用いた産業がモンゴルにあるのか、権利関係はどのようになっているのか、最初にある程度調べておかなければならない。情報収集をどのように行うかも難しい問題である。直接ある国にアクセスする場合、いったい誰にアクセスすればいいのかなど、企業の立場では困難である。

事前の情報に基づく同意や素材移転契約（ＭＴＡ）についても問題がある。開発中に原料をいかに調達するかについては、特に自分で調達するのは困難であるので、現地の代理人にやってもらうとかいろいろな調達方法を考えなければならない。特許出願の視点から、特許出願をどのように行うか、権利をどのように確保していくのか、出所開示と関連して大きな問題になる。

### ❖特に中国生物遺伝資源に対するアクセスと利益配分の課題

生物遺伝資源をめぐり日本と中国は非常に重要な関係にある。日本の漢方薬は古くは中国の伝統的知識に基づいており、さらに現在日本の漢方薬はかなりな部分を中国からの生薬輸入に頼っているのが実情である。厚生労働省医政局研究開発振興課は「薬用植物の利用開発等に関する検討についての中間報告」[403]を二〇〇二年に発表し、漢方および生製剤に用いられる原料の薬用植物の問題について対応を示している。それによれば、漢方および生製剤に用いられる原料の薬用植物の多くを輸入に依存している現状にあるため、国内における薬用植物の安定供給、品質の向上等への対応が必要であるとしている。

最も重要な課題は、薬用植物の輸出国の事情等により必要な薬用植物の入手が困難になる恐れがあることである。すでに中国では甘草や麻黄といった漢方が輸出規制されている。

このような状況の中で、日本の薬用植物利用者は、甘草や麻黄といった漢方の安定供給方法を確立しなければ漢方薬産業は成り立たない。その方法として試みられているのが日本における栽培手法の確立である。しかし、現在の状況では栽培品種より野生品種のほうが活性が高いので、栽培品種の改良を精力的に進め、高品質の栽培種を作成することが求められる。そのためには科学的根拠のもと、漢方植物の分類学問体系の確立を行う必要がある。

安定的供給できる野生品種の探索が行われている。中国以外の国での、潜在量、漢方植物の確認、性状規格や成分含量といった品質、安定供給の可能性、輸送コスト等に関する調査研究の推進が求められる。さらに、輸入業者の環境や資源確保に配慮した栽培技術協力にも援助することが必要である。

## ❖生物遺伝資源へのアクセスと利益配分について企業が考慮すべきポイント

このような生物遺伝資源を用いた研究活動を行う場合、知的財産管理の実務上どのようなことをチェックしなければならないかを考察する。基本的姿勢として、企業の基本行動倫理は企業の社会的責任（ＣＳＲ）に基づくものであるので、これを遵守し、公正な交渉態度が常に求められる。

仲介業者あるいは輸入代理業者にアクセスを任せていては問題が生じることが多いし、責任もあいまいになる。ＪＢＡあるいは現地のしかるべき弁護士等に相談することから始めなければならない。その際、仲介業者あるいは輸入代理業者の信頼性がどの程度であるか見極めることが求められる。長年の信頼関係がある場合は問題ないであろうが、新しい供給先を求める場合は、しっかりとした保証をとっておくことが必要となる。生物遺伝資源に関連する伝統的知識の入手も必要であろう。伝統的知識の入手は困難である場合が多いが、資源国の公報活動機関に問い合わせることが早道となることがある。

これらの情報収集活動について、すべての証拠書類を保存しておかなければならない。特に特許出願時に出願要件となるかもしれない出所開示要求に対応する情報を保存することが求められる。できれば集めた証拠書類をデータベース化しておくのがよいと思われる。ただし、どの程度の情報を保存しなければならないかは現在不明であるので、できるだけ多くという考え方で行うべきであろう。生物遺伝資源にアクセスした後でも、証拠を残しておかないと、開示した出所情報についてその出所はおかしいのではないか、間違えているのではないかといわれた時に、対抗するための手段がなくなるからである。

生物多様性条約にまつわる変化が激しいので、それをフォローしなければならないという問題もあり、生物多様性条約関連の国際議論の情報を注視することが求められる。例えば、伝統的知識に基づく特許の無効審査情報、生物多様性条約関連国内法制定の動きなどである。国内法ができてもその実施要領が定まっていない場合もあるので注意が必要である。全く聞いたことのないような国の生物遺伝資源を求めてアクセスする場合、たとえば日本に大使館がないようなアフリカの国にどのようにアクセスするかは実務上困難である。日本の法律事務所もその国の法律を詳しく知らない。さらに、代理の仲介人、現地の生物遺伝資源に詳しい人にアクセスするにも、その人物が信頼のおける人物か否かも大きな問題であり、そうでない場合のほうが多いのも現状である。また、伝統的知識をどのように入手するのかという問題もある。

## ❖生物遺伝資源へのアクセスの実例

独立行政法人・製品評価技術基盤機構（ＮＩＴＥ）は微生物遺伝資源について先駆的な役割を果たしているいろいろな取り組みを行っている。ＮＩＴＥは、すでに東南アジアの資源国とは、多くの遺伝アクセスの活動を行っているという実績がある。現時点で二つの製薬会社がＮＩＴＥを通じて東南アジアの資源国と共同研究開発事業を行っていることからも、ＮＩＴＥモデルは微生物遺伝資源探索にとって有効な取り組みと考えられる。ＮＩＴＥでは、すでにアクセスを中心とした交渉経験とＭＯＵ／ＭＴＡ締結の経験も持っている。

生物遺伝資源を専門とする民間の取り組みもある。ベンチャー企業である株式会社ニムラ・ジェネティック・

ソリューションズ（ＮＧＳ）社もその一つである。同社は民間企業であるが、マレーシアと日本の製薬企業の間で共同研究の取り組みを行っている。ＮＧＳは、マレーシアの森林研究所とタイアップして、いろんな活動を行っていて、ＮＧＳがアクセスや契約等の仲介を行ってくれるというのが特徴である。また、メルシャンも微生物遺伝資源のアクセス事業を実施している。同社は、「インドネシア微生物資源に関する創薬支援ビジネス」として、インドネシア科学技術応用庁[404]直轄のバイオ研究機関ビオテック（ＢＩＯＴＥＫ）と協力し、インドネシアで微生物を採取して培養液を作成し、日本の企業に供給する事業を、独立行政法人・新エネルギー・産業技術総合開発機構（ＮＥＤＯ）の助成を受けて、二〇〇四年四月から行っている。同事業は、生物遺伝資源の豊富なインドネシアで採取した微生物培養液の抽出物を日本の製薬会社に提供できる体制を整えることを目的としている。メルシャンからの出向者が、インドネシアの研究者とともに、微生物を採取、解析、保存するための共同研究を行うなど、インドネシアの研究者を指導・支援する活動も行っている。

### ❖実際のアクセス、事前の情報に基づく同意手続き窓口、契約の課題

生物遺伝資源へのアクセスの際にも多くの知的財産上のチェックポイントがある。まず資源国のアクセス窓口の同定とコンタクト方法を確認しなければならない。特に事前の情報に基づく同意を取得した上で契約を結ばなければならないからである。これには実務上問題が多い。例えば、各国でアクセスに関する法律、運用基準が異なり、さらに法律が流動的で、改正が多い。政権が変わると法律、運用が変わる場合もある。実際の各国のアクセス窓口が違ったり、多数の窓口があったりする。そのため、認可に必要な権威ある決定者が誰かわからない。さらに厄介なのは、資源国の国内産業を優先するために、窓口におけるアクセス制限が行われ、実

際の交渉が長引くことや、レスポンスがないなどのケースが起こる。その場合、アクセス許可取得までに長時間かかり、ビジネスチャンスを失うことも起こりかねない。問題なのは、アクセス交渉の情報が交渉国内でもれて、交渉国内での生物遺伝資源の価格が高騰したり、供給制限をしたりして供給で有利になろうとする資源国内企業も想定される。さらに交渉している資源国内で計画中の製品を先に開発・販売されることも起こりうる。その場合利用国の企業の独占性はなくなり、企業の開発意欲をそぐことになる。

仲介業者の信頼性、継続性は最も重要な問題である。出所のあやしいものの受け入れを禁止するなど受け入れ基準を設ける必要がある。常に仲介業者と情報交換を行い仲介業者の管理を強化することを怠ってはならない。仲介業者を通じると、実際に企業と提供国側とが直接コンタクトをしていないため、どのようになっているか事情が見えなくなる。仲介業者側に事前の情報に基づく同意の証拠を出せとせまっても、それは企業秘密だといって出さない。

直接交渉する場合について、MOUとMTAが一般的にいわれていて、これらにより契約を行うわけであるが、その場合にも基本的には協力関係をうまく形成し、相互理解を持つのが基本である。利用する企業側の立場として、生物遺伝資源は資源国に属するもので我々は利用するのだという立場を持たなければ、うまく資源国の協力が得られない。また、提供側がすぐに金銭的な利益配分を求める場合もあるが、技術援助などの非金銭的な利益配分を主張するのが望ましいと思われる。また、MTAで利益配分を規定される場合が多いが、利益はいろいろな形の利益があり、非金銭的な取り組みも評価されるべきであろうと思われる。

## ❖共同研究をする際の留意点

資源国と生物遺伝資源の利用について、資源国の研究機関と共同研究から出発することが成功する割合が高い。共同研究の際には、いくつか留意する点がある。まず成果データへの関係者アクセスを自由化しなければならない。それが最も重要な情報交換の手段であるからである。土壌から微生物分離の場合、分離・同定した菌株は権利的には共有状態にしてかつ両者で別々に保存すべきである。微生物代謝物のスクリーニング結果の情報をデータベース化し、両者で共有すべきであろう。あるいは一つのデータベースに両者の関係者のアクセスを自由にすることが必要である。ただし、微生物資源から得た新規活性物質は原則として利用国の企業側の所有とし、単独で特許出願すべきであろう。学術的見地から、既知活性物質は学会等で積極的に公開し、さらに論文等で出所開示を行うべきである。

植物遺伝資源から活性物質を探索研究する場合、受け入れ資源のデータベース管理とデータベース共有が共同研究条件として必須である。記録文書の管理、入手記録の保存、さらにそれらのデータベース化を行わなければならない。保存したサンプルが多数になった場合、困難が伴うので、公共保存機関への寄託も考えられる。

共同研究を行った場合に、一番問題になるのは成果をどのようにするかである。知的財産権の態様が各国で異なっているが、その事情を共同研究先の資源国側によく理解されないことが多い。共同研究者である提供国側からすれば、土壌から微生物を分離した場合、分離した菌株がどのようになっているのかが見えない。見えないことが不安で理解できず、勝手にやっているのではないかと疑心暗鬼になり問題を起こしやすい。この問題を解決するには、前述したように少なくともデータベースを共有するやり方が望ましい。植物の場合も同様であり、データベースを整備して、相手に公開しておくことが衡平なやり方であろう。ただし全部を公開して無制限にアクセスさせる必要はない。また、パブリック・ドメインにすることも考えられるが、少なくとも関係者の間には公開し、アクセスできるようにするのが基本的に好ましい方法であろう。

## ❖特許出願時の出所開示に対する現実的な取り組み

出願特許に出所開示を自主的に行う場合があった。例えば特許3431383号では、「カモカモはフトモモ科に属する食用植物であって、ペルー東部からブラジル西北部のアマゾン盆地の河岸または流水のある湖沼の岸に生える潅木で、その果実のビタミンC含有量はレモンの約一〇〇倍に達するといわれ、また、ミネラルの含有量も高く、その他有効成分が多く含まれていることが知られている。」という記載があり、ブラジル西北部のアマゾン盆地で採取されたことを示唆する記述をしている出願特許も見られる。この程度の開示であれば企業側も負担なく行うことは可能と思われるが、特許実務上の手続きに課題が多い。特許出願上取り扱い困難な問題として一番大きいのは「不知」という場合である。単純に出所が不明な場合よりも間違った情報がデータベースに保存されている場合どうなるのかという問題もある。出所情報がないからといって出願しないわけにはいかない。間違った情報の場合、正しい情報がないということなので結局「不知」とせざるを得ない。この他にも、同種の試料を混合、業者が一次加工した場合など、多数国の試料が混合され同定ができない場合の問題や、伝統的知識の正統性、記載範囲等での問題が容易に想定できる。こうした問題に対処するためにも、出所開示証拠の保全（入手経路証拠書類、証拠能力、サンプル保管、サンプル寄託）が非常に重要な実務上の取り組みとなる。

このように出所開示には実務上多くの解決すべき課題が残されているので、特許要件とすべきではないと考える。ブダベスト条約に基づく微生物寄託制度の見直しを行い、生物遺伝資源の出所開示が不可能な場合は、現物の一部を証拠として公的機関へ寄託するような運用も必要ではないかと考えられる。知財実務上は上記で述べた証拠能力のある書類の保存が当面必須の条件である。

## ❖生物遺伝資源にアクセスと研究開発を行う際の一般的な考え方

生物遺伝資源を利用しようとしている企業が生物多様性条約に対してどのように対処すればよいかを考察した。特許出願時における出所開示については合意されていない部分が多いので対処が困難である。不知、派生物、罰則などの細部について明確にしなければならないが、それまでは企業活動として最大限の情報収集を行っておくべきである。特許制度における出所開示以外の方法も検討すべきである。例えば、国際的に検討されている国際認証システムや現存する微生物寄託制度などを改良し、原産国・伝統的知識情報の登録機関を設立して情報公開することも考慮すべきである。生物遺伝資源と伝統的知識に関する知的財産制度のあり方についても同時に検討しなければならない。

利益配分は開発段階で区別をすべきである。すなわち、研究段階では共同研究、技術移転、技術援助を中心とした非金銭的な利益配分を考えなければならない。利益が出た段階での金銭配分もあるということである。その理由は、研究開発から製品が市場に出るまでには時間がかかり、直ちに資源提供国に利益が入ることはない。さらにその確率はかならずしも高いとはいないので、資源国としても利益にならない。例えば医薬品開発の過程はよく統計的に研究されており、最初の生物材料が入ってから製品が出るまで一〇年以上一五年くらいまでかかり、また多大なお金がかかる一方で、成功確率は約〇・〇一％と低い。したがって、研究・開発段階では非金銭的利益配分を中心に考えるべきである。

医薬品の場合、生物遺伝資源の貢献度はほんのごく一部だけで、企業側の努力がほとんどである。そうはいっても、利益配分は一律に決められており、企業側の貢献度を考慮しない場合が多い。貢献度で考えると医薬品のようにさまざまなプロセスを経て、一五年もかかって何百億という投資をした場合には、もちろん製品から得られる利益は高いが、このような場合は、提供国の貢献度は小さい。やはりwin-winの関係を築くためには、相互理解に基づく衡平な利益配分が必要である。貢献度の低いものは利益配分も低いというのが原則であることを認識しなければならない。

また生物遺伝資源としての微生物と植物の違いを認識し、それらの貢献度に応じて利益配分を考えるべきである。資源提供国側は、土壌は石油と同じでその国の所有物だという主張は理解できるが、利用企業の努力は大きなものがある。もう一つの点は、微生物由来の生物遺伝資源には伝統的知識が関与しないことである。さらに、資源提供国から原料供給を受ける必要がない。一度微生物が見つかればそれを培養するのはタンクでできるため、環境破壊は考えられないというような、さまざまな特徴が微生物の場合にはある。以上のことから微生物が生物遺伝資源である場合、ほとんどが微生物同定あるいは工業化を行った企業の貢献度が高く、資源国の貢献度は低いと考えるのが合理的である。微生物遺伝資源を利用して工業生産している製品について資源国側が利益配分を要求するのは過剰であると考える。

最後に、現行の法律では非常に難しい伝統的知識の定義、範囲の明確化の問題がある。特に、権利者不特定、アクセス、公文書化等、知的財産制度上難しい問題があり、現行の知的財産制度になじまないので、特別（sui generis）な制度が必要ではないか。

以上のとおり、実務的な方面から課題や問題点を指摘したが、生物遺伝資源を有効活用するということが基本であり、それには提供国と利用国があるので、お互いに理解しあう、あるいは、win-win の関係を持つのが基本的ではないかと考える。そういう考え方をもとにいろいろな取り組みをやっていくのが望ましい。最後に、あまり金銭的配分を強調しないで、もっと広い非金銭的な関係（研究開発手法の移転、訓練（スクリーニング方法、同定方法）、研究開発施設の設置、共同開発の推進など）の構築を優先すべきである。

# 第2章　生物多様性条約問題解決に向けた提言

本書においてなされた議論を踏まえて、今後「アクセスと利益配分」問題を解決するために以下の私見をまとめた。本問題の解決に向けた取り組みの一助となることを期待する。

（1）供給国の生物遺伝資源の保護と活用はそれらの産業事情に応じて考え方を分けるべきである

・希少遺伝資源、伝統的知識と密接に結びついた生物遺伝資源は、供給国および利用国共に厳しい規制を行う（禁止も含む）

・産業化が進んだ生物遺伝資源は利用振興を図る

（2）アクセスと利益配分は利用する産業界の要望に基づいて行うべきである

（3）アクセスと利益配分の交渉は当事者間で win-win の考え方を持って行うべきである

・利用振興がなければ輸出振興はない／輸出振興がなければ配分すべき利益はない

・アクセス制限の撤廃、産業化育成方向の政策の導入を行う

（4）利益貢献度に応じた合理的な利益配分を行うべきである
・貢献度が大きければ利益配分は大きい
（5）産業形態による利益配分の区別が必要である
・特殊領域として微生物利用医薬品産業がある
・共同活動による利益配分スキームを構築する
・短期利益配分としての非金銭的利益配分を奨励する
（6）条約遵守証明は特許制度に限定されない包括的解決策を図るべきである
・認証制度ができれば特許出願に生物遺伝資源の出所開示制度は必要ない

［注］

402 Memorandum of Understanding または Material Transfer Agreement.

403 厚生労働省医政局研究開発振興課『薬用植物の利用開発に関する検討について（中間まとめ）』平成十四年三月 http://www.mhlw.go.jp/shingi/2002/03/s0312-1.html.

404 Badan Penerapan dan Pengembangan Teknologi Indonesia = BPPT.

# おわりに

生物多様性条約関連のアクセスと利益配分問題は、いろいろな利害が対立し、複雑になっている。しかし、本条約の理念が、地球上の生物遺伝資源を保護することに変わりない。この基本理念を達成するために英知を結集しなければならない。本条約に係る利害関係で最も先鋭的なのは、本条約において本来人類共有の財産であるべき生物遺伝資源に国家の主権的権利を認めたことから、資源国と利用国という二者対立構造を形成したことである。しかし、本来共有財産であるため、資源国内でも原住民、流通業者、政府等の間で複雑な問題を起こしているので、単純な二者対立問題とはいえない状況にある。おそらく中国、カナダ、オーストラリアなどの資源国と利用国の両方の性格を持った国が、国内問題を解決する中で世界に通用する国際的な仕組みを提案するものと期待する。

このような複雑な国際問題の解決に向けて、利用国である日本国としての対処方針と戦略を形成する時期に来ている。第一〇回締約国会議が二〇一〇年に名古屋で開催されることが決まっている。本条約のアクセスと利益配分問題解決に向けた取り組みを強化すべきである。利用国としての立場を堅持しつつ、win-win の関係を保つことが基本方針であろう。国家として生物遺伝資源を利用する産業を弱めるような政策は日本の国益を損なうため望ましくない。基本方針を具体化するために政府がやるべきことは、利用産業界の実情を正確に理解することである。本書において、可能な限り多くの実例と実名をあげて情報公開した。このような実例を踏まえた政策立案を行わなければ、単なる机上の空論になり、資源国からも利用国からも共感を得られることはない。もちろんそうなれば、本条約問題の解決は遠のくのみであり、生物遺伝資源の破壊は今後も続くことになる。人類存続のために、そうした状況はなんとしても避けたいと切に願うものである。

二〇〇八年一二月

森岡　一

## 発表論文

(1) 森岡 一「薬用植物特許紛争にみる伝統的知識と公共の利益について」、『特許研究』第40号三六－四七頁、二〇〇五年六月。

(2) 森岡 一「生物多様性条約に対する企業の取組」、平成一七年度特許庁研究事業「大学における知的財産権研究プロジェクト」研究成果報告書『遺伝資源および伝統的知識の利用および保護を巡る知的財産権問題に関する調査研究』東海大学、二〇〇六年二月。

(3) 森岡 一「インドネシアの高病原性鳥インフルエンザウイルス検体提供拒否問題が提起している課題」、「知財ぷりずむ」Vol. 5 No.57、二六－三三頁、二〇〇七年六月。

(4) 森岡 一「インドおよび中国の生物遺伝資源規制と知的財産制度の関係について」、『AIPPI』Vol.52 No.10、六三四－六四二頁、二〇〇七年。

(5) 森岡 一「健康食品関連産業における生物遺伝資源の利用」、『知財ぷりずむ』、Vol.6 No.63、三四－四九頁、二〇〇七年一二月。

(6) 森岡 一「エチオピア国のコーヒー原産地商標登録出願の生物多様性条約からの意味」、『AIPPI』Vol.53 No.3、一六三－一六九頁、二〇〇八年。

(7) 森岡 一「農産物の認証制度とその利益配分の考え方 Fairtrade labeling コーヒーを中心に」、『知財ぷりずむ』Vol.6 No.68、一六－二六頁、二〇〇八年五月。

(8) 森岡 一「植物遺伝資源を用いた新規医薬品探索研究におけるアクセスと利益配分」、『知財ぷりずむ』Vol. 6 No.69 、四九－六〇頁、二〇〇八年六月。

【著者】

**森岡　一**（もりおか　はじむ）

京都大学農学博士

1949年6月2日生まれ。

1975年　3月　京都大学農学部農学専攻修士課程終了

1975年　4月　味の素株式会社中央研究所入所　微生物研究従事

1984年10月　米国国立衛生研究所　基礎医学研究従事

1987年　3月　味の素株式会社中央研究所復職　医薬研究従事

1989年　1月　アメリカ味の素株式会社　医薬品開発従事

1995年　7月　味の素株式会社中央研究所研究企画部　研究開発管理従事

1999年　4月　味の素ファルマシューティカルUSA社　医薬品臨床開発従事

2001年　7月　味の素株式会社知的財産センター　知的財産管理従事

2007年　4月　味の素株式会社経営企画部
兼株式会社アイ・ピー・イー経営企画および知的財産管理従事

2008年　7月　社団法人バイオ産業情報化コンソーシアム　研究開発本部　研究開発管理従事

現在に至る


# 生物遺伝資源のゆくえ

——知的財産制度からみた生物多様性条約——

2009年　2月　1日　　第1版第1刷発行

著　者　　森　岡　　一



発行者　　高　橋　　考

発行所　　三　和　書　籍


〒112-0013　東京都文京区音羽2-2-2
TEL 03-5395-4630　FAX 03-5395-4632
sanwa@sanwa-co.com
http://www.sanwa-co.com


印刷所／製本　モリモト印刷株式会社



ISBN978-4-86251-053-2 C3060

# 三和書籍の好評図書

Sanwa co.,Ltd.

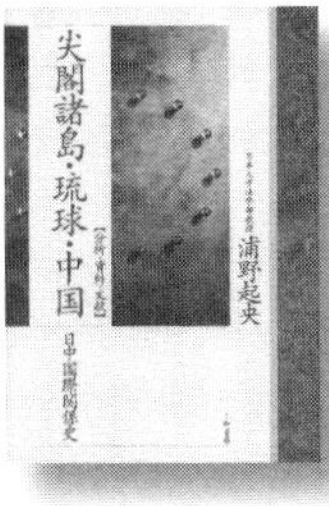


## 増補版　尖閣諸島・琉球・中国

**【分析・資料・文献】**

浦野起央 著　A5 判　上製本　定価：10,000 円＋税

●日本、中国、台湾が互いに領有権を争う尖閣諸島問題……。筆者は、尖閣諸島をめぐる国際関係史に着目し、各当事者の主張をめぐって比較検討してきた。本書は客観的立場で記述されており、特定のイデオロギー的な立場を代弁していない。当事者それぞれの立場を明確に理解できるように十分配慮した記述がとられている。

## 冷戦　国際連合　市民社会

**—国連 60 年の成果と展望**

浦野起央 著　A5 判　上製本　定価：4,500 円＋税

●国際連合はどのようにして作られてきたか。 東西対立の冷戦世界においても、普遍的国際機関 としてどんな成果を上げてきたか。そして 21 世紀へ の突入のなかで国際連合はアナンの指摘した視点と現実の取り組み、市民社会との関わりにおいてどう位置付けられているかの諸点を論じたものである。

## 地政学と国際戦略

**新しい安全保障の枠組みに向けて**

浦野起央 著　A5 判　460 頁 定価：4,500 円＋税

●国際環境は 21 世紀に入り､大きく変わった。イデオロギーをめぐる東西対立の図式は解体され、イデオロギーの被いですべての国際政治事象が解釈される傾向は解消された。ここに、現下の国際政治関係を分析する手法として地政学が的確に重視される理由がある。地政学的視点に立脚した国際政治分析と国際戦略の構築こそ不可欠である。国際紛争の分析も 1 つの課題で、領土紛争と文化断層紛争の分析データ 330 件も収める。